Friedrich Vogel

# Humangenetik
## in der Welt von heute

12 Salzburger Vorlesungen

Springer-Verlag Berlin Heidelberg New York
London Paris Tokyo Hong Kong

Professor Dr. Friedrich Vogel

Institut für Humangenetik und Anthropologie
Im Neuenheimer Feld 328, 6900 Heidelberg 1

*Mit 68 Abbildungen*

ISBN-13:978-3-540-50717-8     e-ISBN-13:978-3-642-74401-3
DOI: 10.1007/978-3-642-74401-3

CIP-Titelaufnahme der Deutschen Bibliothek
Vogel, Friedrich:
Humangenetik in der Welt von heute: 12 Salzburger Vorlesungen / Friedrich Vogel.
Berlin; Heidelberg; New York; London; Paris; Tokyo; Hong Kong: Springer, 1989
ISBN-13:978-3-540-50717-8 (Berlin . . .) brosch.



Gesamtherstellung: Appl, Wemding
2119/3140-543210 – Gedruckt auf säurefreiem Papier.

# Geleitwort

Das altehrwürdige, kulturhistorische Kleinod Salzburg hat eine junge Universität und eine noch jüngere naturwissenschaftliche Fakultät, der ein Wissenschaftstempel geschenkt wurde, der wegen der Harmonie zwischen Ästhetik der Architektur und Zweckmäßigkeit der Arbeitsräume seinesgleichen auf der Welt sucht.

Hier Genetik in Unterricht und Forschung zu betreiben, ist noch Pionierarbeit. Aber es war stets unser Bemühen, durch Einladung auswärtiger Kollegen unseren Studenten einen Blick in die „große Genetik" der Welt zu bieten.

Daß wir Professor Vogel als Gastprofessor gewinnen konnten, war Beglückung, intellektuelle Herausforderung und Ansporn; ist er doch einer der führenden Humangenetiker der Welt. Er ist es, der als „Nachfolger" seines Lehrers Nachtsheim die Humangenetik in Deutschland wieder zu Ansehen brachte.

Durch seine, nunmehr publiziert vorliegende Vorlesungsreihe vermittelt, durften wir an den reichen Erfahrungen eines Forschers und Lehrers teilhaben, der seit rund 35 Jahren die neue deutsche Humangenetik wesentlich geprägt hat. In dieser Vorlesungsserie spiegelt sich die Weite der Kenntnisse und Erkenntnisse Friedrich Vogels: Von der Wissenschaftstheorie bis zur ethischen Verantwortung des Arztes, von „house keeping genes" in Chromosomenbanden und Nukleotidsequenzen bis zu jugendlichem Diabetes oder Intelligenztests von Heterozygoten rezessiver Enzymdefekte und schließlich bis zum Für und Wider einer Genmanipulation.

Diesem Buch möchte ich eine gleichartig begeisterte Aufnahme wünschen, wie sie den Vorlesungen bei uns in Salzburg zuteil geworden war.

Salzburg, Juli 1988                              Gerhard Czihak

# Vorwort

In diesem Büchlein wird über Themen aus der Humangenetik berichtet. Es entstand, weil die Universität Salzburg den Verfasser im Frühjahr 1988 zu einer Serie von Gastvorlesungen eingeladen hatte. Die Randbedingungen waren großzügig formuliert: Man erwartete nicht etwa ein systematisch aufgebautes Anfängerkolleg, sondern ließ mir die Freiheit zu sagen, was immer mir wichtig erschien und wozu ich Lust hatte. So entschloß ich mich zu einer Serie von nur lose zusammenhängenden Vorlesungen. Ich habe sie, soweit es mir möglich war, in eine mir logisch erscheinende Reihenfolge gebracht; der Leser ist trotzdem nicht unbedingt gehalten, sie in dieser Reihenfolge zu lesen. Die einzelne Vorlesung sollte verständlich sein auch für den, der die vorangegangenen nicht kennt. Deshalb wurden auch einzelne Wiederholungen bewußt in Kauf genommen. Die Reihe richtete sich an einen breiten Hörerkreis. So konnte ich zwar allgemein biologische Grundkenntnisse, nicht aber Spezialwissen auf dem Gebiet der Humangenetik voraussetzen.

Im Laufe eines längeren Lebens als Wissenschaftler bleibt es nicht aus, daß man bei verschiedenen Gelegenheiten zu Vorträgen aufgefordert wird, die dann irgendwo - oft an ganz verborgener Stelle - veröffentlicht werden; manchmal bleiben sie auch ungedruckt. Meist gibt man sich damit zufrieden und mit Recht: der Vortrag hatte Bedeutung - wenn überhaupt - nur in einem bestimmten Rahmen. Es wird ohnehin zuviel gedruckt. Manchmal aber möchte man den Gedanken gerne fortspinnen - oder das Gesagte in einen größeren Zusammenhang stellen. Die ehrenvolle Aufforderung zu einer Gastprofessur bietet dazu eine willkommene Gelegenheit. So habe ich für einen Teil der Vorlesungen Vorträge verwendet, die ich in den vergangenen Jahren zu verschiedenen Anlässen gehalten hatte. Manchmal habe ich auch auf Materialien zurückgegriffen, die schon in anderem Zusammenhang zusammengestellt wurden, z. B. Materialien, die in die 2. Auflage des mit A. G. Motulsky verfaßten Lehrbuchs *Human Genetics. Problems and Approaches* (Springer-Verlag 1986) eingearbeitet wurden.

In den letzten Jahren hat die Humangenetik einen Umbruch erlebt: Die neueingeführten Methoden der Molekularbiologie machen das Genom des Menschen der direkten Analyse zugänglich. Das führt zu vielen neuen Erkenntnissen über seinen Aufbau und seine Funktionsweise. Viele dieser Ergebnisse fanden schon jetzt Eingang in die Praxis der medizinischen Genetik: Gene, deren Mutationen zu Krankheiten führen, wurden lokalisiert, und Methoden der molekularen Analyse machen es möglich, diese Krankheiten mit großer Sicherheit auf DNA-Ebene zu diagnostizieren, noch bevor der Phänotyp des betroffenen Individuums erkennen läßt, ob es einmal erkranken wird. In einer zunehmenden Zahl von Fällen wird die Diagnose schon in der frühen Schwangerschaft möglich. Sieht man heute die führenden humangenetischen Fachzeitschriften durch, so ist das Bild ein anderes als noch vor 10, 20 oder 30 Jahren: Die Mehrzahl der Arbeiten befaßt sich mit der Lokalisation und molekularen Struktur von Genen und mit DNA-Polymorphismen. Formalgenetische, populationsgenetische und zytogenetische Analysen, die vom Phänotyp ausgehen, treten zurück. Offenbar sind die Fachleute von den neuen Möglichkeiten fasziniert; sie stürzen sich auf diese Methoden; die älteren Themen erscheinen abgetan. Sie bleiben am Rande der Straße liegen. Diese Entwicklung ist notwendig und zu begrüßen: Durch konzentrierte Arbeit dringt man immer mehr in die Tiefe und fördert oft unerwartete und wichtige Ergebnisse zutage.

Das kann jedoch auch eine negative Folge haben: Der Problemhorizont könnte sich mehr und mehr einengen. Im Schlepptau unserer Methoden laufen wir Gefahr, den Ursprung und Antrieb unseres Forschens – nämlich mehr über den Menschen zu erfahren – aus den Augen zu verlieren. Wir alle sind Spezialisten auf kleinen Teilgebieten geworden; nur durch intensive Arbeit auf einem kleinen Spezialgebiet können wir den erforderlichen Standard an Methodenbeherrschung und Detailübersicht aufrechterhalten. So sind wir in Gefahr, bald den Wald vor Bäumen nicht mehr zu sehen.

Komplementär dazu ist vielfach die Reaktion in der Öffentlichkeit. Humangenetiker haben eine schlechte Presse; angeblich wollen sie die Erbanlagen des Menschen manipulieren, an menschlichen Embryonen forschen, und bestenfalls beteiligen sie sich an der Genomanalyse einschließlich vorgeburtlicher Diagnostik mit dem Ziel, die Familien mit „Qualitätskindern" zu beglücken. Allzuleicht vergißt man, daß Humangenetik zu vielen anderen Problemen etwas beizusteuern hat.

In diesen Vorlesungen habe ich *auch* zu aktuellen Fragen Stellung genommen, zu der Genomstruktur, der Gentherapie, den ethischen Problemen der vorgeburtlichen Diagnostik. Aber sie stehen nicht so im Vordergrund, als ob es nichts anderes mehr gäbe. Darüber hinaus werden auch Themen besprochen, die schon lange in der Diskussion sind, die aber in den letzten Jahren mehr an den Rand gedrängt wurden – wie das Verhalten von Genen in Bevölkerungen; Mutation, Selektion und Evolutionsforschung; aber auch die genetischen Grundlagen unseres Befindens und Verhaltens. Die Humangenetik bietet heute faszinierende Probleme für Wissenschaftler mit ganz verschiedener Vorbildung; vielfach, aber durchaus nicht nur Molekularbiologen. Begreiflicherweise sind es vorwiegend die Jungen, die von den sich neu eröffnenden Möglichkeiten angezogen werden. Dem Älteren, der Jahrzehnte der Entwicklung aktiv miterlebt hat, geziemt es, von Zeit zu Zeit Abstand zu gewinnen in der Hoffnung, daß es gerade ihm so besser gelingen wird, einen größeren Bereich zu übersehen und den Problemhorizont offenzuhalten. Dazu soll dieses Buch beitragen.

Auf dem Buchdeckel sieht man im Hintergrund einige japanische Schriftzeichen. Sie stammen von einem Stellschirm, den der japanische Kalligraph Nukina Kaioko (1778–1863) beschrieben hat; der Schirm gehört zur Sammlung von Heinz Götze, dem langjährigen Leiter und Mitinhaber des Springer-Verlags, mit dem ich seit vielen Jahren als Autor und Zeitschriftenherausgeber vertrauensvoll zusammenarbeite. Dieser Text lautet auf Deutsch: „Wer Einhalt kennt, ist nicht in Gefahr." Das ist eine Aufforderung zur Mäßigung; man soll öfter einmal einhalten, um das, was man tut, kritisch zu reflektieren. Wenn es zu gefährlich wäre, kann es besser sein, auf bestimmten Wegen nicht weiterzugehen. Der Biologe und Arzt, dessen Forschungsgegenstand der Mensch ist, tut gut daran, sich an diesen Grundsatz zu halten.

Der Verfasser ist Herrn Prof. Czihak, Salzburg, und dem Österreichischen Erziehungsministerium dankbar für die Einladung in diese schöne Stadt. Er dankt Edda Schalt für die bewährte Besorgung der Abbildungen, Evelyn O'Connell für das Schreiben des Manuskripts und vor allem wieder einmal dem Springer-Verlag für die bereitwillige Übernahme und die Publikation.

Heidelberg, im Frühjahr 1989       Friedrich Vogel

# Inhaltsverzeichnis

# 1 Humangenetik als Wissenschaft – Wissenschaft zwischen Betrachten und Handeln

In dieser Vorlesungsreihe befassen wir uns mit Problemen der Humangenetik. Die Humangenetik ist eine Wissenschaft. Allerdings versteht sie sich – und zwar von Anfang an – keineswegs nur als Wissenschaft. Sie möchte immer auch ein Stück Lebenspraxis sein – praktische Tätigkeit zum Wohle des Menschen. Dieser Doppelaspekt hat sie für zahlreiche tüchtige Menschen so anziehend gemacht; denn für viele von uns ist es unbefriedigend, unser Leben nur als Betrachter und Analytiker zuzubringen; wir wollen auch etwas bewirken. Dieser Doppelaspekt hatte aber auch zur Folge, daß Humangenetiker nicht nur als Privatpersonen, sondern gerade als Wissenschaftler und Anwender wissenschaftlicher Erkenntnisse in die großen Irrtümer unseres Jahrhunderts schuldhaft verstrickt wurden. „Der Betrachtende kann rein bleiben, der Handelnde muß schuldig werden." Wir werden auch diesen Aspekt besprechen müssen – nicht allerdings, um über vergangene Schuld unserer wissenschaftlichen Väter und Großväter zu urteilen, die auch als Wissenschaftler Kinder ihrer Zeit waren, wie wir Kinder unserer Zeit sind. Sondern uns wird die Frage beschäftigen, wo für uns Heutige die Gefahren liegen, in Schuld verstrickt zu werden.

Zunächst aber wollen wir die Humangenetik unabhängig von den Problemen der Anwendung als Wissenschaft betrachten. Sie ist ein Teilgebiet der Genetik, also der Wissenschaften, die sich mit den Gesetzmäßigkeiten der Vererbung befassen.

Von anderen Gebieten der Genetik unterscheidet sie sich dadurch – man sollte vielleicht besser sagen, aus ihnen hebt sie sich dadurch heraus –, daß ihr Gegenstand der Mensch ist. Darin besteht ihre besondere Faszination, aber auch ihre Gefährdung.

Wissenschaft ist der systematische Versuch, einen bestimmten Bereich der uns begegnenden Wirklichkeit besser zu verstehen. Die Theorie und Geschichte der Wissenschaft lehrt uns zu erkennen, wie im einzelnen das geschieht (vgl. Kuhn 1962). Oft gibt es zunächst eine Phase, während derer bestimmte Phänomene den Menschen auffallen, ohne daß sie dafür eine Erklärung wüßten. Zwar hat man das Gefühl – oder man sieht sogar –, daß eine bestimmte Ordnung waltet; die Natur dieser Ordnung bleibt jedoch verborgen. Einzelne Regelmäßigkeiten werden erkannt; die ihnen zugrunde liegenden, allgemeinen Gesetzmäßigkeiten dagegen können allenfalls vermutet werden; verschiedene, und oft einander widersprechende Vermutungen stehen nebeneinander. Es gibt Bereiche, in denen diese, wie man gerne sagt, vorwissenschaftliche Phase nie so recht überwunden wurde, und wo man manchmal zweifelt, ob diese Überwindung jemals gelingen wird. Das gilt z. B. für manche Sozialwissenschaften.

In den „härteren" Wissenschaften dagegen, zu denen auch die Biologie gehört, wird früher oder später ein „Paradigma" auftreten; ein bestimmter, analytischer Ansatz wird dazu führen, daß der Anfang einer wissenschaftlichen Theorie entsteht, aus dem sich dann - in Wechselwirkung zwischen Theorie und Beobachtung oder Experiment - eine reife Wissenschaft entwickeln kann.[1]

Die Theorie der Genetik wurde begründet durch Mendels Erbsenexperimente und ihre Interpretation, die er am 8. Februar 1865 in einem Vortrag vor dem Naturforschenden Verein zu Brünn vortrug. Warum gerade dieser Ansatz die Möglichkeiten einer sehr guten Theorie in sich beschloß, das wird uns später noch beschäftigen; zunächst sollen Sie mir für einen Exkurs in die Geschichte folgen, der uns zeigen wird, wie die Genetik - und speziell auch die Humangenetik - geeignet ist, Brücken zu den Wissenschaften zu schlagen, die ursprünglich ganz verschiedene Ausgangspunkte hatten.


## Humangenetik als Brückenwissenschaft

Vor vielen Jahren hielt mein Lehrer, Hans Nachtsheim, einer der führenden deutschen Genetiker in der ersten Hälfte dieses Jahrhunderts, einen Vortrag unter dem Titel „Genetik als Brückenwissenschaft". In diesem Vortrag beschrieb er auch einen internationalen Kongreß, den die Royal Horticultural Society im Jahre 1906 in London abhielt. Das Thema war Pflanzenzucht und Hybridisierung. In früheren Konferenzen dieser Gesellschaft waren herrliche Orchideen und Nelken demonstriert worden. Dieses Mal ging es um wesentlich weniger schön aussehende Pflanzen, dafür war aber auch von Mäusen und Kaninchen und Hühnern die Rede. Kurz zuvor, im Jahre 1900, waren nämlich die Mendelschen Gesetze wiederentdeckt worden; sie boten zum ersten Male einen Ausgangspunkt für die Erforschung der Mechanismen, durch die sich Eigenschaften vererben. Dadurch wurde ein Paradigma im Kuhnschen Sinne begründet. Wie man damals aber schon erkannt hatte, sind diese Mechanismen bei Tieren und Pflanzen im Prinzip die gleichen; die altehrwürdige Unterscheidung zwischen Zoologie und Botanik galt also nicht für die Genetik, wie diese neue Wissenschaft nun genannt wurde.

Unter dem Einfluß der Wiederentdeckung der Mendelschen Gesetze kam es noch zu einer weiteren Wissenschaftsfusion: Die Genetik verband sich mit Zellforschung zur Zytogenetik. Die Zellen waren schon zu Anfang des 19. Jahrhunderts als Grundelemente im Aufbau der Lebewesen erkannt worden (vgl. Cremer 1986). Man beschrieb sie; ihr merkwürdiges Verhalten während der Zell- und Kernteilung im somatischen Gewebe wie in Keimzellen war genau bekannt; und vorausschauende Beobachter vermuteten schon längst, daß die komplizierten Bewegungen merkwürdiger Strukturen, die man Chromosomen nannte, etwas mit

---

[1] Der Autor bekennt sich also hier - wie an anderer Stelle - als Anhänger der Auffassung von T. Kuhn (1962) über das Entstehen und die Entwicklung von Wissenschaft. Allerdings versteht er Kuhn so, wie er durch Stegmüller (1986) „transkribiert" worden ist, also nicht im Sinne der häufig vorgefundenen subjektivistischen Interpretation, als ob in der Wissenschaft letztlich alles Willkür und Konvention wäre.

2

Vererbungsvorgängen zu tun haben könnten. Boveri u. Sutton erkannten nun bereits 1902/03, daß sich diese Bewegungen zwanglos erklären lassen, wenn man annimmt, daß die Chromosomen Träger der von Mendel postulierten Erbanlagen – der „Gene" – sind. Darüber hinaus füllte die Genetik eine wichtige Lücke in Darwins Evolutionstheorie, der führenden biologischen Theorie des 19. Jahrhunderts, indem sie ein notwendiges Element dieser Theorie präzisierte: Die Herkunft der Variabilität erblicher Merkmale in Populationen als Ergebnis von Mutationen und dem Mechanismus ihrer Weitergabe von einer Generation zur nächsten.

Es wäre verlockend, die Geschichte der Genetik seit 1900 unter dem Gesichtspunkt zu verfolgen, wie aus der Genetik stammende Konzepte in Wissenschaften wie Biochemie, Strahlenphysik, Mikrobiologie, Informationstheorie eindrangen und wie sich daraus faszinierende Möglichkeiten für eine Zusammenarbeit zwischen den Disziplinen eröffneten. Im Gegenzug drangen Forschungsmethoden aus allen diesen Gebieten in die Genetik ein; ihre Anwendung erwies sich als nützlich für eine Analyse von Grundproblemen der Vererbung. Beispiele sind: Natur- und Wirkungsweise des genetischen Materials (Methoden aus Biochemie und Mikrobiologie); Beziehungen zwischen Genotyp und Phänotyp (Entwicklungsphysiologie); spontane und induzierte Mutationen (Strahlenbiologie) und die Konsequenzen der Vererbungsgesetze für die genetische Zusammensetzung von Populationen (Mathematik und Statistik). Hier wollen wir uns jedoch auf die Entwicklung der Humangenetik beschränken.


## Geschichte der Humangenetik

Die Tatsache als solche, daß Merkmale sich vererben können, ist dem Menschen eigentlich schon immer bekannt. Die altgriechische Literatur, z. B. das *Corpus hippocraticum,* enthält einzelne Beobachtungen über die Vererbung normaler und krankhafter Körpermerkmale wie Kahlköpfigkeit oder Schielen (vgl. Barthelmess 1952), und Platon schlug im *Staat* eine Art von eugenischem Programm vor. Im 18. und frühen 19. Jahrhundert, als eine moderne Naturwissenschaft entstand, beobachtete man zunehmend auch die Vererbung von Merkmalen beim Menschen. Einzelne Autoren systematisierten diese Beobachtungen (vgl. Adams 1814, zit. nach Motulsky 1959), und es wurden sogar Theorien niedriger Ordnung formuliert, wie das Nassesche Gesetz, wonach die Bluterkrankheit nur Männer befällt, aber von gesunden Frauen übertragen wird. Auch hier trat jedoch das ein, was man immer wieder in Wissenschaften beobachtet, in denen das Erkenntnisstreben nicht durch eine gute Theorie geleitet wird: Die frühe medizinische Literatur über Vererbung enthielt – neben richtigen und erstaunlich scharfsinnigen Beobachtungen – auch tiefgreifende und manchmal gefährliche Irrtümer. Der populärste war die Vorstellung von der Degeneration der biologischen Kraft von gesunden und tüchtigen Ahnen über etwas schwächliche Eltern bis zu geistig zurückgebliebenen und sozial unbrauchbaren Kindern und Enkeln. Solche Irrtümer verschwanden, – wenn auch längst nicht so rasch, wie man hätte vermuten können, – als die Mendelschen Gesetze wiederentdeckt waren und sich die Gruppe der Genetiker formte.

# Mendels und Galtons Paradigmen in der Geschichte der Humangenetik

Schon im Jahre 1902, nur 2 Jahre nach der Wiederentdeckung der Mendelschen Gesetze, veröffentlichte der englische Arzt A. Garrod eine kurze Arbeit im *Lancet*, in der er die Gültigkeit der Mendelschen Gesetze zum ersten Male an einem Erbmerkmal des Menschen demonstrierte. Es handelte sich um eine Anomalie des Stoffwechsels – die Alkaptonurie. Sie ist sehr selten und ziemlich harmlos, erschreckt aber die Eltern, denn der Urin färbt die Windeln der Kinder blauschwarz. In der gleichen Arbeit postulierte Garrod, daß es weitere, ähnliche vererbte Anomalien im Chemismus des Körpers geben müsse. Darüber hinaus vermutete er, es handele sich dabei nur um Extremfälle; leichtere, chemische Unterschiede auch zwischen gesunden Individuen seien so häufig, daß kein Mensch dem anderen chemisch ganz gleiche. Wir Heutigen wissen, wie sehr er mit diesen Voraussagen recht behalten hat. Darüber hinaus stiftete er mit dieser Arbeit eine Verbindung zwischen Genetik und Biochemie, die sich später als außerordentlich fruchtbar erwies. Sein Konzept der „inborn errors of metabolism" wurde zur Grundlage für unser Wissen über Beziehungen zwischen Genen und Enzymen. Nachdem Beadle u. Tatum 40 Jahre später aufgrund einer Analyse von Mutanten des Brotschimmels Neurospora crassa die „Ein-Gen-ein-Enzym-Hypothese" entwickelt hatten, wurden menschliche Erbkrankheiten zunehmend als Ergebnisse von Enzymdefekten identifiziert, durch die bestimmte lebenswichtige Stoffwechselschritte ausfallen. Heute sind mehrere hundert solcher Stoffwechselanomalien beim Menschen bekannt.

Garrod war seiner Zeit jedoch um Jahrzehnte voraus. Bevor seine Gedanken weitere Anwendung finden konnten, mußten erst viele neue Methoden entwickelt werden – und zwar nicht nur in der Genetik, sondern noch mehr in der Biochemie und im ärztlichen Laboratorium. Während der ersten Jahrzehnte dieses Jahrhunderts beschränkten sich genetische Untersuchungen beim Menschen fast ausschließlich auf die Sammlung von Stammbäumen. Die Mendelschen Erbgänge wurden auf diese Weise immer neu demonstriert, aber man lernte auch viel für die Krankheitslehre, indem man viele genetische Erkrankungen identifizierte und analysierte.

Eine Besonderheit der Humangenetik in jener Zeit war die Entwicklung der Zwillingsmethode. Eineiige Zwillinge sind aus einer befruchteten Zygote hervorgegangen und können deshalb für fast alle praktischen Fragen als erbgleich angesehen werden. Deshalb weist Ähnlichkeit in einem Merkmal – sei es eine normale Variante wie Körpergröße oder IQ oder auch eine Krankheit – auf einen starken genetischen Anteil an der Variation in der Bevölkerung hin. Unterschiede zwischen eineiigen Zwillingen dagegen deuten auf eine erhebliche Modifizierbarkeit durch die Umwelt im weitesten Sinne. Für eine Zeitlang war die Zwillingsmethode die führende Forschungsmethode überhaupt in der Humangenetik; man sah sie als „Königsweg" zu wichtigen Ergebnissen an. Erst später erkannte man die engen Begrenzungen, denen Zwillingsergebnisse unterliegen (vgl. Vogel u. Motulsky 1986). Vor allem erlauben sie bestenfalls nur eine Antwort auf die relativ anspruchslose Frage: Wie groß ist der Anteil genetisch bedingter Variabilität an den Unterschieden in einem Merkmal? Die viel tiefer reichenden und wesentlicheren Fragen blieben unbeantwortet, so: Welche Gene und welche Mutationen spielen eine Rolle? Was sind die zugrunde liegenden biologischen Mechanismen?

Damals – in den 20er und 30er Jahren – war die Humangenetik isoliert nicht nur von dem Hauptstrom der genetischen Forschung, sondern auch von den meisten anderen Wissenschaften, z.T. mit Ausnahme der klinischen Medizin und der physischen Anthropologie. Einige wenige Forscher hatten Erfolg mit dem Versuch, die genetischen Mechanismen beim Menschen besser zu verstehen, indem sie Konzepte und Methoden der mathematischen Statistik einführten. Beispiele waren die Aufklärung der genetischen Grundlagen der Blutgruppen (A, B, 0) durch Bernstein (1925) und die Schätzung menschlicher Mutationsraten durch Haldane (1935). Gerade diese Ansätze wurden allerdings besonders in Mitteleuropa zunächst wenig beachtet. Abgesehen von diesen Ausnahmen führte die Isolation von anderen Wissenschaften und auch von Wissenschaftlern in anderen Teilen der Welt bei uns zu relativ seichten wissenschaftlichen Konzepten und oft zu der Untersuchung langweiliger Probleme. Intelligentere Forscher verleitete das zu der irrtümlichen Ansicht, der Mensch sei für genetische Forschungen eigentlich nicht recht geeignet. Selbst Nachtsheim sagte noch 1954 in dem zu Anfang zitierten Vortrag: „... der Mensch, gewiß ein sehr sprödes Objekt für den Genetiker, denn die für diesen wichtigste Methode, die Analyse des Genotypus vermittels des ... Kreuzungsversuches läßt sich bei ihm nicht anwenden."

Aber er fuhr fort: „Gleichwohl braucht die Humangenetik nicht zu resignieren und sich nicht mit bloßen Bestätigungen der Ergebnisse der experimentellen Genetik zu begnügen. Es ist aber notwendig, eigene, dem Objekt adäquate Methoden zu entwickeln."

Diese Methoden wurden großenteils in den 50er Jahren verfügbar; die Entwicklung der Humangenetik von dem Hobby einzelner Spezialisten etwa in Augenheilkunde und Dermatologie zu einem der theoretisch faszinierendsten und praktisch wichtigsten Gebiete von Medizin und Biologie begann in jenen Jahren. Eine Arbeit von Pauling et al. (1949) mit dem Titel *Sickle cell anemia: A molecular disease* etablierte die ständige Verbindung zwischen Humangenetik und Biochemie. Gleichzeitig zeigte sie, daß Untersuchungen an Menschen denen an anderen Objekten nicht immer nur hinterherhinken müssen; manchmal können sie auch führend sein bei der Lösung von Problemen, die eine allgemeine Bedeutung haben.

In dieser Arbeit wurde gezeigt, daß der Unterschied zwischen Gesunden und Patienten mit Sichelzellanämie auf einem mit elektrophoretischer Methodik nachweisbaren Unterschied im Proteinanteil des Hämoglobinmoleküls zurückgeführt werden kann; Homozygote haben das abweichende, Heterozygote das normale und das abweichende Protein (Abb. 1.1).

In den darauf folgenden Jahrzehnten entwickelte sich das menschliche Hämoglobinsystem zu dem führenden Modellsystem für viele Probleme von Genstruktur und Genwirkung bei höheren Organismen: Transkription und Translation genetischer Information; die Art und Weise, in der durch Mutation bedingte Veränderungen in der Aminosäurensequenz von Proteinen ihre physiologische Funktion verändern; die molekulare Natur „spontaner" Mutationen; das An- und Abschalten von Genen im Laufe der Embryonalentwicklung; die Evolution auf der Ebene der Proteine und Nukleinsäuren und die Dynamik von Genen in den

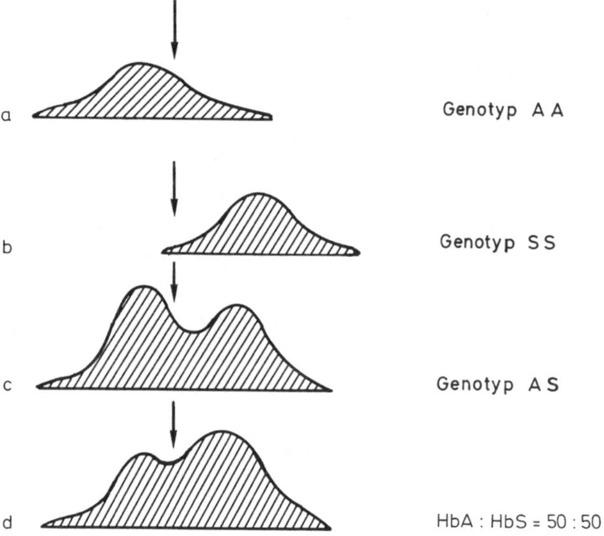


*Abb. 1.1 a–d.* Zonenelektrophoresediagramme des Co-Hämoglobins bei pH 6,9: *a* bei einem Gesunden, *b* bei einem Patienten mit Sichelzellenanämie (homozygot), *c* bei einem heterozygoten Träger des Sichelzellmerkmals, *d* Mischung von Hb A und Hb S zu gleichen Teilen. (Nach Pauling et al. 1949)

menschlichen Populationen der jüngeren Vergangenheit und Gegenwart (für Einzelheiten vgl. Vogel u. Motulsky 1986). Nachtsheims Forderung, eigenständige Methoden und Forschungsansätze zu entwickeln, wurde über Erwarten erfüllt.

In der gleichen Zeit entwickelte sich noch eine zweite Verbindung zwischen Humangenetik einerseits und Medizin, Pathologie und v.a. Biochemie andererseits: Bei der zunehmenden Zahl erblicher Stoffwechselerkrankungen wurden Enzymdefekte entdeckt. Aus der Analyse dieser Defekte ergaben sich in vielen Fällen spezifische Therapiemöglichkeiten für erbliche Erkrankungen, die man bisher für unbehandelbar gehalten hatte. Klassische Beispiele sind die Behandlung der Phenylketonurie mittels phenylalaninarmer Diät (Bickel 1953) und die Substitution des Faktors VIII bei Hämophilie A. Früher hatte die Feststellung, eine Krankheit habe eine genetische Ursache, die traurige Konsequenz, daß es keine wirksame Behandlung geben könne. Auch heute können wir noch nicht sehr viele genetische Erkrankungen wirklich befriedigend behandeln. Aber wir haben doch eines gelernt: Die Erfindung einer wirksamen Therapie hat sehr wenig damit zu tun, ob eine Krankheit eine genetische Ursache hat oder nicht; es kommt darauf an, ob wir ihren pathogenetischen Mechanismus kennen und in ihn eingreifen können.

## Zytogenetik

Die nächste wichtige Verbindung mit einer anderen Wissenschaft erfolgte in den
späten 50er und frühen 60er Jahren. In gewisser Weise war es eine Ehe zwischen
Halbgeschwistern, die sich seit früher Kindheit kannten. Die Chromosomen des
Menschen wurden der Analyse zugänglich: Wie schon erwähnt, hatte die Zytogenetik zwei Eltern: Die Zellforschung in den letzten Jahrzehnten des 19. Jahrhunderts, und die Mendelsche Genetik. Die Humangenetik entstand aus der Verbindung zwischen Genetik und klinischer Medizin. Die Chromosomen des Menschen
dagegen blieben der Analyse für mehr als 50 Jahre unzugänglich, bis Tjio u. Levan
1956 mit einer geeigneten Methode die Chromosomenzahl mit 46 für den Menschen etablierten. Im Jahre 1959 wurden dann die ersten Chromosomenanomalien
des Menschen entdeckt: Trisomie 21 beim Down-Syndrom (Lejeune et al. 1959)
und 2 Anomalien der Geschlechtschromosomen – Klinefelter- (XXY; Jacobs u.
Strong 1959) und Turner-Syndrom (XO; Ford et al. 1959). Seitdem entwickelte
sich die Zytogenetik des Menschen zu einem der theoretisch fruchtbarsten und in
der praktischen Anwendung wichtigsten Arbeitsgebiete der Humangenetik. Fehl-
bildungssyndrome, die zuvor allen Versuchen einer kausalen Erklärung widerstan-
den hatten, wurden durch Chromosomenaberrationen erklärt (vgl. Schinzel
1984). Aberrationen fanden sich sehr bald auch bei bösartigen Erkrankungen;
die alte Mutationstheorie des Krebses wurde konkret bestätigt und in den folgenden Jahren – insbesondere, nachdem auch die Molekularbiologie neue Erfolge
erzielte –, bis in die detaillierten Mechanismen hinein ausgebaut (vgl. Yunis 1983).
In seinem Werk über die wissenschaftstheoretischen Grundlagen der Forschung
(1967) betonte Bunge, daß man von einer guten wissenschaftlichen Theorie
oft einen Bonus erhält: Sie erklärt manchmal auch Phänomene, für die sie eigentlich nicht geschaffen wurde. Für die Genetik trifft das in besonders hohem Grade
zu.

Es ist erstaunlich, wie enthusiastisch die ersten Ergebnisse der Zytogenetik in
der Medizin aufgenommen wurden; denn in den ersten Jahren hatten sie praktisch keine Konsequenzen für die Therapie. Wahrscheinlich hatte das nicht nur
wissenschaftliche Gründe. Aufspaltungsziffern und Mutationsraten, mit denen
sich die Humangenetik vorher befaßte, sind abstrakte Ziffern; dagegen kann man
Chromosomen und ihre Aberrationen unter dem Mikroskop sehen; Ärzte sind
vielfach Augenmenschen, und ihre Ausbildung verstärkt diese Tendenz.

Um 1970 herum führte diese Popularität dazu, daß Chromosomenstudien eine
unerwartete praktische Anwendung fanden: die vorgeburtliche Diagnose. Ganz
unabhängig von der Entwicklung in der Humangenetik hatten die Geburtshelfer
entdeckt, daß man aus dem Uterus der schwangeren Frau Fruchtwasser zur
Untersuchung entnehmen kann. So war es nur ein kleiner Schritt bis zu der
Erkenntnis, daß dieses Fruchtwasser lebende Zellen des Kindes enthält, an denen
man Chromosomenuntersuchungen durchführen und auch manche erbliche Stoff-
wechseldefekte feststellen kann. Oft kann diese Diagnose so früh erfolgen, daß ein
Schwangerschaftsabbruch noch möglich ist, wenn die Eltern und der Arzt dies als
indiziert ansehen. Inzwischen ist die pränatale Diagnostik genetischer Anomalien
meist mit anschließendem Schwangerschaftsabbruch als „sekundäre Prävention"
in sehr vielen Ländern ein fester Bestandteil der präventiven Medizin.

Wie so mancher Fortschritt, so hat auch dieser seine Kehrseite: Medizinische Genetiker sind zunehmend besorgt über mögliche Mißbräuche. So werden manche Kinder abgetrieben wegen trivialer Anomalien oder gar wegen des Geschlechts. Die allgemeine Diskussion über ethische Probleme in Medizin und Biologie hat auch die Humangenetik in ihrer ganzen Breite erfaßt (z. B. Fletcher 1987; Kuhse 1987). Aber dieses Beispiel zeigt auch etwas anderes: Heute wird gelegentlich vom Wissenschaftler gefordert, er solle bestimmte Forschungsrichtungen gar nicht erst verfolgen, wenn sich daraus ethisch anfechtbare praktische Konsequenzen ergeben könnten. Die Erfindung der vorgeburtlichen Diagnose demonstriert uns dagegen, wie solche Fortschritte zustande kommen: Zwei Linien, denen man, jeder für sich, überhaupt nicht ansehen konnte, welche Möglichkeiten sie in sich schlossen, haben sich ganz unerwartet miteinander verbunden – die Chromosomenuntersuchung und die Möglichkeit, aus dem schwangeren Uterus Fruchtwasser zu entnehmen. Diese nicht voraussehbare *Verbindung* war es, die zu praktischen Konsequenzen führte und uns nun vor Probleme stellt.

Diese Probleme haben sich verschärft, seit die Humangenetik ihre letzte große Verbindung eingegangen ist, die Verbindung zur Molekularbiologie. Diese Verbindung haben wir in den letzten Jahren beobachtet; und ihre Konsequenzen nicht nur für den traditionellen Arbeitsbereich der Humangenetik, sondern auch für die Medizin und – darüber hinaus – für unsere Gesellschaft als Ganzes können noch nicht einmal in großen Zügen vorausgesehen werden. Vor allem geht diese Entwicklung zurück auf die Entdeckung der Restriktionsendonukleasen Anfang der 70er Jahre (vgl. Vosberg 1977). Mit Hilfe dieser Enzyme kann man die DNA, die Struktur, in der die genetische Information kodiert ist, schneiden und dann fast beliebig neu kombinieren. Sie erwiesen sich als besonders wirkungsvolle Werkzeuge für die Analyse der Struktur des genetischen Materials; Ergebnisse dieser Analyse werden uns in dieser Vorlesungsreihe immer wieder begegnen.

Im Gegensatz nämlich zur Entwicklung der Zytogenetik wurden die neuen Möglichkeiten, die sich durch die Methoden der Molekularbiologie eröffneten, sehr rasch in die Humangenetik übernommen. Eine ganz neue Gruppe von Wissenschaftlern, die früher andere Studienobjekte, z. B. Mikroorganismen oder Fliegen, weit vorgezogen hatte, entdeckte nun den Menschen als Gegenstand der Forschung. Andererseits werden große Stammbäume mit vielen Patienten mit bestimmten seltenen Krankheiten mehr als je zuvor gesucht. Die Zusammenarbeit von Forschern mit ganz verschiedener wissenschaftlicher Herkunft hat einen prominenten Humangenetiker der älteren Generation ermutigt, unserer Wissenschaft eine reiche „ökumenische" Zukunft vorauszusagen (Neel in Vogel u. Sperling 1987). In den folgenden Vorlesungen werden wir darauf immer wieder zu sprechen kommen. Deshalb sollen an dieser Stelle nur einige wenige Ergebnisse genannt werden.

1) Gene wurden in großer Zahl auf den Chromosomen lokalisiert und vielfach auch in ihrer Struktur und Funktionsweise aufgeklärt.
2) Struktur und Funktion der DNA außerhalb kodierender Gene wird Schritt für Schritt analysiert (vgl. Vogt 1989).
3) Die Evolution des Menschen wird wesentlich genauer aufgeklärt werden, als das mit den bisherigen Methoden möglich war.

8

4) Die biologischen Mechanismen, durch die bestimmte Abweichungen in der
   Struktur des genetischen Materials zu Erbkrankheiten führen, werden immer
   besser bekannt.

5) Es besteht begründete Hoffnung, daß man auch bald erkennen wird, welche
   Störungen in der Genregulation es während der Embryonalentwicklung sind,
   die zu den Anomalien im Phänotyp führen, die durch die bekannten Chromosomenaberrationen verursacht werden – etwa das Down-Syndrom (Epstein
   1986).

6) Auch die genetischen Komponenten häufiger Krankheiten mit komplexer und
   nur teilweise genetischer Ursache werden mehr und mehr der Analyse zugänglich (mehrere Beiträge in Vogel u. Sperling 1987).

7) Alle diese Fortschritte führen dazu, daß sich bei mehr und mehr Krankheiten
   die vorgeburtliche Diagnostik mit molekularbiologischen Methoden einführen
   wird.

8) Auch eine Gentherapie an somatischen Zellen (nicht an Keimzellen!) tritt nun
   in den Bereich des Möglichen (vgl. French-Anderson 1984; Caskey in Vogel
   und Sperling 1987).

9) Alle diese Fortschritte veranlassen den Pathologen – aus Tradition den Philosophen innerhalb der Medizin –, seine Krankheitslehre, die traditionellen Konzepte über Ursachen, Entstehung, Entwicklung und Klassifikation von Krankheiten, neu zu überdenken. Es besteht kein Zweifel, daß sich die Genetik – wie
   Nachtsheim es vor über 30 Jahren voraussagte – zu *der* Brückenwissenschaft
   der Biologie entwickelt hat. Innerhalb der Medizin – mehr und mehr auch in
   anderen Bereichen der Biologie des Menschen – übernimmt die Humangenetik
   diese Rolle. Warum ist das so? Darüber lohnt es sich nachzudenken.


## Die Theorie der Genetik

Jede Wissenschaft, die es wert ist, daß man sie so nennt, beruht auf einer zentralen
Theorie. So beruht die Physik des Atoms auf der Quantenmechanik, und im Zen-
trum der klassischen Biologie des 19. Jahrhunderts steht die Evolutionstheorie. Je
„besser" diese Theorie ist, desto mehr gelingt es ihr, andere Wissenschaften in
ihren Dienst zu stellen, und desto größer ist auf die Dauer der Erkenntnisgewinn
der auf sie begründeten Wissenschaft. Jedes Schulkind kennt das Experiment, mit
dem der Lehrer die Existenz des Magnetismus demonstriert: Man legt einen
Magneten auf eine Platte mit Eisenfeilspänen. Sofort fangen diese Feilspäne an,
sich, wie von Zauberhand gelenkt, in eine bestimmte Ordnung zu fügen, und sehr
bald bilden sie ein Muster, das uns die Feldlinien des magnetischen Feldes
anzeigt. In gleicher Weise ordnet sich eine gute Theorie nicht nur die beobachteten, sondern auch zunehmend entferntere Gebiete der Wissenschaft. Wie Bunge
(1967) in dem oben erwähnten Buch schrieb, sind die grundlegenden Desiderate
für eine wissenschaftliche Theorie die folgenden:

1) Sie soll Wissen systematisieren, indem sie logische Beziehungen zwischen bisher unverbundenen Einzelstücken herstellt; vor allem soll sie empirisch gewon-

nene Verallgemeinerungen erklären, indem sie zeigt, daß sie von Hypothesen höherer Ordnung abgeleitet werden können.

2) Sie soll Tatsachen erklären mit Hilfe von Systemen von Hypothesen, aus denen sich Voraussagen ergeben, die diese Tatsachen enthalten.

3) Sie soll unser Wissen vermehren, indem sie neue Voraussagen macht, die sich aus der Theorie zusammen mit relevanten Informationen ergeben.

4) Sie soll die Prüfbarkeit von Hypothesen erhöhen, indem sie jede von ihnen der Kontrolle durch andere Hypothesen innerhalb des Systems (der Theorie) unterwirft ...

Einige wissenschaftliche Theorien genügen nicht nur den grundlegenden Desiderata (1–4), sondern auch den folgenden, zusätzlichen Bedingungen:

5) Sie leiten die Forschung entweder a), indem sie fruchtbare Fragen stellen oder formulieren oder b) das Sammeln neuer Daten anregen, auf die man ohne diese Theorie gar nicht kommen würde, oder c) völlig neue Forschungswege nahelegen.

6) Sie bieten eine Art Landkarte an für einen Bereich der Wirklichkeit, d.h. eine geordnete Repräsentation ... tatsächlicher Objekte und nicht nur eine Zusammenfassung von Daten und eine Vorschrift zum Produzieren neuer Daten.[2]

Wie fähig eine Theorie ist, diese Voraussetzungen zu erfüllen, das hängt von ihrer Tiefe ab. Nach Bunge gibt es die folgenden Kriterien für die Tiefe einer Theorie: Sie sollte Konstrukte höherer Ordnung enthalten, einen Mechanismus nahelegen und eine hohe Erklärungskraft haben. Diese 3 Bedingungen sind eng miteinander verknüpft: Nur durch Einführung transempirischer Konzepte höherer Ordnung können Hypothesen über unbeobachtbare „Mechanismen" aufgestellt werden, und nur Hypothesen über das, was in der „Tiefe" eigentlich vorgeht, können erklären, was an der Oberfläche beobachtet wird.

Oft belohnen derartige „tiefe", „mechanistische" Theorien den Wissenschaftler mit einem unerwarteten Bonus: Es zeigt sich, daß ihre Erklärungskraft über den Bereich derjenigen Fälle hinausreicht, zu deren Erklärung sie ursprünglich geschaffen wurden.

Die Theorie der Vererbung, die auf den Arbeiten Mendels und seiner Wiederentdecker und Nachfolger beruht, zeigt diese Eigenschaften: Gleich zu Anfang führte sie ein Konstrukt höherer Ordnung ein: die Einheit der Übertragung von einer Generation auf die andere – der Rekombination und Funktion; man bezeichnet sie jetzt als „Gen" (Falk 1984). Dieses Konstrukt ist im Kern schon in Mendels Publikation über seine Erbsenversuche enthalten. Es eröffnete den Weg für die Erforschung der Mechanismen von Replikation, Übertragung, Rekombination, Mutation und Genwirkung. Die Geschichte der Genetik seit 1900 und ihre heutige Situation kann als schrittweise Aufklärung dieser Mechanismen beschrieben werden. Die Erklärungskraft dieser Theorie geht schon heute weit über den Bereich der Phänomene hinaus, zu deren Erklärung sie geschaffen wurde – näm-

---

[2] Aus dem englischen Original übersetzt. Dabei bin ich mir darüber im klaren, wie schwierig es ist, philosophische Texte so zu übersetzen, daß der Sinn möglichst wenig verschoben wird.

10

lich der Ähnlichkeiten und Unterschiede zwischen nahen Verwandten, z. B. Eltern und Kindern. Heute erklärt diese Theorie außerdem u. a. Unterschiede zwischen den verschiedenen Zellen eines Organismus, einschließlich von Immunreaktionen, dem individuellen Altern oder Krebs. Ihre Bedeutung für das Krebsproblem wurde schon erwähnt. – Und ihre Erklärungskraft ist noch längst nicht erschöpft. Gerade die Anwendung auf das Krebsproblem, durch Boveri schon vor über 60 Jahren vorausgesehen, hat in letzter Zeit ganz wesentliche Aufschlüsse gebracht; man denke nur an die Onkogene und ihr Gegenstück, die Tumorsuppressionsgene.

## Zukünftige Theorien über Gehirn und Verhalten

Das wirft eine weitere Frage auf: Gibt es andere Anhäufungen von Eisenfeilspänen, die darauf warten, von diesem Magneten geordnet zu werden? Oder weniger farbenfreudig und anspruchsvoll ausgedrückt: Welche anderen Wissenschaftsgebiete könnten von der genetischen Theorie und den von ihr abgeleiteten Konzepten und Modellen profitieren? Meiner Meinung nach ist der nächstliegende Kandidat die Analyse der Gehirnfunktion in Beziehung zum Verhalten und zur geistigen Leistungsfähigkeit. Mutanten, die das Verhalten beeinflussen, werden schon jetzt als Modellsysteme für die „Sektion" komplexer Verhaltensweisen und die Analyse ihrer Grundkomponenten verwendet. Sie helfen auch bei der Ermittlung ihrer morphologischen und physiologischen Korrelate im Gehirn (Schwegler 1986).

Derartige Studien werden v. a. bei niederen Tieren wie Drosophila (Benzer 1973) und Seeschnecken, aber auch bei der Maus (Caviness u. Racic 1978) durchgeführt. Beim Menschen waren intellektuelle Leistungsfähigkeit sowie „gesunde" und „kranke" Verhaltensweisen unter den ersten Phänotypen, für die man genetische Untersuchungen anstellte. Leider wurden jedoch die meisten dieser Untersuchungen unter der Leitung wesentlich seichterer theoretischer Konzepte geführt, obwohl das Lippenbekenntnis zur genetischen Theorie selten fehlt. So fragte man z. B., wieviel von der Variation des IQ in einer Bevölkerung genetisch bedingt, wieviel durch Umweltunterschiede verursacht sei.

In dieser Art von Fragen wird der Genotyp global als Black box behandelt. Das ist der Hauptgrund dafür, daß man Ergebnisse von einer oder wenigen Populationen nicht verallgemeinern kann: Sie sind oft vieldeutig und bieten sich für verschiedenartige Interpretationen an. Zur Zeit werden jedoch analytische Prinzipien, die sich in anderen Bereichen der Humangenetik bewährt haben, in der Verhaltensgenetik des Menschen erprobt (Vogel u. Propping 1981).

Von der anderen Seite her kommend, vertraten Bunge u. Ardila (1987) in ihrem grundlegenden Werk über *Philosophy of Psychology* einen ähnlichen Standpunkt: Ihrer Meinung nach liegt die Zukunft der Psychologie im Bereich der Psychobiologie – der Erforschung von Struktur und Funktion des Gehirns im Hinblick auf Verhalten und Leistung. Innerhalb der psychiatrischen Forschung gewinnt die biologische Psychiatrie rasch an Boden.

## Gute Theorien stellen gemeinsame Probleme

Überall in der Wissenschaft hört man heute Klagen über die Gefahren der Spezialisierung. Sie ist aber notwendig für jede erstklassige Arbeit; denn die Forschungsmethoden werden immer komplizierter, und wir alle werden überflutet durch eine immer noch ansteigende Welle von Informationen. Niemand kann mehr ein Allroundgenetiker oder ein Allroundhumangenetiker oder auch nur ein Allroundspezialist für molekulare Humangenetik sein. Auf der anderen Seite aber bringen gute, d. h. tiefe und erklärungskräftige Theorien spezialisierte Wissenschaftsgebiete oft zusammen. Sie bauen Brücken, indem sie gemeinsame Probleme stellen. Die Geschichte der Genetik – und speziell auch der Humangenetik seit den ersten Jahren dieses Jahrhunderts – bietet dafür ein besonders gutes Beispiel. Dadurch wurde sie zu einer „Brückenwissenschaft“ – viel mehr, als Nachtsheim das vor über 30 Jahren voraussehen konnte.

Außerdem aber – und mit zunehmendem Erkenntnisgewinn mehr als je zuvor – ist sie eine Wissenschaft, die betrachtet und analysiert, die aber auch zum Handeln führt – oder vielleicht auch verführt.


## Literatur

Barthelmess A (1952) Vererbungswissenschaft. Alber, Freiburg München
Beadle GW, Tatum EL (1941) Genetic control of biochemical reactions in neurospora. Proc Natl Sci USA 27: 499–506
Benzer S (1973) Genetic dissection of behaviour. Sci Am 222: 24–37
Bernstein F (1925) Zusammenfassende Betrachtungen über die erblichen Blutstrukturen des Menschen. Z Indukt Abstamm Vererbungsl 37: 237
Bickel H (1953) Influence of phenylalanine intake on phenylketonuria. Lancet II: 812
Bunge M (1967) Scientific research. I. The search for system. II. The search for truth. Springer, Berlin Heidelberg New York
Caviness LA, Racic C (1978) Mechanisms of development: A view from mutations in mice. Ann Rev 1: 297–326
Cremer T (1986) Von der Zellenlehre zur Chromosomentheorie. Springer, Berlin Heidelberg New York Tokyo
Epstein CI (1986) The consequences of chromosome imbalance. Cambridge Univ Press
Falk R (1984) The gene in search of an identity. Human Genet 68: 195–204
Ford CE, Miller OJ, Polani PE, Almeida JC de, Briggs JH (1959) A sex chromosome anomaly in the case of gonadal dysgenesis (Turner's Syndrome). Lancet I: 711–713
French Anderson W (1984) Prospects for human gene therapy. Science 226: 401–409
Garrod AE (1902) The incidence of alcaptonuria: A study in chemical individuality. Lancet II: 1616–1620
Haldane JBS (1935) The rate of spontaneous mutation of a human gene. J Genet 31: 317–326
Jacobs PA, Strong JA (1959) A case of human intersexuality having a possible XXY sex-determining mechanism. Nature 183: 302–303
Kuhn TS (1962) The structure of scientific revolutions. University of Chicago Press, Chicago
Lejeune J, Gautier M, Turpin MR (1959) Étude des chromosomes somatiques de neuf enfants mongoliens. C R Acad Sci 248: 1721–1722
Motulsky AG (1959) Joseph Adams (1756–1818). Arch Intern Med 104: 490–496

Nachtsheim H (1955) Die Genetik als Brückenwissenschaft. Jahrbuch (1954) der Max-Planck-Ges. zur Förderung der Wissenschaft, S 153–177

Pauling L, Itano HA, Singer SJ, Wells IC (1949) Sickle cell anemia: a molecular disease. Science 110: 543

Schinzel A (1984) Catalogue of unbalanced chromosome aberrations in man. De Gruyter, Berlin New York

Schwegler H (1986) Die Grundlagen des Lernens: Neurobiologische und genetische Ansätze. Habilitationsschrift, Universität Heidelberg

Stegmüller W (1986) Hauptströmungen der Gegenwartsphilosophie, Bd III. Kröner, Stuttgart

Tjio HJ, Levan A (1956) The chromosome numbers of man. Hereditas 42: 1–6

Vogel F, Motulsky AG (1986) Human genetics: Problems and approaches, 2nd rev. edn. Springer, Berlin Heidelberg New York Tokyo

Vogel F, Propping P (1981) Ist unser Schicksal mitgeboren? Severin & Siedler, Berlin

Vogel F, Sperling K (eds) (1987) Human Genetics. Proceedings of the 7th International Congress, Berlin 1986. Springer, Berlin Heidelberg New York Tokyo

Vogt P, Hum Genet (in preparation)

Vosberg HP (1977) Molecular cloning of DNA. An introduction into techniques and problems. Hum Genet 40: 1–72

Yunis JJ (1983) The chromosomal basis of human neoplasia. Science 221: 227–236

# 2 Das Genom des Menschen

## Chromosomen – chromosomale DNA – DNA der Mitochondrien

Das Genom des Menschen ist ein typisches Eukaryontengenom, genauer gesagt, das typische Genom eines Säugetiers. In den letzten ungefähr eineinhalb Jahrzehnten hat man es so genau kennengelernt, wie es sich zuvor noch niemand hätte träumen lassen; heute gibt es kein anderes Säugetier, von dem man das Genom auch nur annähernd so gut kennt: Selbst die Maus, die uns überall da weiterhilft, wo Untersuchungen am Menschen selbst sich aus ethischen Gründen verbieten, ist nicht entfernt so gut erforscht. Das Genom wird auf verschiedenen Ebenen studiert: Unter dem Mikroskop betrachten wir die Chromosomen, nachdem wir sie in besonderer Weise präpariert und gefärbt haben. Das Elektronenmikroskop eröffnet uns Einblicke in die Feinstruktur des Chromatins und der Mitochondrien. Genaue Aufschlüsse über Aufbau, Eigenschaften und Funktionsweise der Gene erhalten wir, wenn wir über die reine Beobachtung hinausgehend mit dem genetischen Material experimentieren. Dann eröffnet sich uns eine Größenordnung, die weit unterhalb des auch mit noch so verfeinerten Mitteln Sichtbaren liegt. Ein Experiment ist desto besser geplant, je klarer die Frage formuliert ist, für deren Beantwortung es ersonnen wurde, und je eindeutiger die Antwort ist, die man von ihm erwarten kann. Andererseits ist es oft gut, wenn die Planung nicht zu rigide ist; manchmal bringt gerade die unerwartete Beobachtung, richtig interpretiert, unsere Erkenntnis weiter. Die Vielfalt der experimentellen und statistischen Ansätze, der wir unsere jetzige Kenntnis des Genoms verdanken, kann und soll hier nicht dargestellt werden. Wir müssen uns auf Ergebnisse beschränken. Das ist nicht ohne Gefahr: Man vergißt zu leicht, daß Wissenschaft nichts Abgeschlossenes ist; Ergebnisse müssen eigentlich gesehen werden im Kontext der Methoden, mit deren Hilfe sie ermittelt wurden.

Das sollten wir im Gedächtnis behalten, wenn wir in dieser Vorlesung einen Überblick über das zu geben versuchen, was man von dem Genom des Menschen weiß. Ein solcher Überblick ist aber nötig. Er steckt den Rahmen ab, innerhalb dessen die Spezialprobleme, die in den künftigen Vorlesungen behandelt werden sollen, besser verständlich werden.

# Größenordnungen

Dem naiven Beobachter erscheint der Zellkern sehr klein; nur unter dem Mikroskop können wir ihn sehen. Es erscheint uns unglaublich, daß jeder einzelne Zellkern die gesamte Information enthält, die für Entstehung und Funktion eines Menschen gebraucht wird. Und doch waren Wissenschaftler Anfang der 60er Jahre, als der genetische Code entziffert war, überrascht, wieviel genetisches Material vorhanden ist.

Nach mehreren Untersuchungen beträgt der DNA-Gehalt eines diploiden menschlichen Zellkerns etwa $7,3 \cdot 10^{-12}$g (Messungen liegen zwischen 6,6 und $8,0 \cdot 10^{-12}$). Aufgrund der Molekulargewichte kann man errechnen, daß ein Nukleotidpaar, bestehend aus den beiden komplementären Basen, 2 Desoxyribose- und 2 Phosphatmolekülen, etwa $1 \cdot 10^{-21}$g wiegt. Wir brauchen nur Grundschularithmetik, um daraus zu errechnen, daß der diploide Zellkern über $7 \cdot 10^9$ Nukleotidpaare enthält. Das *haploide* Genom, wie wir es in Keimzellen vorfinden, enthält also 3,5 Mrd. Nukleotidpaare (Vogel 1964). Diese Zahl kann man sich vorstellen, wenn man die folgende Überschlagsrechnung macht: Eine Buchseite wie diese hat etwa 2500 Buchstaben. Es wären also 1400000 Seiten erforderlich, um das gesamte haploide Genom eines einzelnen Menschen niederzuschreiben, wenn man jedes Nukleotidpaar nur durch einen Buchstaben symbolisierte. Das sind 1400 Bände zu je 1000 Seiten. Heute ist man ernstlich dabei, sich an dieses Projekt heranzumachen; Viktor McKusick, einer der besten Kenner unseres Genoms, hat kürzlich vorausgesagt, daß im Jahr 2001 das gesamte menschliche Genom sequenziert sein wird (McKusick 1987).

Man ist versucht zu antworten: And – so what? Die Scientific community der Humangenetiker in aller Welt ist uneinig darüber, ob ein solches Projekt sinnvoll ist oder ob man besser nur solche Teile analysieren soll, für die sich Gruppen von Wissenschaftlern aus theoretischen oder praktischen Gründen besonders interessieren – in der sicheren Erwartung, daß das Gesamtgenom so allmählich „zusammenwachsen" wird; wenn auch vielleicht nicht bis zum Jahr 2001.

Wir wollen diese Frage dahingestellt sein lassen und uns der Struktur dieses genetischen Materials zuwenden.

Die DNA ist nicht nackt vorhanden, sondern mit Proteinen zum *Chromatin* verbunden. Histone und um sie herumgeschlungene DNA-Doppelhelices verbinden

*Tabelle 2.1.* Grad der Verkürzung des Chromatins. (Nach Vogel u. Motulsky 1986)

| Fibrille | Grad der Verkürzung | | Durchmesser |
|---|---|---|---|
| | Zur nächst niedrigen Einheit | Im Vergleich zur DNA-Fibrille | |
| DNA-Doppelhelix | 1 | 1 | 10 Å |
| Nukleosom | 7 | 7 | 100 Å |
| Nukleoproteinfaser (= Elementarfibrille) | 6 | 42 | 200– 300 Å |
| Chromonema in der Interphase | 40 | 1600 | 1000–2000 Å |
| Chromatide in der Metaphase | 5 | 8000 | 5000–6000 Å |

sich zur Nukleosomenstruktur des Chromatins. In der Transportform der Chromosomen in der Metaphase der Mitose sind diese Chromosomenfäden hochspiralisiert. Tabelle 2.1 zeigt die Größenordnung der mit verschiedenen Methoden analysierbaren Fasern in ihrer Beziehung zueinander.

## Beobachtungen zur Struktur der Chromosomen

Betrachten wir die Metaphasechromosomen durch das Mikroskop, so sehen wir, daß sie keineswegs einheitlich sind: Mit verschiedenen Färbeverfahren kann man eine Bänderstruktur unterscheiden. Besonderheiten zeigen sich auch im Zentromerbereich, also um die Stelle herum, an der die Spindelfasern ansetzen, die in der Anaphase der Mitose die homologen Chromosomen zu entgegengesetzten Polen hinziehen. Diese Bereiche werden mittels C-Färbung besonders hervorgehoben.

Schematische Zeichnungen, wie wir sie in den Lehrbüchern finden, könnten den Eindruck aufkommen lassen, als ob es hier immer einen scharfen Übergang zwischen Schwarz und Weiß gäbe; dann müßte man bei jedem Streckungsgrad der Chromosomen immer dieselben dunklen und hellen G-(Giemsa-)Bänder

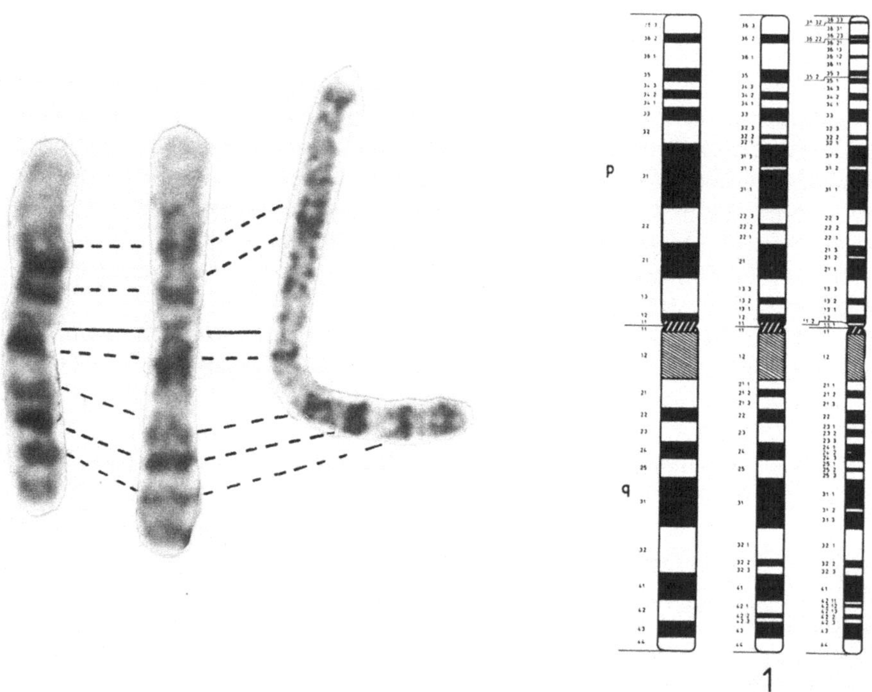

**Abb. 2.1.** Das menschliche Chromosom Nr. 1 in Giemsa-Färbung in 3 verschiedenen Graden der Kondensation. *Links* normale Routinebänderung, *rechts* „high-resolution banding". (Dr. Hager, Heidelberg)

16

sehen. Das ist in Wirklichkeit nicht der Fall: Je mehr die Chromosomen gestreckt sind, wie am Beginn der Mitose, und je besser die Zytogenetiker die Färbemethode beherrschen, desto mehr Banden sieht man; bis zu etwa 1300 im haploiden Genom in den besten Präparaten (Abb. 2.1). Der Übergang zwischen dunklen und hellen Banden ist also in Wirklichkeit graduell. Wird das Chromosom gestreckt, so sieht man auch innerhalb einer dunklen Bande hellere Abschnitte und umgekehrt.

Die Bandenstruktur ist verursacht durch die Zusammensetzung der DNA. Gehen wir von einem Giemsa-gefärbten Chromosom aus (G-Banding), so findet man in dunkleren Banden mehr Basenpaare, die aus Adenin und Thymin bestehen (A-T-Paare), in helleren Banden mehr Guanin-Zytosin-Paare (G-C-Paare; Dutrillaux et al.; in Vogel und Motulsky 1986). Gene finden sich in beiden Bereichen, in den hellen Banden mehr „House-keeping"-Gene, d. h. solche, die Grundvorgänge des Stoffwechsels kontrollieren, wie sie in allen Zellen, unabhängig von ihrem Differenzierungsgrad, notwendig sind. Die dunkleren Banden dagegen enthalten mehr Gene, die Spezialfunktionen in differenzierten Zellen wahrnehmen.

Etwas über 50% der chromosomalen DNA setzen sich aus „Single-copy"-DNA zusammen; d. h. diese Sequenzen sind nur einmal vorhanden. Diese „Single-copy"-DNA enthält die meisten Gene, d. h. Sequenzen, die in Messenger-RNA (m-RNA) transkribiert werden und die Bildung spezifischer Proteine kodieren. Allerdings besteht keinesfalls die gesamte „Single-copy"-DNA aus transkribierten Bereichen; der weitaus größere Anteil wird nicht transkribiert. Hier finden sich zahlreiche Sequenzen, die mit der Transkriptionskontrolle zu tun haben. Daneben gibt es aber auch „Evolutionsruinen"; d. h. Bereiche, in denen noch eine an sich transkribierbare DNA-Sequenz vorhanden ist, die aber von Kontrollregionen getrennt wurde, so daß sie heute nicht mehr transkribiert werden können. So, wie man bei lange Zeit unbewohnten Häusern beobachten kann, daß sie langsam zerfallen, genauso zerfallen auch solche „Pseudogene": Mutationen, die in ihnen auftreten, haben keinen Selektionsnachteil mehr; sie werden also nicht eliminiert, sondern können nach den Gesetzen des Zufalls auch häufiger werden oder gar die ursprünglichen funktionell vollwertigen Allele verdrängen (Vorlesung 9).

Wie groß die Zahl der „Gene" im Gesamtgenom wirklich ist, kann noch niemand sagen; es gibt nur vage Schätzungen. Meist werden Zahlen von ungefähr 50000 bis 100000 genannt. Nehmen wir an, die Hälfte des Genoms, also $1{,}75 \cdot 10^9$ Nukleotidpaare, bestände aus solchen Genen und es gebe 100000 ($10^5$) von ihnen. Dann bliebe im Durchschnitt $1{,}75 \cdot 10^4$, also etwas unter 20000 Basenpaaren pro Gen. Bei 50000 Genen wäre es das Doppelte. Angesichts des komplizierten Aufbaus der Gene (vgl. unten) ist das nicht viel. Weit über 100000 Gene kann es also schon aus diesem Grunde kaum geben. Andererseits wurde die Zahl verschieder Arten von mRNA in Nervenzellen der Ratte auf etwa 30000 geschätzt (vgl. Sutcliffe et al. 1987). Das würde bedeuten, daß ein großer Anteil aller Gene in Nervenzellen aktiv ist.

Der Rest der DNA – also weniger als 50% – setzt sich aus „repetitiven" Sequenzen zusammen. In den *hochrepetitiven* Sequenzen können sich kurze DNA-Abschnitte bis zu vieltausendfach wiederholen. Man findet sie v. a. in den Centromerregionen, die in C-Färbung dunkel erscheinen, und in dem langen Arm des Y-Chromosoms. Sie umfassen weitgehend diejenigen Bereiche, die den „klassischen" Zytogenetikern als (konstitutives) „Heterochromatin" aufgefallen sind

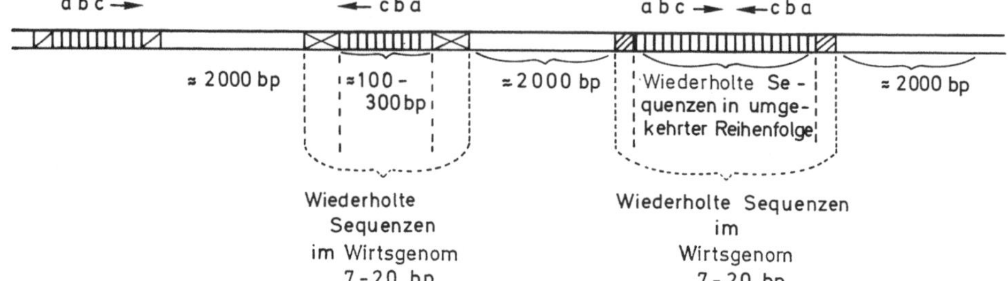


*Abb. 2.2.* Unterbrechung der menschlichen DNA-Sequenz in Abständen von ungefähr 2000 Basenparen *(bp)* durch Alusequenzen ( = je etwa 100–300 bp). Diese Sequenzen können in beiden Richtungen laufen (abc oder cba). Es können auch 2 Sequenzen in umgekehrter Reihenfolge aufeinanderfolgen. (Aus Vogel u. Motulsky 1986)

(Heitz 1928). DNA-Forscher fanden hier die meisten Teile einer DNA-Fraktion, die sie als „Satelliten-DNA" bezeichneten, weil sie wegen ihrer abweichenden Basenzusammensetzung bei Zentrifugation in Cäsiumgradienten von der Hauptmasse der DNA unterscheidbare Peaks bildet.

Genaue Struktur und Funktion dieser hochrepetitiven DNA-Fraktion sind noch Gegenstand der Forschung; die Struktur ist noch wesentlich komplizierter als manche vielleicht anfangs dachten (vgl. Vogt 1989). Die große Zahl der Hypothesen über die Funktion reflektiert unser mangelndes Wissen. Sie reichen von absoluter Funktionslosigkeit bis zu einer entscheidenden Rolle in der Regulation von Genwirkungen.

Etwas mehr weiß man über die Funktion der mittel- und niederrepetitiven DNA-Abschnitte. Sie finden sich - teilweise in kurzen Sequenzen - über das gesamte Genom verteilt. Aufmerksamkeit fanden besonders die sog. Alusequenzen, von denen es mehrere hunderttausend gibt, die durch einige wenige Tausend Basen voneinander getrennt, die Single-copy-Sequenzen unterbrechen (Schmid u. Jellinek 1982; Abb. 2.2). Sie sind deshalb interessant, weil sie möglicherweise aus Transposons hervorgegangen sind: d.h. aus Elementen, die innerhalb des Genoms und auch zwischen verschiedenen Genomen „springen" können. Eine Funktion für sie hat man - trotz aller Mühe - noch nicht wahrscheinlich machen können. Eine Klasse von mittelrepetitiven Sequenzen sind die Gene, die für die variablen Anteile der Antikörpermoleküle kodieren. Sie sind in mehreren hundert Kopien vorhanden; während der Differenzierung zu antikörperbildenden B-Lymphozyten findet ein Umbau statt, bei dem sich jeweils eine derartige Sequenz mit den DNA-Sequenzen für den konstanten Teil des Moleküls verbindet. So entsteht eine Fülle von genetisch leicht verschiedenen Zellklonen, die sich - wenn notwendig - vermehren und dem Bedarf an verschiedenen Antikörpern gerecht werden können (Tonegawa 1983; Abb. 2.3). Eine andere Klasse mittelrepetitiver Sequenzen enthalten die kurzen Arme der akrozentrischen Chromosomen Nr. 13, 14, 15, 21 und 22; zusammen sind es einige hundert Gene für ribosomale RNA. Aus der Funktion heraus ist der mittelrepetitive Charakter dieser Gene verständlich, denn die Zelle braucht für ihre Translation und Proteinsynthese ständig zahlreiche Ribosomen.

18

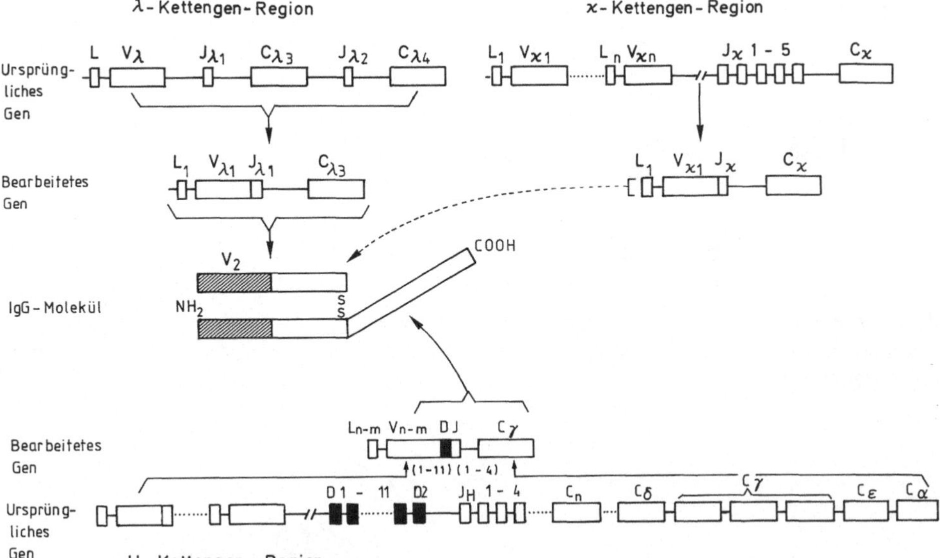


*Abb. 2.3.* Organisation der Immunglobulingene vor und nach somatischer Neukombination. Es wird hier nur eine der zahlreichen möglichen Neukombinationen gezeigt. Die Gene werden vor und während der Reifung der antikörperproduzierenden B-Zellen neu kombiniert. Sie determinieren dann das IgG-Molekül (hier nur zur Hälfte gezeigt) (vgl. auch Tonegawa 1983)

## Chromosomen im Interphasekern

Die Centromerregionen der akrozentrischen Chromosomen können auch in der Interphase des Zellzyklus lokalisiert werden, während das für die meisten übrigen Chromosomen - zunächst - nicht gelingt. Sie liegen im Nukleolus, - ja großenteils bilden sie ihn. Im Nukleolus wird die von den rRNA-Genen gebildete ribosomale RNA gespeichert und für die Ribosomenbildung bereitgestellt. Die enge Nachbarschaft dieser Regionen bringt Gefahren mit sich: in der Meiose bleiben diese Chromosomen oft aneinander haften; Non-Disjunktion führt zur Bildung von Trisomien, v.a. zur Trisomie 21 - mit der Folge des Down-Syndroms. Ein anderer, nicht so seltener Unfall ist die Bildung von Robertson-Translokationen (zentrischen Fusionen): Zwei akrozentrische Chromosomen verschmelzen in Zentromernähe unter Verlust der Region der kurzen Arme (Abb. 2.4). Neben dem Nukleolus läßt der Interphasekern als weitere Struktur das X-Chromatin erkennen; das inaktivierte X-Chromosom ist peripher - an der Kernmembran - lokalisiert.

Im übrigen hat man - großenteils mit Hilfe fluoreszenzmarkierter DNA-Proben, die mit chromosomenspezifischer DNA hybridisieren und ihre Lokalisation anzeigen, - die Regionen ausfindig machen können, in denen bestimmte Chromosomen gelegen sind. Es stellte sich heraus, daß die Chromosomen keineswegs regellos über den ganzen Kernbereich hin ausgebreitet sind, sondern sie nehmen

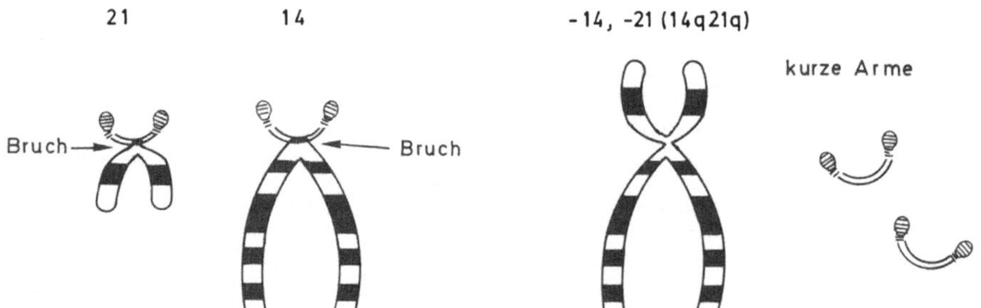


*Abb. 2.4.* Bildung einer Robertson-Translokation (zentrische Fusion) nach Auftreten von Brüchen in den Zentromerregionen zweier akrozentrischer Chromosomen. Die kurzen Arme gehen verloren

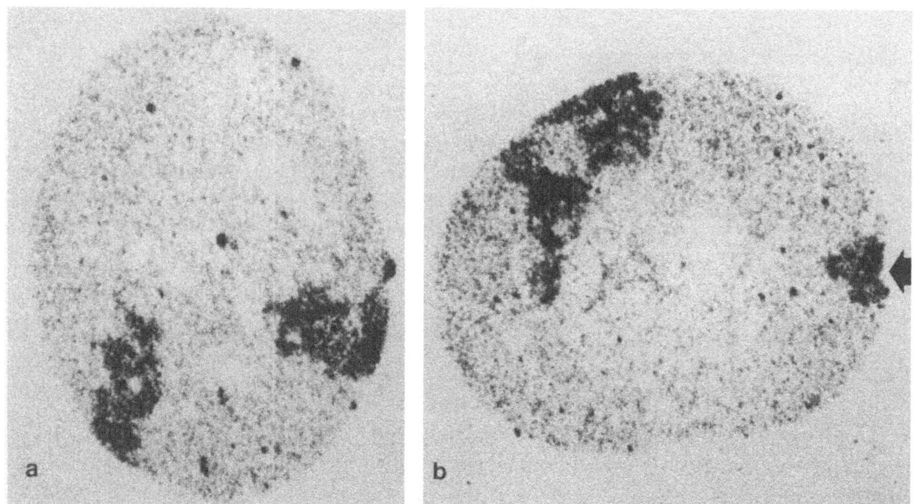


*Abb. 2.5. a, b.* Selektive Darstellung des Chromosoms Nr. 4 im Zellkern eines Glioblastoms. Der linke Zellkern *(a)* zeigt 2 vollständig getrennte Chromosomendomänen, der rechte *(b)* 2 benachbarte Domänen, sowie eine dritte, deutlich kleinere zusätzliche Domäne *(Pfeil).* Sie entspricht der Translokation eines Abschnitts von Chromosom 4, die in einer Subpopulation von Zellen dieses Tumors nachgewiesen werden konnte. Die Aufnahmen erfolgten mit einem Laser-Scanning-Mikroskop nach In-situ-Hybridisierung mit einer Chromosom-4-spezifischen DNA-Bibliothek. (Nach T. Cremer et al. unveröffentlicht)

bestimmte Domänen ein (Abb. 2.5). Diese Domänenanordnung bleibt über die Mitose hinweg erhalten; Tochterzellen zeigen häufig eine spiegelbildliche Struktur.

Andererseits finden sich in relativ undifferenzierten Zellen, wie z. B. Fibroblasten, jedenfalls soweit man bisher weiß, keine festen Regelmäßigkeiten in der Anordnung verschiedener Chromosomen zueinander. Auch liegen homologe Chromosomen meist nicht nebeneinander. Anders scheint das in differenzierten

Zellen zu sein; so fand Manuelidis (1984) in Nervenzellen bestimmte Regelmäßigkeiten in der Anordnung. Vielleicht hat die Anordnung der Chromosomen im Interphasekern etwas mit der Differenzierung der Zellfunktion zu tun.

Die Bedeutung einer Analyse des Interphasekerns wird von vielen Zytogenetikern verkannt; festgehalten durch die Tradition ihres Denkens, können sie sich nur vorstellen, daß man Zytogenetik an Metaphasechromosomen betreibt. Die Situation ist ähnlich wie seinerzeit, als das Elektronenmikroskop eingeführt wurde: damals glaubten viele, ein so hoher Auflösungsgrad sei für die Kenntnis der Zelle eigentlich überflüssig; heute bedarf es keiner Begründung mehr, warum sich dieser Glaube als falsch erwies.

Neben ihrer theoretischen Bedeutung eröffnet die Interphasezytogenetik auch wichtige Wege für die praktische Diagnostik: Wenn man bestimmte Chromosomen in der Interphase erkennen kann - und zwei oder mehrere auf einmal -, so kann man z.B. Tumorzellen, die durch bestimmte Translokationen charakterisiert sind (vgl. Rowley 1987), in Gewebeproben leicht auffinden - ein völlig neuer Weg für die Diagnose von Krebsmetastasen.


## Länge und Struktur von Genen
(vgl. auch Knippers 1985)

Wir verlassen jetzt die Analysenebene der Chromosomen und steigen herab zu der DNA selbst: wir betrachten Aufbau und Funktionsweise einzelner Gene. Abbildung 2.6 zeigt den allgemeinen Aufbau eines Eukaryontengens. Eine DNA-Sequenz hat ein 5'-Ende und auf der anderen Seite ein 3'-Ende. Damit ist gemeint, daß im ersten Fall das 5., im zweiten Fall das 3. C-Atom des Desoxyriboserings freiliegt für die nächste Bindung. Die Transkription läuft von 5' („upstream") nach 3' („downstream"). An der 5'-Seite findet man zunächst, ungefähr 80 Basenpaare „upstream", eine Sequenz CAATT. Offenbar dient diese Sequenz als Erkennungsregion für die RNA-Polymerase, das Enzym, das für die Transkription notwendig ist. Dann folgt, ungefähr 30 Basenpaare „upstream", eine Sequenz TATA; sie wirkt als Promotor-Region für die polymeraseinduzierte Transkription.

Am Anfangspunkt der Transkription wird zunächst eine aus wenigen Basen bestehende mRNA-„Kappe" gebildet, die zunächst an dieser Seite auf die (unreife) mRNA aufgesetzt ist. Erst danach beginnt das erste Exon, d.h. der erste DNA-Abschnitt, der in der komplementären Struktur der „reifen" mRNA vorhanden ist und an den Ribosomen in eine Proteinsequenz übersetzt („translatiert") wird.

In Genen von Säugetieren werden die Exons durch Introns unterbrochen; diese werden zunächst mit transkribiert; am 3'-Ende, also „downstream", wird eine Poly-A-Sequenz angesetzt. Noch im Zellkern erfolgt dann das „Processing" der mRNA: die Transkripte der Introns werden herausgeschnitten. Schließlich verläßt die „reife", mit „cap" und Poly-A-Ende versehene mRNA den Zellkern und wird an den Ribosomen in die entsprechende Proteinsequenz transkribiert. Die Einzelheiten dieser Vorgänge werden heute intensiv erforscht. Sie sind für den Zusammenhang dieser Vorlesung nicht notwendig.

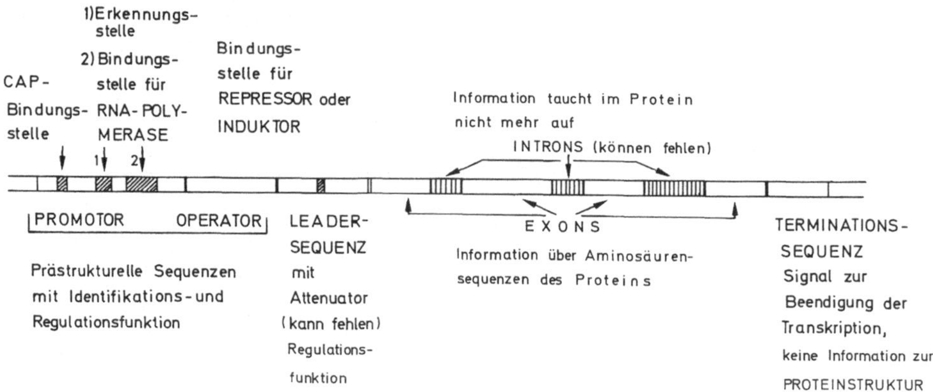


*Abb. 2.6.* Schema des Aufbaus eines menschlichen Gens

## Das Gen für den Blutgerinnungsfaktor VIII

Statt dessen wollen wir uns ein – allerdings langes und kompliziertes – menschliches Gen genauer ansehen: das Gen für den Blutgerinnungsfaktor VIII.

Die biologische Funktion der Blutgerinnung muß 2 Forderungen gehorchen, die einander scheinbar widersprechen: Einerseits muß das Blut flüssig bleiben, solange es in unbeschädigten Blutgefäßen kreist. Wenn es dort „unplanmäßig" gerinnt, so kann es zu – oft schweren – Funktionsstörungen kommen; man spricht von Thrombosen. Sie können z. B. zu Herzinfarkten oder Verschlüssen von Gehirngefäßen führen mit den entsprechenden Folgen für den Patienten.

Wenn andererseits das Blut nicht gerinnt, wenn ein Blutgefäß geschädigt wird, dann muß der Mensch verbluten.

Die Natur erfüllt diese beiden Forderungen durch ein kompliziertes mehrstufiges System, das die Gerinnung regelt (vgl. auch Graham et al. 1983). Die Gene für zwei dieser Faktoren, Faktor VIII und Faktor IX, sind – relativ nahe zu einander, aber nicht in unmittelbarer Nachbarschaft – ziemlich am Ende des langen Arms des X-Chromosoms gelegen. Ihre Mutationen sind X-chromosomal rezessiv erblich; sie führen zu einer der am längsten bekannten Erbkrankheiten des Menschen, der Bluterkrankheit (Hämophilie).

Das Gen für Faktor VIII, dessen Mutation zu Hämophilie A führt, wurde 1984 von zwei amerikanischen Gruppen gleichzeitig analysiert – mit übereinstimmenden Ergebnissen (Gitschier et al. 1984, 1985; Véhar et al. 1984). Beide Gruppen bestanden aus zahlreichen Wissenschaftlern, und sie gehörten nicht zu einer staatlichen oder sonst öffentlichen Forschungsorganisation, sondern zu privaten Firmen. Firmen sind an diesem Gen interessiert, weil die Hämophilie A heute durch regelmäßige Injektion von Faktor-VIII-Präparaten gut behandelt werden kann. Diese Präparate müssen jedoch bis jetzt noch aus menschlichem Blut gewonnen werden. Das macht sie sehr teuer. Könnte man sie – nach Übertragung des Gens – aus Säugerzellkulturen gewinnen, so wäre das billiger und in mehrfacher Hinsicht auch sicherer. In der Tat ist es gelungen, das Gen auf Hamsterzellkulturen zu übertragen und zur Expression zu bringen. Allerdings sind die bisher produzierten

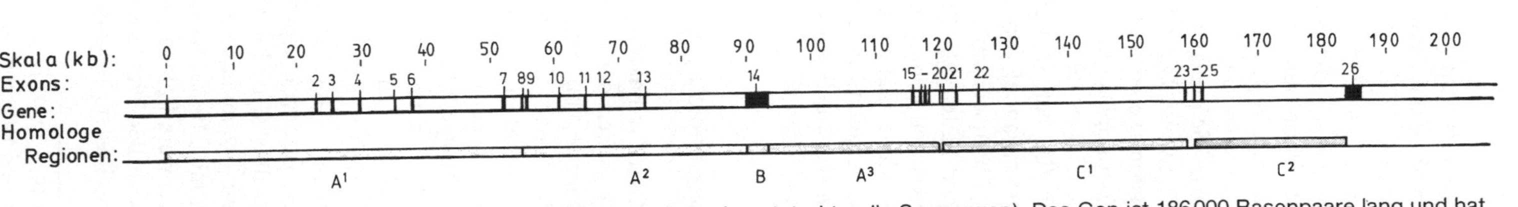



*Abb. 2.7.* Aufbau des Gens für den Gerinnungsfaktor VIII (ohne prä- und poststrukturelle Sequenzen). Das Gen ist 186 000 Basenpaare lang und hat 26 unregelmäßig verteilte Exons unterschiedlicher Länge. Mehrere Bereiche (A¹–A³; C¹, C²) sind strukturell so ähnlich, daß sie im Laufe der Evolution durch einmalige oder wiederholte Duplikationen kleinerer Bereiche entstanden sein müssen

Mengen noch sehr gering. Aber es besteht kaum ein Zweifel, daß in sehr absehbarer Zeit ein brauchbares Produkt auf dem Markt sein wird.[1]

Abbildung 2.7 zeigt das Gen. Oben ist die Skala (in je 1000 Basenpaaren, kb) angegeben. Das Gen ist also etwa 186000 Basenpaare lang, es hat 26 Exons, die zusammen 7053 Basenpaare umfassen - entsprechend 2351 Aminosäuren. Das kürzeste Exon umfaßt 69, das längste 3106 Basenpaare.

Wenn ein Molekularbiologe ein solches Gen in die Hand bekommt, so wird er sofort untersuchen, ob die DNA-Sequenz eine Ähnlichkeit mit anderen, bisher bekannten Sequenzen aufweist, die auf einen gemeinsamen Ursprung in der Evolution hinweist. Diese Untersuchung hat bei dem Faktor-VIII-Gen ein unerwartetes Ergebnis: eine ⅓-Homologie mit dem Gen für das kupfertransportierende Protein Coeruloplasmin. Dieses Ergebnis ist deshalb überraschend, weil Coeruloplasmin - soweit wir wissen - überhaupt keine funktionelle Beziehung zum Faktor VIII hat. In der Evolution ist es also manchmal zu einem vollständigen Funktionswandel von Genen gekommen, nachdem sie zunächst durch irgendeinen Umbaumechanismus verdoppelt worden waren, wie Ohno schon vor Jahren gefordert hatte (vgl. Ohno 1970).

Inzwischen kennt man zahlreiche verschiedenartige Mutationen, - Deletionen verschiedener Länge und Lokalisation, aber auch Insertionen und Punktmutationen im engeren Sinne, - die zu schwererer oder weniger schwerer Hämophilie A führen (vgl. auch Vorlesung 5).


## Ein wesentlich größeres und ein wesentlich kleineres Gen

Das Gen für Faktor VIII hat schon eine beträchtliche Länge; sie liegt etwa bei dem 10fachen der Durchschnittsgröße für ein menschliches Gen, wie wir es aus der Menge von Single-copy-DNA und einer geschätzten Zahl von ungefähr 100000 Genen abgeleitet haben. Vermutlich ist dieses Gen auch *ungewöhnlich* lang; darauf deutet hin, daß auch seine Mutationsrate im obersten Bereich bekannter menschlicher Mutationsraten liegt (Vorlesung 5). Es gibt jedoch noch einige wenige höhere Mutationsraten, und eines der dafür verantwortlichen Gene ist in der Tat noch etwa 10mal länger: das Gen, dessen Mutationen - je nach Lage und Länge - zu den X-chromosomal rezessiv erblichen Formen Duchenne und Becker der progressiven Muskeldystrophie führen. Dieses Gen ist etwa 2 Mio. Basenpaare lang. Es hat nicht weniger als 60 Exons (Koenig et al. 1987). Es kodiert für ein entsprechend großes Protein, das in Ermangelung genauer Auskünfte über seine Funktion im Muskel Dystrophin genannt wurde. Dieses Protein kommt - wenn auch in geringen Mengen - in Muskelzellen vor und fehlt bei Patienten mit Muskeldystrophie. Ein Ausfall von Teilen dieses Gens hat unterschiedlich schwere Folgen für den Patienten; so führen Verluste nur einiger ganzer Tripletts zu der leichteren Becker-Form, während Deletionen mit Verschiebung des Ablese-Rasters zu dem schweren Duchenne-Typ führen.

---

[1] Am 19.1. 1989 erschien im New England J. Med. eine Arbeit, in der über die Behandlung von zwei Patienten mit auf diese Weise gewonnenem Faktor VIII berichtet wurde.

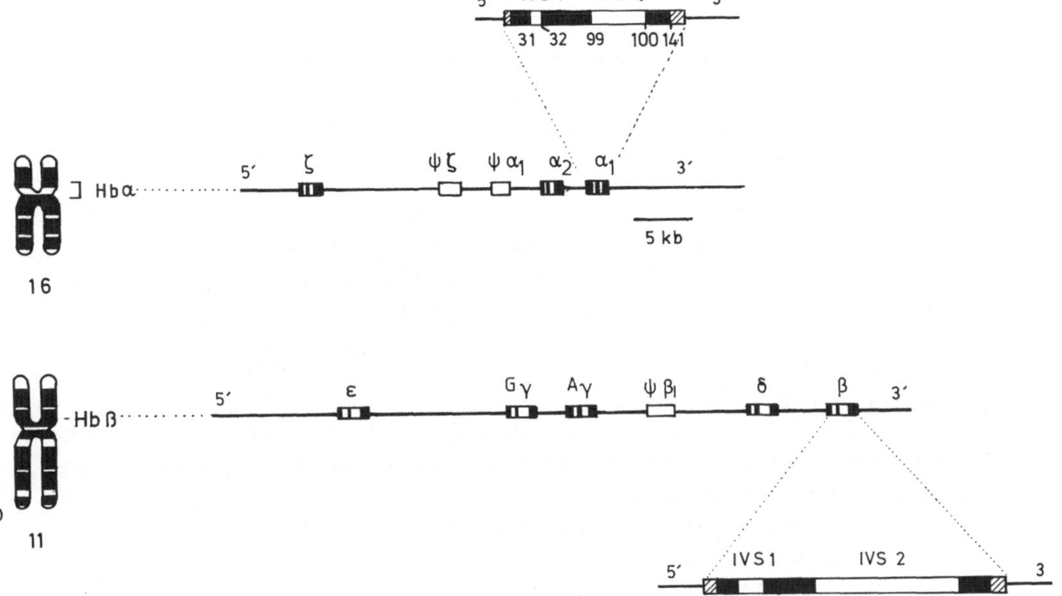


*Abb. 2.8. a* Chromosomale Lokalisation (16p) und Organisation der Hämoglobin-$\alpha$-Genfamilie, Pseudogene. *b* Chromosomale Lokalisation (11p) und Organisation der Hämoglobin-$\beta$-Genfamilie (*IVS:* Introns). (Antonarakis et al. in Hum Genet 1985, 69: 1–14)

Diesem sehr großen Gen stehen andererseits im menschlichen Genom auch wesentlich kleinere Gene gegenüber. Als Beispiel sei hier der Bereich genannt, über dessen Funktion in Gesundheit und Krankheit man heute am meisten weiß: die Hämoglobingene.

Abbildung 2.8b zeigt die $\beta$-Globinregion auf dem kurzen Arm von Chromosom 11, wo sie ziemlich telomernahe gelegen ist. Von 5' nach 3' findet man zunächst ein $\varepsilon$-Gen, das für ein frühembryonales Globin kodiert; dann zwei Gene für die $\gamma$-Kette ($\gamma$G und $\gamma$A); die $\gamma$-Kette ist Teil des fetalen Hämoglobins –; dann ein $\beta$-Pseudogen und je ein Gen für die $\delta$- und die $\beta$-Kette. Letzteres hat 3 Exons, durch die die Aminosäuren 1–30, 31–104 und 105–146 kodiert werden. Alle 3 Exons sind also 3·146=438 Basen lang. Zusammen mit CAATT- und TATA-Box und dem Informationsbereich für cap und Poly-A-Ende dürfte das $\beta$-Globin-Gen etwa 2000–3000 Basen umfassen; der Gesamtbereich des $\beta$-Gen-Clusters ist etwa 60000 Basenpare (=60 kb) lang.

Zahlreiche Mutationen innerhalb dieses Bereichs – v.a. innerhalb des $\beta$-Globin-Gens – sind bekannt. Sie reichen von Punktmutationen durch Ausfall einzelner Basen bis zu großen Deletionen; je nach Lokalisation und Art der Veränderung resultieren verschiedene Arten von Krankheiten. Dieser Genbereich ist heute das am besten bekannte Modellsystem für unser Verständnis der Beziehung zwischen Genmutation und Krankheit (vgl. Vorlesung 3; Vogel u. Motulsky 1986, Sect. 4).

## Genfamilien

Die Gene in der Hämoglobin-$\beta$-Region formen zusammen mit dem Hämoglobin-$\alpha$-Cluster auf Chromosom 16 eine Genfamilie – Gene von ähnlichem Aufbau, deren Funktion eng miteinander verknüpft ist: sie alle sind am Aufbau der Hämoglobinmoleküle beteiligt, von $\zeta$- und $\varepsilon$-Kette angefangen, die schon 8–10 Wochen nach Beginn der embryonalen Entwicklung verschwinden, über die $\gamma$-Kette, von der 2 Ketten – zusammen mit 2 $\alpha$-Ketten – das fetale Hb formen, das zum Zeitpunkt der Geburt noch absolut vorherrscht, aber ein Jahr später praktisch verschwunden ist, – bis zur $\beta$-Kette, die gemeinsam mit der $\alpha$-Kette das $HbA_1$ formt, das von der Kindheit an bis zum Ende des Lebens den größten Teil des Hämoglobins ausmacht. Dazu kommt die $\delta$-Kette, – Bestandteil des $HbA_2$; die Proteinsyntheserate dieses Gens ist so gering, daß man es als Gen auf dem Weg zum Pseudogen bezeichnet hat.

Die Bezeichnung „Genfamilie" bringt zum Ausdruck, daß alle diese Gene einen gemeinsamen Ursprung in einem Urglobingen haben und auch in der Funktion eng miteinander verwandt sind.

Solche Genfamilien sind im Genom des Menschen zahlreich; als andere Beispiele seien genannt die Gene des Major Histocompatibility Systems auf dem kurzen Arm von Chromosom 6 (vgl. Bodmer 1987) oder die Myosin- und Aktingene (Humphries et al. 1981).


## Lokalisation von Genen auf den Chromosomen des Menschen und Gesamtgenom

Nachdem wir die gesamte chromosomale DNA und Beispiele für einzelne Gene und Genfamilien betrachtet haben, bleibt uns nur noch, einen Blick auf die Zahl und die Verteilung von Genen zu werfen. Nachdem Mohr 1954 (in Vogel u. Motulsky 1986) mit der Koppelung zwischen dem AB0-Sekretor-Merkmal und der Lutheran-Blutgruppe die erste Koppelungsgruppe des Menschen beschrieben und Donahue et al. (1968) den Duffy-Genort durch Koppelung mit einer sichtbaren Chromosomenvariante dem Chromosom 1 zugeordnet hatten, war der Fortschritt bei der Entwicklung der menschlichen Genkarte zunächst langsam. Erst neue Methoden brachten hier entscheidende Fortschritte. Vor allem war es die Entdeckung, daß Zellhybride zwischen Menschen und Maus menschliche Chromosomen verlieren, die in rascher Folge neue Lokalisationen möglich machte (Abb. 2.9).

Eine weitere Methode ist die In-situ-Hybridisierung von Metphasechromosomen mit Hilfe radioaktiver DNA-Proben; sie läßt unmittelbar an der Metaphase erkennen, auf welchem Chromosom und in welcher Bande ein bestimmtes Gen lokalisiert ist. Die große Häufigkeit von Polymorphismen in der DNA (RFLPs) bot ein weiteres Instrument für die Koppelungsanalyse in Familien. So wurde die Lokalisation von Genen eines der Hauptziele humangenetischer Forschung in den letzten Jahren. Die Daten werden jährlich in den sog. Mappingkonferenzen überprüft, und eine Liste der lokalisierten Gene wird herausgegeben. Die letzte Über-

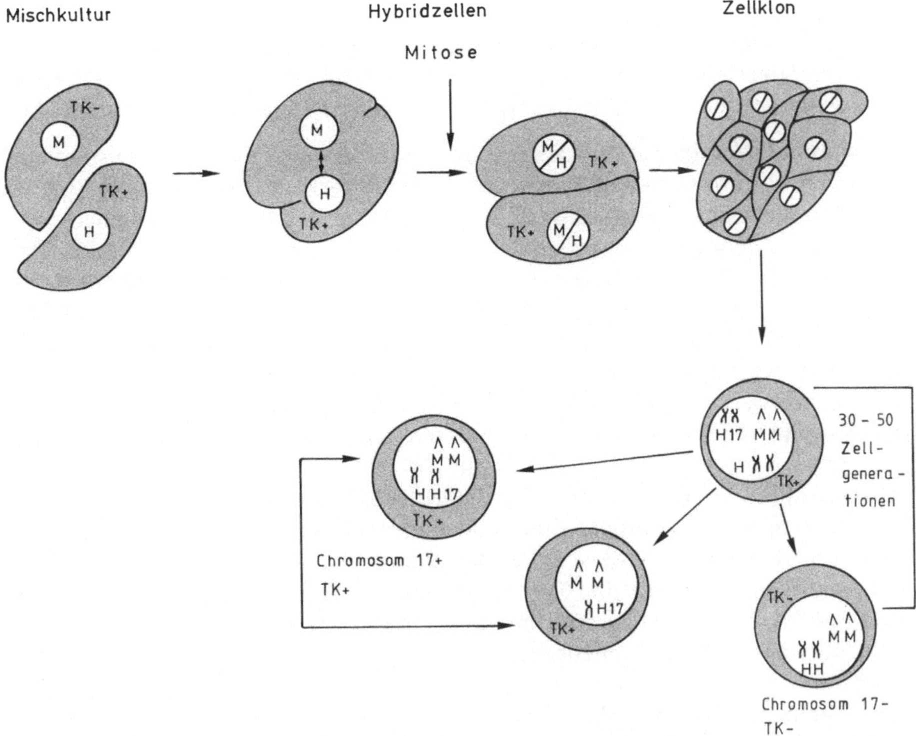


*Abb. 2.9.* Das Prinzip der Genlokalisation auf einem Autosom. Mauszellen mit Thymidinkinasemangel *(M, TK⁻)* werden in einer gemischten Zellkultur mit normalen menschlichen Zellen gezüchtet und mit ihnen fusioniert. Nach 30–50 Zellgenerationen haben die Zellen einen Teil ihrer menschlichen Chromosomen eingebüßt. Nur Zellen, die das Chromosom 17 behalten haben, zeigen Thymidinkinaseaktivität. (Aus Vogel u. Motulsky 1986)

sicht enthält immerhin schon 1096 autosomale Genloci, die mit Sicherheit oder Wahrscheinlichkeit lokalisiert wurden, dazu kommen noch zahlreiche Loci auf dem X-Chromosom.

Eine Reihe von allgemeineren Beobachtungen soll erwähnt werden (vgl. auch Kidd 1987):

1) Genfamilien, die einen gemeinsamen Ursprung in der Evolution haben, sind oft – nicht immer – in enger Nachbarschaft lokalisiert. Ein Beispiel, den Hämoglobin-$\beta$-Cluster (Abb. 2.8), haben wir schon kennengelernt.

2) Dagegen liegen Gene für Enzyme, die in die gleichen Genwirkketten eingreifen, in der Regel *nicht* nahe beieinander; im Gegensatz etwa zu Bakterien.

3) Die Häufigkeit genetischer Rekombination durch Crossing-over ist in der weiblichen Meiose I höher als in der männlichen. Dieser Befund ordnet sich in eine schon 1922 durch Haldane postulierte Gesetzmäßigkeit ein, wonach Crossing-over häufiger beim homogametischen als beim heterogametischen Geschlecht vorkommt. Diese Regel scheint jedoch nicht allgemein zuzutreffen; im distalen

27

Teil des kurzen Armes von Chromosom 11 scheint im Gegenteil die Rekombi-
nationshäufigkeit bei Männern höher zu sein (Kidd 1987).
4) Crossing-over scheint in der Nähe der Chromosomenenden häufiger vorzu-
kommen als in den proximalen Bereichen (in der Nähe der Zentromere).

Studien mit DNA-Methoden, v.a. In-situ-Hybridisierung über Genlokalisation auf
menschlichen Chromosomen haben ein neues Prinzip in die genetische Analyse
beim Menschen eingeführt. Früher war genetische Analyse nur möglich, wenn
man von der Mendelschen Aufspaltung von Merkmalen ausgehen konnte. Diese
Aufspaltung ließ Rückschlüsse auf die zugrunde liegenden Gene und ihre Wirkungen zu. Auch die „klassische" Koppelungsanalyse in Familien ging natürlich
von *Unterschieden* in Phänotypen aus. Heute dagegen kann man Gene durch In-
situ-Hybridisierung lokalisieren und studieren, die bei allen Menschen identisch
sind; man braucht dazu nur eine DNA-Probe, die man meist als cDNA aus
mRNA gewinnt. Die Genfamilie der Aktingene ist ein Beispiel (Humphries et al.
1981).

Die Lokalisation einer Vielzahl von Genen, auch von solchen, deren molekularbiologische und biochemische Funktion man noch nicht kennt, legt noch einen
anderen methodischen Ansatz nahe, die man als „reverse genetics" bezeichnet:
Man identifiziert zunächst das Gen, stellt seine DNA-Sequenz fest, sucht die passende mRNA in den Zellen auf, in denen dieses Gen aktiv ist, identifiziert dann
das Protein mit Hilfe des genetischen Kodes und untersucht seine Funktion (Vorlesung 3).

Die genauere Kenntnis der Gene des menschlichen Genoms hilft uns, eine
zunehmende Zahl erblicher Erkrankungen schon früh – v.a. auch vorgeburtlich –
zu erkennen. Darüber hinaus darf man gespannt sein, welche Aufschlüsse für die
Theorie der Genwirkung uns noch bevorstehen.


## Das Genom der Mitochondrien

Wir sollten uns daran erinnern, daß das menschliche Genom nicht nur aus Chro-
mosomen besteht. DNA findet sich auch in den Mitochondrien, den „Energiefa-
briken" der Zelle, die sich in wechselnder Anzahl im Zytoplasma finden. Das
Mitochondriengenom ist ringförmig und – trotz ihrer großen Zahl – beim gleichen
Menschen in allen Mitochondrien im wesentlichen identisch. Die Sequenz seiner
16 569 Basenpaare ist bekannt (Anderson et al. 1981); sie kodiert für die Transfer-
RNA-Gene (tRNA) sowie für einige rRNA-Gene und einige (nicht alle) Gene für
Enzyme der Atmungskette, die in Mitochondrien aktiv sind (vgl. auch Attardi et
al. 1987). Da Mitochondrien nur von der Mutter auf alle Kinder übertragen wer-
den, zeigen mitochondriale Krankheiten den entsprechenden Erbgang (Übertragung von der Mutter auf alle Kinder). Polymorphismen dieser DNA finden in der
Evolutionsforschung ein erhebliches Interesse (Vorlesung 9).

## Schlußbemerkungen

Unsere Kenntnisse über das menschliche Genom haben sich in den letzten Jahren fast explosionsartig vermehrt. War seine Erforschung noch vor kurzer Zeit das Hobby einiger weniger Spezialisten, die wegen ihrer Versuche am scheinbar „untauglichen Objekt" von den Kollegen in der molekularbiologischen Grundlagenforschung oft etwas über die Schulter angesehen wurden, so ist die Analyse nun die gemeinsame Sache von Wissenschaftlern aus ganz verschiedenen Gebieten geworden.

Neben dem medizinischen Genetiker, dessen große Stammbäume nun auf einmal interessant werden, ist der Molekularbiologe getreten, der Zellbiologe, der Statistiker ... Sie alle arbeiten zusammen an einer wahrhaft „ökumenischen Zukunft" der Humangenetik (Neel 1987).

## Literatur


Anderson S, Bankier AT, Barrel BG et al. (1981) Science and organization of the human mitochondrial genome. Nature 290: 457–465

Attardi G, Chomyn A, Mariottini P (1987) Functions of the proteins encoded in human mitochondrial DNA. In: Vogel F, Sperling K (eds) Human Genetics. Springer, Berlin Heidelberg New York Tokyo, pp 165–176

Bodmer WF (1987) HLA, immune response and disease. In: Vogel F, Sperling K (eds) Human Genetics. Springer, Berlin Heidelberg New York Tokyo, pp 107–113

Cremer T et al. (1986) Detection of chromosome aberrations in the human interphase nucleus by visualization of specific target DNAs with radioactive and non-radioactive in situ hybridization techniques; diagnosis of trisomy 18 with probe L1.84. Hum Genet 74; 346–352

Dutrillaux B, Lejeune J (1975) New techniques in the study of human chromosomes: Methods and applications. Adv Hum Genet 5: 119–156

Gitschier J, Wood WI, Goralka TM et al. (1984) Characterization of the human factor VIII gene. Nature 312: 326–330

Gitschier J, Wood WI, Tuddenham EGD, Shuman MA, Goralka TM, Chen EY, Lawn RM (1985) Detection and sequence of mutations in the factor VIII gene of haemophiliacs. Nature 315: 427–430

Graham JB, Barrow ES, Reisner HM, Edgell CJS (1983) The genetics of blood coagulation. Adv Hum Genet 13: 1–81

Heitz E (1928) Das Heterochromatin der Maus. I. Pringsheim Jahrb Wiss Botanik 69: 762–818

Humphries SE, Whittall R, Minty A, Buckingham M, Williamson R (1981) There are approximately 20 actin genes in the human genome. Nucleic Acid Res 9: 4895–4908

Kidd KK (1987) Progress towards an accurate human linkage map. In: Vogel F, Sperling K (eds) Human Genetics. Springer, Berlin Heidelberg New York Tokyo, pp 99–106

Knippers R (1985) Molekulare Genetik, 4. Aufl. Thieme, Stuttgart New York

Koenig E et al. (1987) Complete cloning of the Duchenne muscular distrophy (DMD) cDNA and preliminary genomic organisation of the DMD gene in normal and affected individuals. Cell 50: pp 509–517

Manuelidis C (1984) Different celebral nervous system cell types display distinct and nonrandom arrangements of satellite DNA sequences. Proc Natl Acad Sci USA 81: 3123–3127

McKusick VA (1987) Human genomics 1986. Toward a complete gene map and nucleotide sequence of the human genome. In: Vogel F, Sperling K (eds) Human Genetics. Springer, Berlin Heidelberg New York Tokyo, pp 57–98

Neel JV (1987) The ecumenical future of human genetics. In: Vogel F, Sperling K (eds) Human Genetics. Springer, Berlin Heidelberg New York Tokyo, pp 34–43

Ohno S (1970) Evolution by gene duplication. Springer, Berlin Heidelberg New York

Rowley JD (1987) Chromosome abnormalities and oncogenes in human leukemia and lymphoma. In: Vogel F, Sperling K (eds) Human Genetics. Springer, Berlin Heidelberg New York Tokyo, pp 401–418

Schmid CW, Jelinek WR (1982) The Alu family of dispersed repetitive sequences. Science 216: 1065–1070

Sutcliffe JG et al. (1987) Gene activity in the CNS, a tool for understanding brain function and dysfunction. In: Vogel F, Sperling K (eds) Human Genetics. Springer, Berlin Heidelberg New York Tokyo, pp 474–483

Tonegawa S (1983) Somatic generation of antibody diversity. Nature 302: 575–581

Véhar GA, Keyt B, Eaton D et al. (1984) Structure of human factor VIII. Nature 312: 337–342

Vogel F (1964) Eine vorläufige Abschätzung der Anzahl menschlicher Gene. Z Menschl Vererb Konstitutionsl 37: 291–299

Vogel F, Motulsky AG (1986) Human genetics, 2nd edn. Springer, Berlin Heidelberg New York Tokyo, sect.2,4

# 3 Humangenetik und Theorie der Krankheit

## Wieder: der Doppelaspekt der Humangenetik

In der 1. Vorlesung betrachteten wir die Humangenetik als Wissenschaft. Wir
machten uns klar, daß eine Wissenschaft auf eine Theorie gegründet sein sollte,
und wir suchten eine Antwort auf die Frage, welche Eigenschaften eine Theorie
haben sollte, um für die Forschung fruchtbar zu werden. Wie wir sahen, zeichnet
sich die genetische Theorie durch eine große Tiefe und hohe Erklärungskraft aus.

Wir erkannten aber auch, daß die Humangenetik nicht nur eine theoretische
Wissenschaft ist, sondern daß sie zwischen Betrachten und Handeln steht; zum
Teil ist sie auch eine praktische Wissenschaft. Als solche ist sie Teil der Medizin,
die kürzlich von W. Wieland (1984) als „Anleitung zu sachgerechtem Handeln"
definiert wurde. Wenn wir über die Bedeutung der Humangenetik für eine Theorie
der Krankheit nachdenken, so sollten wir immer berücksichtigen, daß es uns dabei
nicht nur um eine logisch befriedigende und sachgerechte Systematik gehen kann.
Eine Krankheitsdefinition und Systematik wird uns nur dann zufriedenstellen,
wenn sie uns „sachgerechtes Handeln" erleichtert. Gerade aus dieser Forderung
heraus kann es durchaus sein, daß verschiedene Handlungsbereiche der Medizin
auch verschiedene – oder wenigstens teilweise verschiedene Krankheitskonzepte
erfordern. So können Widersprüche auftreten, die sich vielleicht auflösen lassen,
wenn man sich dieser Grundforderung erinnert.

## Krankheitskonzepte

Krankheiten sind Abstraktionen – theoretische Konstrukte. Was wir konkret vor
uns haben, sind kranke Menschen – einzeln und in Familien. Das Konstrukt der
Krankheit hilft dem Arzt, eine Diagnose zu stellen, d. h. den einzelnen Patienten
einer (oder mehreren) Krankheiten zuzuordnen. Die Diagnose soll es ihm
zunächst einmal erleichtern, den Patienten nach Möglichkeit zu heilen, oder, wenn
das nicht möglich ist, seine Beschwerden zu lindern und der Bedrohung seines
Lebens entgegenzuwirken.

Darüber hinaus ist es aber mehr und mehr unser Ziel, dem Entstehen einer
Krankheit vorzubeugen. Die Frage ist, welche Art von Krankheitslehre uns beides
am besten ermöglicht. Sehr erklärungskräftig und oft gleichzeitig besonders nützlich vom Standpunkt der Therapie ist eine Einteilung nach solchen *Krankheitseinheiten,* die eine einzige bestimmende Ursache haben; denn die Therapie kann sich

dann das Ziel setzen, diese Ursache zu beseitigen. So ist etwa für die verschiedenen Erscheinungsformen der Tuberkulose eine Infektion mit dem Koch-Mycobakterium die Conditio sine qua non; wie sich diese Krankheit im einzelnen entwickelt, das ist von vielen zusätzlichen Faktoren abhängig, u.a. übrigens von Erbanlagen. Eine Theorie der Krankheit, die das Konzept einer derartigen, aus einer einfachen Ursache abgeleiteten Krankheitseinheit in den Mittelpunkt stellt, ist nach den Kriterien von Bunge (1967) tiefer als eine Theorie, die sich phänomenologisch argumentierend auf ein statistisches Konzept stützt: sie ist erstens spezifischer, enthält also mehr Information, und die Chance ist höher, sie durch empirische Daten zu widerlegen. Zweitens legt sie nahe, gezielt nach einem Mechanismus zu suchen, durch den die eine Ursache zu den vielfältigen Krankheitserscheinungen führt. Schließlich ist ihre Erklärungskraft größer. Um beim Beispiel der Tuberkulose zu bleiben – man könnte ja auch so definieren: eine Reihe von Symptomen, wie Fieber, Gewichtsabnahme, Hustenreiz und Sputum kommen häufig gemeinsam vor und bilden deshalb ein *Syndrom*. Oder, von einem theoretischen Konstrukt niederer Ordnung ausgehend: Die genannten Symptome lassen sich auf eine chronische, zerstörende Entzündung der Lunge zurückführen. Das Ziel der wissenschaftlichen Erforschung der Krankheit ist es, derartige phänomenologische oder doch nur auf Konstrukte niederer Ordnung zurückgreifende Konzepte, die in der Organpathologie des 19.Jahrhunderts gegenüber der bis dahin üblichen Symptomenbeschreibung einen großen Fortschritt darstellten, Schritt für Schritt durch immer tiefere, erklärungskräftigere zu ersetzen.

Begreiflicherweise gelingt das am besten bei solchen Krankheiten, für die sich in der Tat eine einzelne Ursache verantwortlich machen läßt. Vor 100 Jahren waren das u.a. die Infektionskrankheiten, aber auch andere, auf einzelne äußere Ursachen zurückführbare Krankheiten wie Unfälle oder Vergiftungen.


## Anomalien und Krankheiten mit einfachem Erbgang

Zur gleichen Gruppe monokausal verursachter Krankheiten gehören auch die Erbkrankheiten mit einfachem Mendelschen Erbgang. Wir erkannten ja den großen Vorteil des Mendelschen Konstrukts des Gens darin, daß es erlaubt, Unterschiede in bestimmten Merkmalen auf ihre letzten Ursachen zurückzuführen: Wo immer wir statistisch einen einfachen Erbgang nachweisen können, da muß letztlich ein Unterschied in einem bestimmten Gen vorhanden sein. Aufgabe für die Wissenschaft bleibt es, in jedem einzelnen Falle die Natur dieses Unterschieds zu ermitteln und schrittweise den Weg aufzuklären, auf dem er zum Merkmal führt.

Der „klassische" Weg der Forschung ist der vom Merkmal über sekundäre, biochemische Mechanismen, Unterschiede in Funktion und Struktur von Proteinen bis hin zum Gen. Heute geht man in Fällen, in denen dieser Weg verbaut ist, vielfach umgekehrt vor: Man lokalisiert und identifiziert zunächst das Gen, charakterisiert von ihm ausgehend mit Hilfe unserer Kenntnis des genetischen Kodes das Protein und fragt dann, in welchem Zellsystem es vorkommt und was seine Funktion ist („reverse genetics").

# Das Hämoglobinparadigma

Der „klassische" Weg vom Merkmal zum Gen läßt sich am besten am Beispiel der Anomalien des roten Blutfarbstoffs, des Hämoglobins, aufzeigen. Am Anfang stand die formal-genetische Analyse einer Krankheit, der Sichelzellanämie: Schon seit der Beobachtung an einem schwarzen Studenten, die Herrick im Jahr 1911 mitteilte, wußte man, daß bei Schwarzen eine Anomalie des Blutes nicht selten ist, bei der die Erythrozyten Sichelform annehmen. Nicht lange danach wurde diese Anomalie als erblich erkannt, und im Jahre 1949 entwickelten, unabhängig voneinander, zwei Autoren, Neel in den USA und Beet in Großbritannien, die genetische Hypothese, die sich dann als richtig herausstellte: Man muß unterscheiden zwischen der Sichelzellenanämie, die eine schwere Krankheit ist, und dem Sichelzellenmerkmal, einer in den meisten Situationen harmlosen Anomalie. Die Träger der Sichelzellenanämie sind die Homozygoten der gleichen genetischen Anomalie, die bei den Trägern des Sichelzellenmerkmals in heterozygoter Form vorhanden ist.

Die weitere Forschung führte dann über die Analyse der molekularen Struktur des Hämoglobinmoleküls und seiner Varianten dazu, daß man Ursachen und Mechanismen einer ganzen Gruppe von Krankheiten immer genauer erkannte. Vor allem lernte man, daß zwischen zwei Typen von Veränderungen zu unterscheiden ist: den Hämoglobinopathien und den Thalassämien. Bei den Hämoglobinopathien ist in der Regel nur eine Base im transkribierten DNA-Strang ausgetauscht. Schon das sollte man sich einmal im Vergleich mit der Gesamt-DNA-Menge der menschlichen Zelle klarmachen: Die haploide Zelle, also z. B. das Spermium, enthält etwa 3 bis $3{,}5 \cdot 10^9$ Nukleotidpaare (Vogel 1964). Die Veränderung von einem Dreimilliardstel dieser DNA reicht also u. U. aus, um über Gesundheit oder Krankheit eines Menschen zu entscheiden.

Der Austausch einer Base im transkribierten Teil eines Gens kann für das gendeterminierte Protein verschiedene Folgen haben (Abb. 3.1): In nicht wenigen Fällen hat es gar keine Folgen; verschiedene Basentripletts kodieren oft für die gleiche Aminosäure. Der genetische Kode ist „degeneriert". Andere Basenaustausche führen dazu, daß ein Stopkodon entsteht: Die Synthese der Kette wird an dieser Stelle abgebrochen. Das Gegenstück dazu ist die Kettenverlängerung, wenn nämlich das Stopkodon am Ende in das Kodon für eine Aminosäure mutiert. Der größte Teil dieser Mutationen durch Veränderung einer Base führt jedoch dazu, daß an der entsprechenden Stelle des Proteins eine andere Base eingebaut wird. Die Auswirkungen auf den Phänotyp – auf Gesundheit oder Krankheit des Individuums – richten sich nach Art und Grad der Funktionsbeschränkung des Moleküls. Ist z. B. die Verbindung zwischen Hb-$\beta$-Kette und Häm gestört – etwa durch den Ersatz von Histidin durch Tyrosin in Position 63 oder 92 –, so wird im Häm das für den Sauerstofftransport erforderliche zweiwertige Eisen zu dreiwertigem Eisen oxidiert, und es entsteht eine Methämoglobinämie. Aminosäurenaustausche innerhalb der Hämtasche machen das Molekül oft instabil; die Folge ist eine hämolytische Anämie. Wieder andere Mutanten führen dazu, daß das Molekül in seiner Fähigkeit eingeschränkt wird, im Gewebe bei vermindertem Sauerstoffpartiardruck Sauerstoff abzugeben; der Körper „bemüht" sich, diese erhöhte Sauerstoffaffinität durch Vermehrung der Erythrozyten zu kompensieren, und es kommt zu einer Erythrozytose. Schließlich kann es – etwa durch Substitution von

<u>DNA und m-RNA</u>

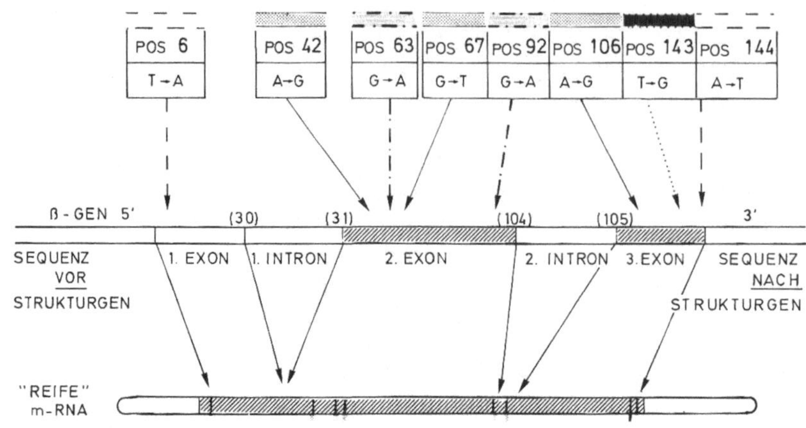


<u>Protein ( Hb - Molekül )</u>

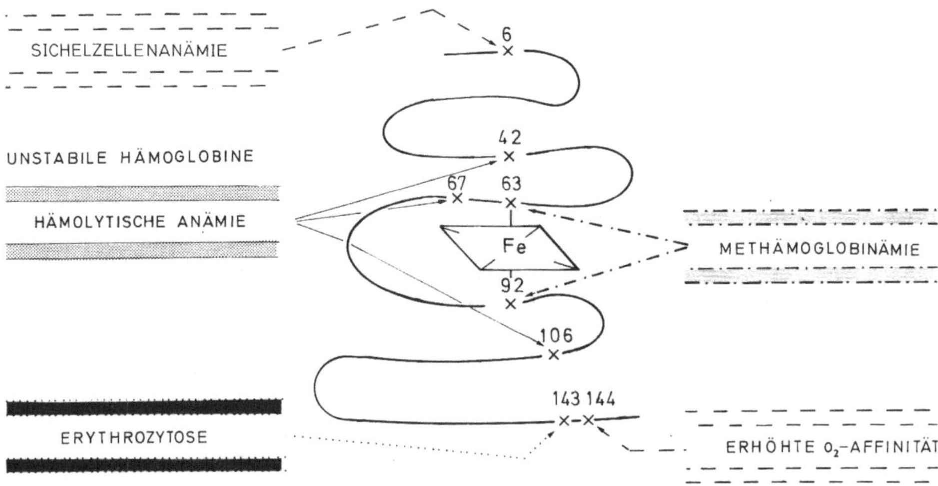


*Abb. 3.1.* Genotyp-Phänotyp-Beziehungen bei Hämoglobinvarianten des Menschen. Eine Punktmutation und die von ihr verursachte Änderung der Aminosäurensequenz führt zu einer funktionellen Änderung des Proteins. Die Art dieser Veränderung bestimmt den Phänotyp. So hat etwa ein Ersatz von Histidin durch Tyrosin an Position 63 oder 92 der Hb-$\beta$-Kette eine Methämoglobinämie zur Folge; die Bildung unstabiler Hämoglobine führt zur hämolytischen Anämie

Valin durch Glutamat in Position 6 der $\beta$-Kette – zu einer so starken Änderung der physikochemischen Eigenschaften des Moleküls kommen, daß eine Sichelzellenanämie entsteht (vgl. Bunn et al. 1977).

Neben diesen Mutationen, die den kodierenden Teil des Gens betreffen, gibt es auch solche in außerhalb dieser Bereiche gelegenen, mit der Kontrolle der Hämo-

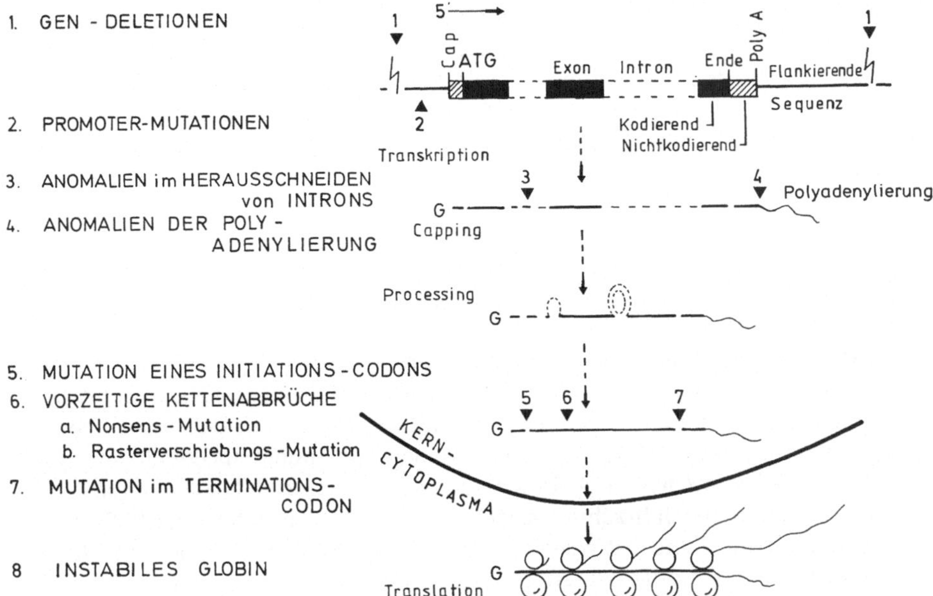



*Abb. 3.2.* Der Weg vom Gen über die m-RNA zum Protein und die Störungsmöglichkeiten, die zu gestörter Proteinsynthese führen können, dargestellt am Beispiel der $\beta$-Thalassämien. *1* Gendeletionen; *2* Promotermutationen; *3* Anomalien im Herausschneiden von Introns; *4* Anomalien der Polyadenylierung; *5* Mutation eines Initiationskodons; *6* Vorzeitige Kettenabbrüche *(a)* Nonsensmutation, *(b)* Rasterverschiebungsmutation; *7* Mutation im Terminationskodon. (Nach Vogel u. Motulsky 1986)

globinsynthese befaßten Genabschnitten. Sie führen zu denjenigen Veränderungen der Syntheserate, die wir unter der Bezeichnung der Thalassämien zusammenfassen. Hier findet man ganz verschiedenartige Primärdefekte. So kann die Promotorregion verändert sein; andere Mutationen beeinträchtigen das „Processing" der mRNA im Zellkern, entweder durch Veränderungen „downstream" vom kodierenden Teil des Gens oder an den Grenzen zwischen Exons und Introns (Abb. 3.2). Wieder andere führen zu Deletionen, also zu Stückverlusten verschiedener Länge. Das Hämoglobinbeispiel läßt für unser Thema, den Beitrag der Genetik zu einer Theorie der Krankheit, verschiedene allgemeinere Schlußfolgerungen zu. So können Veränderungen im gleichen Gen zu durchaus verschiedenen Phänotypen – also auch zu verschiedenen Krankheiten– führen, je nach der spezifischen Funktionsstörung, die die Mutation in dem Funktionsmolekül verursacht. Genausowenig, wie man aufgrund eines gleichen oder ähnlichen Phänotyps darauf schließen darf, daß das gleiche Gen betroffen ist, genausowenig darf man von Unterschieden im Phänotyp darauf schließen, daß verschiedene Gene betroffen sein müssen. Der einzige Schluß, der immer berechtigt ist, lautet: Ein einfacher Erbgang deutet auf eine spezifische Änderung in einem Gen hin. In welchem Gen sie stattgefunden hat – und ob es in allen Fällen das gleiche Gen ist –, das muß Gegenstand einer besonderen Analyse sein.

Und weiter: Ergebnisse, die aufgrund der Theorie vom Aufbau und der Wirkung der Gene erarbeitet wurden, machen es möglich, nicht nur die letzten *Ursachen* von Krankheiten zu ermitteln; sie helfen darüber hinaus, die *Mechanismen* herauszuarbeiten, durch welche definierte Mutationen im Gen zu Beeinträchtigungen der normalen Funktion führen – Beeinträchtigungen, die ihre Träger krank machen.

## Andere Erbkrankheiten sind weniger gut analysiert

Dieses Beispiel zeigt uns die potentielle Erklärungskraft der genetischen Theorie. Aber – das Hämoglobinbeispiel ist ein besonders günstig gelagerter Sonderfall. Wir kennen heute mehrere tausend Erbkrankheiten mit Mendelschem Erbgang (McKusick 1986; Tabelle 3.1), aber ganz wenige von ihnen sind auch nur annähernd so gut analysiert wie die Hämoglobinkrankheiten und Thalassämien.

Im Laufe der letzten Jahrzehnte schritt die Analyse vom relativ Einfachen zum Komplizierten fort: Zunächst gelang es, die Enzymdefekte bei einer Anzahl von Stoffwechselstörungen aufzuklären. Bis 1986 hatte man einige hundert Erbleiden auf dieser Ebene analysiert; die meisten von ihnen sind autosomal-rezessiv erblich (Lenz, 1961), und die Beziehung zwischen Gen und Enzymprotein ist relativ einfach: Das betreffende Strukturgen ist in einer bestimmten Art von Zellen – etwa in Fibroblasten oder in Leberparenchymzellen – entweder aktiv oder inaktiv. Ist es aktiv, so produziert das betreffende Gen in jedem der beiden homologen Chromosomen unabhängig voneinander eine bestimmte Menge Protein. Das hatten wir bereits am Hämoglobingen gesehen. Ist eines der beiden Allele inaktiv – ist das Individuum also heterozygot –, so produziert das andere Allel in der Regel davon unbeeinflußt seinen Proteinanteil weiter; insgesamt ist also die Menge des Proteins und – als Folge davon – die Aktivität des Enzyms in der Regel auf etwa die Hälfte vermindert. Die Enzymaktivität enthält aber – wie der Ingenieur sagen würde – eine so große Toleranz, daß diese Verminderung normalerweise für das Individuum keine schädlichen Folgen hat; der Heterozygote ist nicht krank. Ob und unter welchen Bedingungen besondere Belastungen der auf diese Weise geschwächten Systeme dann doch zu Anomalien und Krankheiten führen können, das ist eine ganz andere Frage (Vogel 1984).

*Tabelle 3.1.* Anzahl der erblichen Merkmale mit einfachem Erbgang. (Aus McKusick 1986)

| Erbgang | Sicher | Unsicher | Gesamt |
| --- | --- | --- | --- |
| Autosomal-dominant | 1172 | 1029 | 2201 |
| Autosomal-rezessiv | 610 | 810 | 1420 |
| X-chromosomal | 124 | 162 | 286 |

# Dominant erbliche Erkrankungen

Diese Beobachtungen gelten für rezessiv erbliche Erkrankungen, also v. a. für die meisten erblichen Enzymdefekte. Dominant erbliche Krankheiten sind nicht so leicht zu analysieren; hier können offenbar ganz verschiedene Mechanismen am Werke sein. In letzter Zeit ist es jedoch auch hier gelungen, eine zunehmende Zahl verschiedener Basisdefekte zu finden, die auf einer Vielzahl von Wegen zur Krankheit führen können (vgl. Vogel u. Motulsky 1986):

*Einige genetische Mechanismen bei dominant erblichen Erkrankungen.* (Für Einzelheiten vgl. Vogel u. Motulsky 1986)

| Mechanismus | Beispiel |
| --- | --- |
| Abnorme Aggregation von Proteinuntereinheiten | Abnorme Fibrinogene |
| Störung der Funktion multimerer Proteine durch abnorme Untereinheiten | Instabile Hämoglobine |
| Verminderte Feedbackhemmung durch das Endprodukt | Akute intermittierende Porphyrie |
| Rezeptordefekte | Hypercholesterinämie Typ IIa |
| Zellmembrandefekte | Sphärozytose |
| Ablagerung abnormer fibrillärer Proteine | Amyloidose (portugiesischer Typ) |
| Homozygotie in somatischen Zellen bei allgemeiner Heterozygotie für Tumorsuppressionsgene | Retinoblastom |

Besonders einleuchtend sind hier die Fälle, in denen eine Struktur aus Proteinuntereinheiten zusammengesetzt wird wie bei den instabilen Hämoglobinen, den abnormen Fibrinogenen und, wie wir neuerdings wissen, bei den dominant erblichen Bindegewebekrankheiten, die sich auf abnorme Kollagenproteine zurückführen lassen. Besteht eine solche Struktur zur Hälfte aus normalen, zur anderen Hälfte aus defekten Proteinmolekülen, so wird sie insgesamt defekt sein; genau wie eine Mauer, die halb aus normalen, halb aus defekten Ziegeln aufgemauert wurde.

Gerade die dominanten Erbleiden stellen den Genetiker und auch den Pathophysiologen vor schwierige, aber gerade deshalb auch besonders reizvolle Aufgaben.

## „Reverse genetics"

In vielen Fällen sind die Verhältnisse so kompliziert – oder unsere Methoden so unvollkommen –, daß eine vom Phänotyp ausgehende Analyse nicht zum Erfolg führt. Hier kann man heute oft den umgekehrten Weg zu gehen versuchen – vom Gen zum Phänotyp. Zum ersten Mal hatte dieser Weg Erfolg bei der chronischen Granulomatose, einer X-chromosomal rezessiv erblichen Schwäche phagozytierender Zellen, bei der der Körper auf zahlreiche bakterielle Infektionen mit Granulombildung reagiert (Royer-Pokora et al. 1986). Die Analyse verlief in 4 Schritten: Zunächst wurde das Gen auf dem X-Chromosom lokalisiert und sequenziert, wobei sich Befunde vom Träger einer Deletion als nützlich erwiesen. Dann wurde

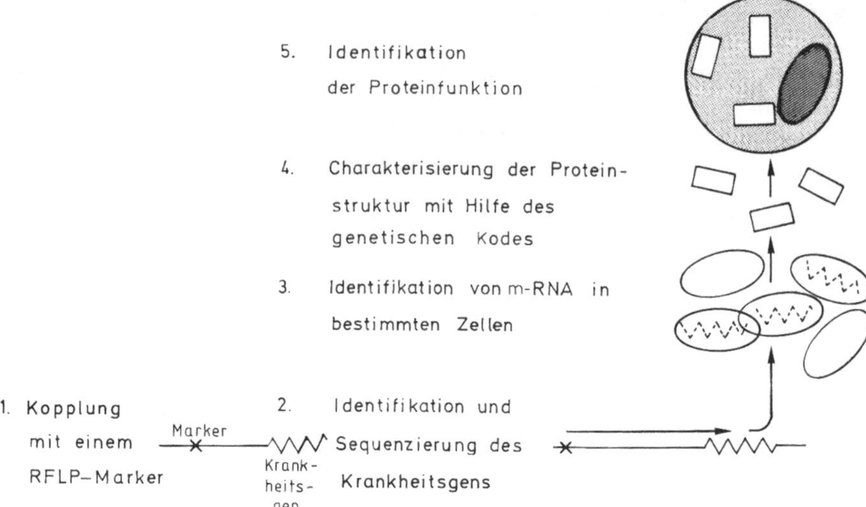


*Abb. 3.3* „Reverse genetics": Man lokalisiert zunächst ein Gen mit Hilfe von gekoppelten Markern. Das Gen wird sodann identifiziert und sequenziert. Seine Produkte werden aufgesucht, und deren Funktion wird aufgeklärt

die mRNA aufgesucht. In einem Schritt wurde die Bedeutung dieser mRNA für die Krankheit durch Untersuchung an Patienten bestätigt; und schließlich wurde das durch diese mRNA determinierte Protein vorausgesagt. Dieses Protein ist offenbar ein wesentlicher Bestandteil des Oxidasesystems des Phagozyten.

Da an diesem Beispiel gezeigt wird, daß dieser Weg im Prinzip gangbar ist, wird er sicher in naher Zukunft in vielen anderen Fällen gegangen werden (Abb. 3.3).

## Chromosomenaberrationen

Noch viel schwieriger ist die Analyse bei der großen Gruppe der Chromosomenaberrationen. Bei ihnen kennt man die *Ursache,* nämlich eine Verminderung oder Vermehrung beträchtlicher Teile des genetischen Materials. Nur sehr langsam entwickeln sich jedoch unsere Vorstellungen über die Wege, auf denen etwa das Fehlen oder andererseits das überzählige Vorkommen eines bestimmten Chromosomenstückes zu einem komplexen Fehlbildungssyndrom führt (Epstein 1986). Warum zeigt z. B. ein Träger des Down-Syndroms einen so vielgestaltigen und andererseits charakteristischen Phänotyp? Schließlich sind in der Regel alle Gene vollständig und funktionell intakt vorhanden, nur ein kleiner Teil von ihnen liegt nicht in doppelter, sondern in dreifacher Dosis vor. Die Störung kann also letztlich nicht in dem Defekt eines einzelnen Gens begründet sein, sondern das Gleichgewicht im Zusammenwirken verschiedener Gene muß beeinträchtigt sein. Andererseits läßt sich der entscheidende Bereich einengen: So reicht ein kleiner Bereich des Chromosoms 21, die Region 21 q 22 aus, den charakteristischen Phänotyp hervorzubringen (Hagemeijer u. Smit 1977; s. auch Abb. 3.4).

38

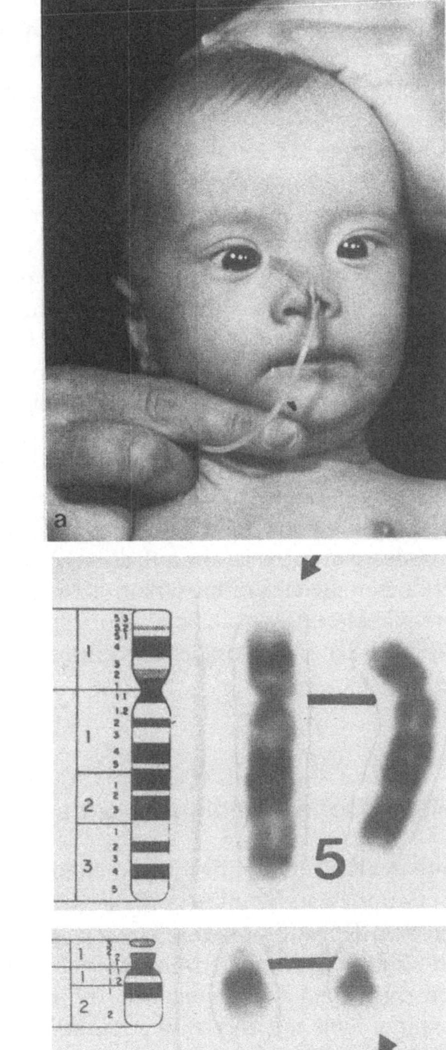
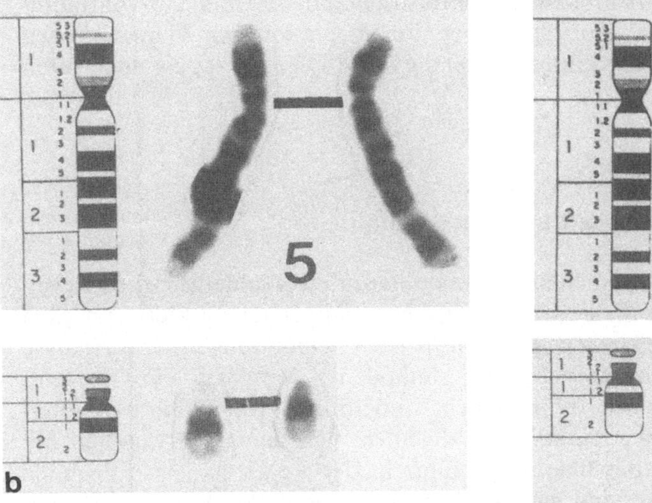

*Abb. 3.4 a, b.* Für den Down-Syndrom-Phänotyp ist die Trisomie nur eines kleinen Teils des langen Arms von Chromosom 21 verantwortlich: *a* Phänotyp eines Patienten. *b* Der Patient *(links)* hat eine kleine, unbalancierte Translokation (Stück des hellgefärbten Telomerbereichs des langen Arms von Nr. 21 am Ende des kurzen Arms vom Chromosom 5. Auch der Vater *(rechts)* hat dieses Translokationschromosom 5/21. Da jedoch einem seiner beiden Chromosomen 21 das betreffende Stück fehlt, ist er balanciert und phänotypisch normal. (Beobachtung Dr. Tariverdian, Heidelberg)

Die genetische Theorie hat im Zusammenwirken von Beobachtung und Experiment Aufbau und Wirkung *einzelner* Gene recht genau aufgeklärt; sie kann jedoch bisher wesentlich weniger zur Frage des *Zusammenwirkens* von Genen in übergeordneten Funktionskreisen beitragen – insbesondere bei höheren Organismen. In dieser Lage ist es vollkommen legitim, daß man sich bemüht, nach Möglichkeit Unbekanntes auf Bekanntes zurückzuführen – etwa indem man einzelne Aspekte eines Syndroms durch die Überproduktion der Produkte von Genen erklärt, die in diesem Bereich lokalisiert sind, der für den Phänotyp einer Aberration notwendig ist. Beim Down-Syndrom z.B. liegt in diesem Bereich das Gen für die Superoxiddismutase (SOD); dieses Enzym wird daher auch in dem 1,5fachen der normalen Dosis gebildet. Die Folge ist ein erhöhter Anfall von aktivem Sauerstoff ($O_2$), und dieser wird heute für die Destruktion eines Rezeptorproteins und für die Ablagerung von Amyloid in den Neuronen dieser Patienten verantwortlich gemacht. Diese Ablagerungen sind im höchsten Greisenalter mehr oder weniger normal; verfrüht findet man sie außer beim Down-Syndrom auch bei der Alzheimer-Erkrankung. Diese Amyloidablagerungen sind nur ein kleiner Teil des Down-Syndroms; immerhin erklären sie eine Besonderheit, nämlich den Abfall der geistigen Leistungsfähigkeit schon im mittleren Alter. Wird es im Laufe der Zeit möglich sein, das ganze Syndrom auf diese Weise aus einzelnen Veränderungen von Genwirkungen gleichsam mosaikartig zusammenzusetzen, oder werden zur vollständigeren Erklärung zusätzliche Konzepte über die Integration von Genwirkungen während der Embryonalentwicklung notwendig sein? Diese Frage ist noch offen (vgl. Epstein 1986).


## „Multifaktoriell" bedingte „Konstitutionskrankheiten"

Anders als bei den Chromosomenaberrationen liegen die Probleme bei der zweiten Gruppe von Krankheiten, die ebenfalls bisher weniger gut analysiert sind – bei den sog. Konstitutionskrankheiten und den meisten Mißbildungen: Die Analyse mit den „klassischen" humangenetischen Methoden – Vergleich zwischen ein- und zweieiigen Zwillingen, von biologischen Kindern und Adoptivkindern untereinander und mit ihren Eltern und ganz allgemein von nahen Verwandten mit Kontrollen aus derselben Bevölkerung – führt in der Regel zu dem folgenden Ergebnis: Eineiige Zwillinge sind häufiger gemeinsam erkrankt als zweieiige, aber von nicht wenigen eineiigen Paaren ist auch nur ein Partner erkrankt. Adoptivkinder sind ihren biologischen Eltern ähnlicher als den Adoptiveltern; aber deren Einfluß ist auch nicht zu vernachlässigen. Schließlich haben nahe Verwandte erkrankter Probanden ein höheres Erkrankungsrisiko als Gleichaltrige der Normalbevölkerung, aber die Mendelschen Aufspaltungsziffern werden nicht erreicht. Vermißt wird eine erkennbare Chromosomenaberration.

Für die Erklärung dieser Befunde bedient man sich des Modells der „multifaktoriellen Vererbung" in Verbindung mit einem Schwellenwerteffekt (Abb. 3.5). Eine Disposition, an der neben unbestimmt vielen genetischen Faktoren auch exogene Einflüsse einen Anteil haben können, sei in der Bevölkerung etwa normal verteilt. Überschreitet diese Disposition eine gewisse Schwelle, so erkrankt der

40

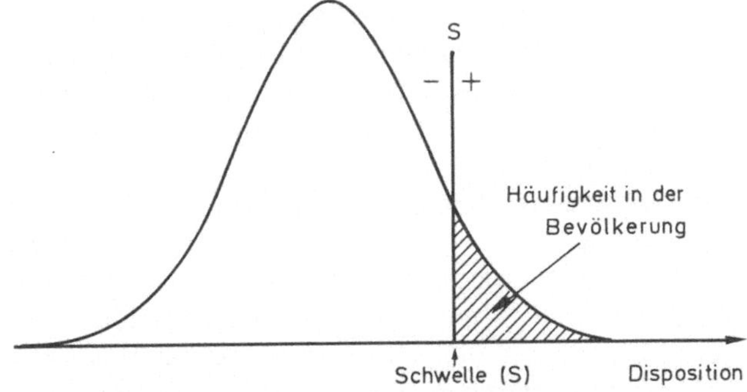


*Abb. 3.5.* Das genetische Modell der multifaktoriellen Vererbung in Verbindung mit einem Schwellenwert. Man stellt sich die Krankheitsdisposition normal verteilt vor; übersteigt die Disposition eine Schwelle, so kommt es zur Krankheit. Die Lage der Schwelle bestimmt die Häufigkeit der Krankheit in der Bevölkerung

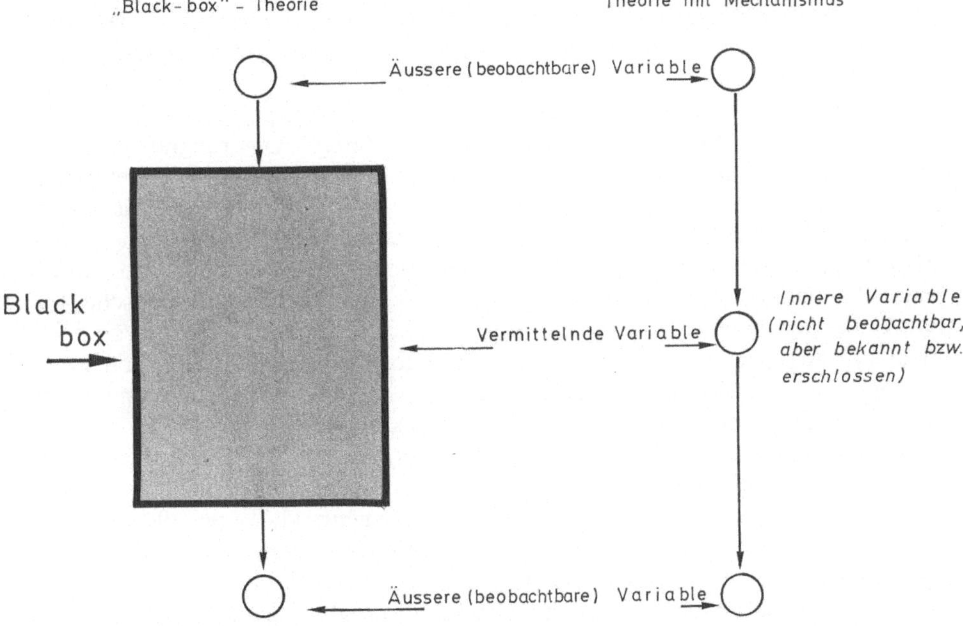


*Abb. 3.6.* Unterschied zwischen einer „Black-box-"Theorie und einer Theorie, die einen Mechanismus postuliert

Patient. Dieses Modell läßt einige Voraussagen zu, die in der Regel auch zutreffen: So nimmt etwa das Erkrankungsrisiko mit der Nähe der Verwandtschaft zu dem Probanden zu, und wenn die beiden Geschlechter ungleich häufig erkrankt sind, dann sind die Kranken des seltener erkrankten Geschlechts durchschnittlich stärker genetisch disponiert, und ihre Verwandten haben deshalb ein höheres Erkrankungsrisiko.

Diese Voraussagen sind jedoch sehr wenig spezifisch. Dieses Modell hat nämlich einen Nachteil: Es behandelt den Genotyp pauschal als Black box, ohne sich
um den Inhalt dieser „schwarzen Kiste" zu kümmern (Abb. 3.6). Es fragt weder
nach der Natur der beteiligten Gene noch nach ihrem Wirkungsmechanismus.
Nach den früher (vgl. Vorlesung 1) von uns aufgestellten Kriterien ist dies also ein
sehr wenig tiefes theoretisches Konzept; seine Erklärungskraft ist dementsprechend gering. Dieses genetische Modell löst also keine Probleme, sondern es stellt
eine Frage. Die Frage lautet: Wie kann man die Black box Stück für Stück öffnen
und ihren Inhalt - nämlich die beteiligten Erbanlagen, aber auch die relevanten
Umweltfaktoren - einzeln, in ihrem Zusammenwirken, und der Bedeutung der
beteiligten biologischen Mechanismen analysieren?

## Der Diabetes mellitus als Modellfall

Wir wollen dieses Vorgehen im folgenden an einem Beispiel darstellen, das wegen
seiner Kompliziertheit gelegentlich als „Alptraum des medizinischen Genetikers"
bezeichnet wurde (Neel 1976) - am Diabetes mellitus.

Zunächst erhebt sich die gar nicht triviale Frage: Wann sprechen wir von einem
Diabetes? Welches sind unsere diagnostischen Kriterien? Ursprünglich diagnosti-
zierte man einen Diabetes, wenn auch im nüchternen Zustand die Retentions-
schwelle der Niere für Glukose überschritten war und eine Glykosurie auftrat.
Heute haben sich die Experten auf einen Nüchternblutzuckerspiegel von 140 mg/
ml geeinigt. Werte darüber etablieren die Diagnose „Diabetes". Schon die unver-
meidliche Willkür in der Definition läßt erwarten, daß auch die genetische Analyse kaum zu einfachen Resultaten führen dürfte: Schließlich geht sie von einem
Phänotyp aus, der in der Natur nicht klar abgegrenzt ist. Immerhin brachte die
Anwendung „klassischer" humangenetischer Methoden doch Ergebnisse, auf
denen eine tiefer ansetzende Analyse aufbauen konnte:

So sind eineiige Zwillinge häufiger konkordant als zweieiige. Nach einer
Zusammenstellung auslesefreier Serien durch Jörgensen (1974) betrug die Konkordanz bei 181 eineiigen Paaren 55,8% gegenüber nur 11,4% bei 394 zweieiigen
Zwillingen. Darüber hinaus zeigen neuere Zwillingsstudien eine *niedrigere* Konkordanz bei insulinpflichtigem juvenilem Diabetes (Typ I) im Vergleich zum meist
nicht-insulinpflichtigen Diabetes des mittleren und höheren Lebensalters (Typ II;
Tattersall u. Pyke 1972).

Schon diese Daten deuten darauf hin, daß die Ursachen des Syndroms „Diabetes" - auch die genetischen Teilursachen - nicht einheitlich sind. So nimmt der
Diabetestyp II in Zeiten knappen Nahrungsangebots stark ab; der juvenile Diabetes dagegen nicht. Verwandte von Trägern des Erwachsenendiabetes (Typ II)
haben auch ein höheres Erkrankungsrisiko, und v.a. findet man bei ihnen - auch
wenn sie klinisch nicht erkrankt sind - häufiger abnorme Glukosebelastungskur-
ven. Schon diese Befunde weisen darauf hin, daß der Erwachsenendiabetes sich
biologisch vom juvenilen Diabetes unterscheiden muß. Das hat therapeutische
Konsequenzen: Der Typ-I-Diabetes muß mit Insulin behandelt werden, beim
Typ II reicht meist eine medikamentös unterstützte Diätbehandlung aus. Durch

kombinierte Anwendung klinischer, serologisch-genetischer und molekularbiologischer Methoden ist es in den letzten Jahren gelungen, diese Unterschiede noch besser herauszuarbeiten. So kennt man heute eine Reihe von Krankheitstypen:

1) Der sog. MODY-Diabetes („maturity onset diabetes of the young"; Tattersall 1976) wird bei jugendlichen Erwachsenen manifest, verläuft in der Regel relativ gutartig und zeigt einen einfachen autosomal-dominanten Erbgang. Dieser Erbgang weist auf eine einfache, genetisch-biochemische Ursache hin, die jedoch bisher noch nicht aufgefunden werden konnte.

2) Eine solche Ursache fand man für einige seltene, einfach mendelnde, dominant oder auch rezessiv erbliche Diabetesformen; bei ihnen ist entweder die Aminosäurensequenz des Insulinmoleküls selbst verändert, oder der Insulinrezeptor fehlt oder zeigt einen Defekt, oder die Insulinwirkung innerhalb der Zelle ist blokkiert. Es gibt hier zahlreiche Möglichkeiten (Rüdiger u. Dreyer 1983; Abb. 3.7).

Alle diese Diabetesformen sind selten; sie sind jedoch besonders aufschlußreich für unser Verständnis des Weges vom Gen zum Phän. Daß wir trotzdem an dieser Stelle auf ihre genauere Darstellung verzichten, hat den Grund, daß prinzipiell ganz ähnliche Zusammenhänge in einer anderen Vorlesung am Beispiel der Arteriosklerose und ihrer Folgeerkrankungen erläutert werden (Vorlesung 4).

3) Besonderes Interesse fand in den letzten Jahren die Assoziation des juvenilen Diabetes mit Antigenen und Haplotypen der Transplantationsantigene im

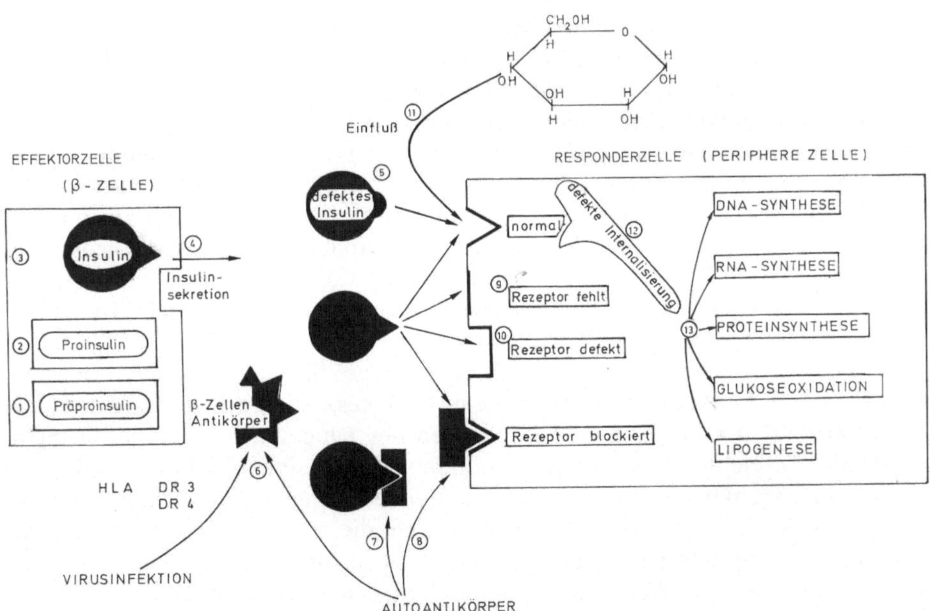


*Abb. 3.7.* Verschiedene Mechanismen für die Entstehung eines Diabetes mellitus. *1–3* Störungen der Insulinsynthese; *4* Störung der Insulinsekretion; *5* defektes Insulin kann nicht an den Rezeptor binden; *6–8* Störungen durch Immunvorgänge; *9–11* Störungen der Rezeptorfunktion; *12, 13* Störungen in der Insulinfunktion innerhalb der Zelle. (Mod. nach Rüdiger u. Dreyer 1983)

HLA-System. Diese Assoziationen gestatten es, zwei Formen von juvenilem Diabetes voneinander abzugrenzen: Ein Typ, der bei uns eine Assoziation mit den Antigenen HLA-Dr3 zeigt, ist offenbar durch einen Autoimmunmechanismus verursacht. Bei einem zweiten, mit HLA-Dr4 assoziierten Typ findet man oft Antiinsulinantikörper. Man führt ihn heute auf eine verminderte Resistenz gegenüber solchen Antikörpern zurück. Wie an allerdings bisher noch relativ geringem Material wahrscheinlich gemacht wurde, läßt sich der Unterschied im pathogenetischen Mechanismus der beiden Formen auf unterschiedliche Veränderungen in der zellulären Immunantwort zurückführen, die sich in Unterschieden der relativen Häufigkeit verschiedener T-Zell-Subpopulationen äußert.

## Aufschlüsse aus der genetischen und pathophysiologischen Analyse des Diabetes auf das Problem der Krankheitseinheit und Diagnose

Die genetische und pathophysische Analyse ist längst noch nicht abgeschlossen. Schon heute jedoch wirft sie ein Licht auf allgemeinere Probleme: auf das Problem der Krankheitseinheit und Diagnose und auf das Problem der genetischen Variabilität im Bereich des sog. Normalen in seiner Bedeutung für Gesundheit und Krankheit.

Wenn der Arzt eine Diagnose stellt, so ordnet er ein bei einem Patienten beobachtetes Ensemble von Krankheitszeichen einer *Krankheitseinheit* zu. Dabei geht er von der Fiktion aus, es gebe in der Tat ein „natürliches System der Krankheiten" – ähnlich, wie es etwa ein natürliches System der Pflanzen gibt. Und in der Tat ist es oft sinnvoll, einen derartigen „substantiellen Krankheitsbegriff" (Wieland 1975) anzuwenden; ich erinnere an das anfangs erwähnte Beispiel der Tuberkulose oder auch die Hämoglobinkrankheiten. Hier gibt es eine einfache *Ursache,* die auf verschiedenen Wegen und in charakteristischem, wenn auch von Fall zu Fall variierendem Verlauf zu den vielfachen Symptomen eines Krankheitsbildes führt. Das ist jedoch mehr die Ausnahme als die Regel. Die große Mehrheit der Krankheitseinheiten ist immer noch phänomenologisch oder durch Konstrukte niederer Ordnung definiert, z. B. durch einen bestimmten anatomischen Befund – wie bei der Leberzirrhose – oder durch die meßbare Störung einer oder mehrerer umschriebener Funktionen wie eben beim Diabetes. Andere Diagnosen beruhen sogar ganz auf den subjektiven Erfahrungen des Patienten – etwa die der Schizophrenie. Offenbar ist es, streng genommen, nicht sinnvoll, hier im gleichen Sinne von „Krankheiten" zu sprechen und Zuordnungen vorzunehmen wie bei der Tuberkulose; denn man findet nicht wie bei dieser in allen Fällen die gleiche Ursache. Das „System der Krankheitsbilder" ist historisch gewachsen; es enthält auf ganz verschiedene Weise voneinander abgegrenzte und dazu noch oft willkürlich definierte, durch Randunschärfen beeinträchtigte und einander nicht selten überschneidende Krankheitseinheiten.

Andererseits hat sich dieses System als „Anleitung zum sachgerechten Handeln" durchaus bewährt. Es ist daher auch durchaus erlaubt und im Normalfall sogar geboten, den diagnostischen Prozeß an einem Punkt abzubrechen, an dem feststeht, daß damit für den Patienten keine nachteiligen, durch ärztliches Handeln abwendbaren Folgen verbunden sind und daß eine weitere Differenzierung keine Hilfe bei der Entscheidung therapeutischer Alternativen bieten wird (Wieland 1975).


## Das Modell der monokausalen Krankheiten als Hindernis für die Forschung: Schizophrenie

Für den Wissenschaftler – nicht so sehr für den praktizierenden Arzt – ist es aber notwendig, sich darüber im klaren zu sein, mit welcher Art von Krankheitsbegriff er in jedem Falle arbeitet. Teile der Schizophrenieforschung sind Beispiele dafür, wie eine zu optimistische Vorstellung über die Natur des verwendeten Krankheitsbegriffs die Forschung in die Irre leiten kann.

Zweifellos war es eine große Leistung von E. Kraepelin, daß er um die letzte Jahrhundertwende herum verschiedene klinische Zeichen in einem Syndrom zusammenfaßte und als „Dementia praecox" bezeichnete; eine Krankheit, die E. Bleuler kurz darauf „Schizophrenie" nannte. Fast ein Jahrhundert später steht es uns aber gut an, dieses Krankheitskonzept in den Rahmen der medizinischen Theorie der damaligen Zeit zu stellen: Um die Jahrhundertwende herum feierte die medizinische *Bakteriologie* ihre Triumphe; im Jahr 1882 hatte Robert Koch den Tuberkelbazillus entdeckt und damit den Erfolg des monokausalen Krankheitskonzepts begründet. Es verwunderte nicht, daß dieser Erfolg die Bildung von Krankheitskonzepten auch in anderen Bereichen der Medizin bestimmte. Kraeplins „Dementia praecox" verdankt alles diesem Krankheitsmodell. Zwar hatte bereits Jaspers in seiner 1913 zum ersten Mal erschienenen *Allgemeinen Psychopathologie* betont, daß Schizophrenie eine Krankheit anderer Art ist als etwa die durch den Syphiliserreger verursachte Paralyse, und Bleuler sprach immer von „den Schizophrenien". Trotzdem überlebte die Vorstellung von der Krankheitseinheit, und sie veranlaßte die Untersucher, immer wieder nach *der* Krankheitsursache zu fahnden – ohne Erfolg; denn offenbar haben wir es mit einem *Syndrom* zu tun, der gemeinsamen Reaktionsweise des Gehirns auf eine Reihe von verschiedenartigen Ursachen, deren primäre Folgen in eine gemeinsame pathogenetische Endstrecke einmünden (Vogel u. Propping 1984). Die Diagnose „Schizophrenie" ist also mit der Diagnose „Diabetes" vergleichbar.

Wie gesagt, für viele praktische Zwecke – v. a. für einen vernünftigen Therapieplan – reicht diese Art von Syndromdiagnose vollständig aus.


## Das diagnostische Ziel des medizinischen Genetikers

Ganz anders ist das Ziel des medizinischen Genetikers definiert. Seine wissenschaftlichen und diagnostischen Bemühungen gehen dahin, Krankheitsbilder so rigoros wie immer möglich auf ihre letzten *Ursachen* zurückzuführen, die bei Erbkrankheiten in bestimmten Veränderungen an der DNA zu suchen sind. Er arbeitet also dezidiert mit dem substantiellen Krankheitsbegriff, der sonst in der Medizin nur in Ausnahmefällen angewandt wird – etwa bei der Tuberkulose. Dabei macht er immer wieder die Erfahrung, daß dieser Forschungsprozeß zu immer zahlreicheren diagnostischen Einheiten führt. In der Symptomatik, also im Phänotyp, überlappen sie sich sehr oft. Ihre Differenzierung benötigt immer feinere Methoden der Analyse auf einer möglichst gennahen Ebene. Dadurch zeigen Konzepte über Krankheitseinheiten zunehmend eine Tendenz zur Auflösung: Verschiedene Mutanten innerhalb des gleichen Gens können auf DNA-Ebene identifiziert werden; nicht selten führen sie zu mehr oder weniger ausgeprägten Unterschieden im Phänotyp. Andererseits können Mutanten verschiedener Gene zu ähnlichen oder gleichen Phänotypen führen. Eine solche Differenzierung auf DNA-Ebene ist überwiegend bei seltenen Erbkrankheiten gelungen. Allerdings sind viele Hämoglobinkrankheiten und Thalassämien in Bevölkerungen der Tropen und Subtropen häufig; gleichzeitig ist bei ihnen diese Differenzierung am weitesten fortgeschritten. Sie stellen also eine Ausnahme dar, die durch besondere Bedingungen erzeugt wurde (Malariaselektion; vgl. Vogel u. Motulsky 1986, Sect. 6). Wie das Beispiel des Diabetes zeigt, arbeitet man aber heute mehr und mehr auch die genetischen und exogenen Teilursachen häufiger, bisher nur phänomenologisch oder aufgrund von Konstrukten niederer Ordnung definierter Krankheiten heraus. Man erkennt Subtypen, die durchaus verschiedene Ursachen haben können; manche genetisch, andere teilweise oder auch vorwiegend umweltbedingt. Von verschiedenen Ursachen her mündet der Krankheitsprozeß oft in eine gemeinsame pathogenetische Endstrecke ein und erzeugt so ein scheinbar einheitliches Krankheitsbild. Innerhalb nicht langer Zeit wird die Diagnose „Diabetes" wohl genauso nur eine erste Annäherung sein wie heute etwa die Diagnose „hämolytische Anämie".

Die Analyse dieser „genetischen Heterogenität" ist keine Akrobatik im Sinne eines L'art pour l'art, sondern von ihr sind oft – und im Einzelfall nicht immer wahrnehmbar – ärztliche Entscheidungen abhängig. Aus ihr folgen also oft sehr spezifische „Anweisungen für sachgerechtes Handeln". Oft erlaubt sie eine genauere Prognose – was für den Patienten und die betroffenen Familien außerordentlich wichtig sein kann –, und in einer zunehmenden Zahl von Fällen macht sie auch eine spezifische Therapie möglich. Ihre Hauptbedeutung liegt jedoch in der Prävention genetischer Erkrankungen durch genetische Beratung und vorgeburtliche Diagnostik. Ein häufiges Beispiel: Ein Ehepaar kommt zur genetischen Beratung, weil es kürzlich ein Kind infolge einer unbekannten Krankheit verloren hat. Es möchte über das Risiko für weitere Kinder und über die Möglichkeiten der vorgeburtlichen Diagnostik informiert sein. Beide Eltern sind gesund; auch in der gesamten übrigen Familie finden sich keine Hinweise, die das Krankheitsbild des verstorbenen Kindes erklären könnten. Die Frage dieses Paares nach dem Risiko kann nur dann mit befriedigender Genauigkeit beantwortet werden, – und auch eine vorgeburtliche Diagnose ist nur dann möglich –, wenn das verstorbene Kind so genau wie nur möglich diagnostiziert wurde. Die Diagnostik muß also so weit wie möglich getrieben werden, obwohl vielleicht in einer bestimmten Phase schon abzusehen war, daß diese Diagnose für die Zukunft des Patienten selbst keine Bedeutung mehr haben konnte.

# Was ist „normal"?

Neben dem Problem der Krankheitseinheit und der Diagnose weist uns die genetische und pathophysiologische Analyse des Diabetes noch auf ein zweites, allgemeineres Problem hin: Was ist „normal"? Das Problem beginnt schon bei der Frage: Von welchem Blutzuckerwert an spricht man von einem Diabetes? Ein erhöhter Blutzuckerwert als solcher macht ja einen Menschen noch nicht krank; er ist nur die eine, für uns erkennbare Folge eines Krankheitsprozesses, dessen übrige Folgen wir als mehr oder weniger krankhaft empfinden; angefangen von Mattheit und Durst über Sehstörungen bis hin zu Herzinfarkt oder Koma.

Aber selbst wenn wir uns an den Blutzuckerspiegel als Kriterium halten – das krankmachende Primärereignis kann sich auf ihn u. U. nur sehr allmählich auswirken. Die genetischen Anomalien des Insulinmoleküls oder der Rezeptoren z. B. sind mit einer Aktivitätsminderung verbunden, die natürlich von Geburt an vorliegt. Ein Diabetes tritt aber in einigen Fällen erst im Erwachsenenalter auf. Im jüngeren Lebensalter wird diese genetische Schwäche ausreguliert; erst wenn diese Regulation versagt, kommt es zu einer manifesten Erkrankung. In anderen Fällen reicht das Regulationspotential auch später im Leben aus; die Schwäche läßt sich allenfalls an einer verminderten Glukosetoleranz erkennen. Erbkrankheiten, die erst im Laufe des Lebens manifest werden, sind häufig; wir wissen noch sehr wenig über die beteiligten Mechanismen.

Von einer anderen Seite her führen die Assoziationen des Diabetes mit bestimmten Varianten im HLA-System an das Problem genetisch bedingter Krankheitsdispositionen heran: Wie erwähnt, laufen Träger einiger HLA-Haplotypen ein erhöhtes Risiko, an bestimmten Formen des juvenilen Diabetes zu erkranken. Das bedeutet auf der einen Seite, daß trotzdem nur eine Minderzahl von Trägern dieser Haplotypen erkranken. Es müssen also weitere Faktoren hinzukommen. Andererseits kann man, auch wenn man von dem gefährdeten Haplotyp frei ist, einen juvenilen Diabetes bekommen. Nur das *Risiko* ist geringer. Der HLA-Haplotyp ist also nicht die Ursache, sondern eine von mehreren *Bedingungen*, die zur Krankheitsdisposition beitragen. Gerade diese Bedingung trägt aber wieder zur Untergliederung der Krankheitseinheit bei: Der HLA-Dr3-abhängige Diabetes unterscheidet sich in der Pathogenese von der HLA-Dr4-abhängigen.

Außer dem HLA-System kennt man heute noch viele andere genetische „Polymorphismen" im Bereich des Normalen. Nur bei einigen von ihnen ist heute bekannt, daß sie die Anfälligkeit für bestimmte Krankheiten beeinflussen; manchmal bedarf es dazu außerdem des Einflusses besonderer Umweltfaktoren. Andere Polymorphismen findet man im Stoffwechsel und Abbau von Fremdstoffen; sie haben v. a. einen Einfluß auf therapeutische Wirkung und Nebenwirkung von Medikamenten (Pharmakogenetik). Hier eröffnet sich ein äußerst komplexes Problemfeld, das hier nur in Stichwortpaaren gekennzeichnet werden soll: Krankheit – Gesundheit; monokausale gegenüber multifaktoriellen Krankheiten; Zusammenfassung von Beobachtungen an vielen Patienten zu Krankheitseinheiten – Auflösung dieser Krankheitseinheiten in mehr und mehr Subtypen, bis jeder Mensch seine eigene Krankheit hat; Krankheit als Notsituation, die behandelt werden muß, gegen genetisch bedingte Variabilität im Bereich des „Normalen", an der sich mit immer subtilerer Methodik immer kleinere Unterschiede in normalen

Lebensfunktionen und in Risiken für zukünftiges Versagen und Krankheit erkennen lassen; Therapie gegenüber Vorbeugung; Vorbeugung beim Individuum gegenüber Vorbeugung gegen die Geburt von Individuen. Das sind Problemfelder, zu denen uns die wachsende Erkenntnis genetischer Zusammenhänge und Mechanismen hinführt und vor denen wir oft ratlos stehen.

## Literatur

Beet EA (1949) The genetics of the sickle cell trait in a Bantu tribe. Ann Eugen 14: 279
Bunge M (1967) Scientific research, vols I, II. Springer, Berlin Heidelberg New York
Bunn HF, Forget BS, Ranney HM (1977) Human hemoglobins. Saunders, Philadelphia London Toronto
Epstein CJ (1986) The consequences of chromosome imbalance. Cambridge University Press, Cambridge
Hagemeijer A, Smit EME (1977) Partial trisomy 21. Further evidence that trisomy of band 21q22 is essential for Down's phenotype. Hum Genet 38: 15-23
Jörgensen G (1974) Erbfaktoren bei häufigen Krankheiten. In: Vogel F (Hrsg) Erbgefüge. (Handbuch der allgemeinen Pathologie, Bd 9, S 581-665) Springer, Berlin Heidelberg New York
Lenz W (1961) Medizinische Genetik. Thieme, Stuttgart New York
McKusick VA (1986) Mendelian inheritance in man, 7th edn. John Hopkins Univ Press, Baltimore
Neel JV (1949) The inheritance of sickle cell anemia. Science 110: 64
Neel JV (1976) In: Creutzfeldt W, Köbberling WJ, Neel JV (eds) The genetics of diabetes mellitus. Springer, Berlin Heidelberg New York
Royer-Pokora B, Kunkel LM, Monaco AP et al. (1986) Cloning the gene for an inherited human disorder - chronic granulomatous disease - on the basis of its chromosomal location. Nature 322: 32-38
Rüdiger HW, Dreyer M (1983) Pathogenetic mechanisms of hereditary diabetes mellitus. Hum Genet 63: 100-106
Tattersall R (1976) The inheritance of maturity-onset type diabetes in young people. In: Creutzfeld E, Köbberling J, Neel JV (eds) The genetics of diabetes mellitus. Springer, Berlin Heidelberg New York, pp 88-95
Tattersall RB, Pyke DA (1972) Diabetes in identical twins. Lancet II: 1120-1125
Vogel F (1964) Preliminary estimate of the number of human genes. Nature 201: 847
Vogel F (1984) Relevant deviations in heterozygotes of autosomal recessive diseases. Clin Genet 25: 381-415
Vogel F, Motulsky AG (1986) Human genetics. Problems and approaches, 2nd rev. edn. Springer, Berlin Heidelberg New York Tokyo
Vogel F, Propping P (1984) Genetic variability and its influence on the risk to schizophrenia. In: Theoretical problems of modern psychiatry. International Symposium Moscow, May 11-12, 1982. Sandoz, Basel, pp 59-73
Wieland W (1975) Diagnose. Überlegungen zur Medizintheorie. De Gruyter, Berlin New York
Wieland W (1984) Erkennen in der Medizin. Allgemeinarzt 6: 129-132

# 4 Arteriosklerose und koronare Herzerkrankung als Beispiele „multifaktoriell" bedingter Erkrankungen

## Medizinische Epidemiologie

In früheren Jahrhunderten starben die meisten Menschen vorzeitig, v.a. an Infektionskrankheiten, und noch in den ersten Jahren nach dem 2. Weltkrieg war bei uns in Deutschland die Tuberkulose eine der häufigsten Todesursachen. Das hat sich geändert: Die durchschnittliche Lebenserwartung der Neugeborenen ist in den meisten Teilen der Welt stark angestiegen; in der BRD liegt sie jetzt etwa bei 78 Jahren für Frauen und bei etwa 70 Jahren für Männer. Damit halten wir noch nicht die Spitze; Japan z.B. erreicht noch beträchtlich höhere Werte. Dementsprechend hat sich auch das Spektrum der Todesursachen verändert; Herz- und Kreislauferkrankungen stehen heute ganz im Vordergrund, gefolgt von den bösartigen Tumoren.

Nun müssen wir alle einmal sterben, und andererseits stirbt eigentlich niemand ohne Krankheit – sieht man von Unfällen und anderen Einwirkungen äußerer Gewalt einmal ab. Herz- und Kreislauferkrankungen und Krebs sind vielfach Begleiterscheinungen und oft auch direkte Folgen hohen Alters; man könnte auf den Gedanken kommen, sie seien als notwendiger Bestandteil der Conditio humana hinzunehmen – wie der Tod selbst.

Dem widerspricht jedoch die Erfahrung: So beobachten wir nicht selten, daß Menschen vorzeitig an diesen Krankheiten sterben; durch den Anstieg der durchschnittlichen Lebenserwartung verwöhnt, empfinden wir ein Todesalter von 50, von 60, ja oft schon von 70 Jahren als vorzeitig. Immer wieder müssen wir aber bedenken: Als Ärzte haben wir es nicht mit Bevölkerungsmittelwerten, sondern mit einzelnen Menschen zu tun. Ihnen wollen wir helfen; zunächst, indem wir die Folgen eines Krankheitsprozesses zu bekämpfen suchen; insbesondere, sofern sie lebensgefährlich sind, aber auch dann, wenn sie das Leben des Patienten zwar nicht unmittelbar bedrohen, aber seine Lebensqualität beeinträchtigen.

Mit besserer Kenntnis des Krankheitsprozesses – seiner Ursache und seiner Entstehung – verlagern sich unsere Bemühungen immer mehr auf die Vorbeugung oder doch auf das Abfangen einer pathogenen Entwicklung in einem frühen Stadium, bevor sie lebensgefährliche Ausmaße erreicht.

Dabei spielt die medizinische Epidemiologie eine zunehmend wichtige Rolle; denn sie hilft uns, Lebensbedingungen zu erkennen, unter denen Krankheitsrisiken erhöht oder auch verringert sind. Nun bedeutet die Korrelation einer Krankheit mit einer bestimmten Bedingung noch nicht, daß ein ursächlicher Zusammenhang bestehen muß; darauf ist immer wieder hingewiesen worden. Solche Korrelationen können aber helfen, Hypothesen zu formulieren, und so der Ursachenforschung mit anderen Methoden Wege weisen. Verständlicherweise hat man sich hier zunächst auf Forschungen über Umweltfaktoren konzentriert, durch die diese Krankheiten mitverursacht werden; kann man doch hoffen, sie durch gezielte Veränderungen der Umwelt zu verhindern oder doch wenigstens ihren Beginn und ihr tödliches Ende aufzuschieben. Dabei wurde in der Regel im Prinzip anerkannt - wenn auch in der Hektik der täglichen Arbeit oft vergessen -, daß der Mensch genetisch programmiert ist, sich mit diesen Außeneinflüssen mehr oder weniger erfolgreich auseinanderzusetzen, und daß es hier individuelle Unterschiede geben kann. So führte die epidemiologische Forschung beim Krebs zu dem Ergebnis, daß jedenfalls nicht viel weniger als die Hälfte der altersgruppenspezifischen Morbidität für bösartige Tumoren vermieden werden könnte, wenn wir alle uns vernünftig verhalten würden; für einen wesentlichen Teil dieser Morbidität ist allein das Zigarettenrauchen verantwortlich (Doll u. Peto 1981).


## Epidemiologie von Arteriosklerose und Herzinfarkt

In dieser Vorlesung soll uns jedoch der andere große Bereich gefährlicher Erkrankungen beschäftigen: die Herz-Kreislauf-Erkrankungen - und unter ihnen besonders die Arteriosklerose, die koronare Herzerkrankung und der Herzinfarkt.

Die Diagnose besonders des Herzinfarkts hat in den letzten Jahrzehnten erheblich zugenommen. Teilweise ist diese Zunahme nur scheinbar; die Diagnose wird häufiger gestellt. Vieles spricht aber für eine echte Zunahme - besonders auch der Infarkte im jüngeren Alter.[1]

In den USA ist in den letzten 15 Jahren wieder ein Rückgang gefolgt: wahrscheinlich als Folge zweckmäßiger Ernährung (Levy 1981).

Eine Reihe von Beobachtungen spricht dafür, daß es auch in unserer heutigen Welt verschiedene Umweltfaktoren sind, die die Herzinfarkthäufigkeit beeinflussen. So gibt es erhebliche Häufigkeitsunterschiede in verschiedenen Teilen der Welt; am häufigsten ist die koronare Herzerkrankung in hochentwickelten Industriestaaten und in anderen Weltgegenden unter Subpopulationen, die an den „westlichen" Lebensformen teilhaben (Blackburn 1979). Dagegen ist ihre Häufigkeit in den Entwicklungsländern gering, was sicher nicht nur mit der anderen Altersstruktur der Bevölkerung zusammenhängt.

Wenn Menschen aus einem Land mit niedriger Infarkthäufigkeit in ein Land mit hoher Häufigkeit auswandern, so nimmt auch bei ihnen die Infarkthäufigkeit zu; das gilt etwa für Japaner, die nach Hawaii eingewandert sind, und es zeigt die große Bedeutung der Umwelt besonders deutlich (Kagan et al. 1971).

Die Epidemiologie hat sich bemüht, innerhalb von hochbelasteten Bevölkerungen Gruppen aufzufinden, die besonders gefährdet sind. Bei ihnen sollen sich sog.

---

[1] Andererseits trifft es sicher nicht zu, daß es früher überhaupt keine Infarkte gegeben hätte; mindestens bei den Wohlhabenden und besser Ernährten gab es sie schon immer. So läßt eine zeitgenössische Darstellung (Jessen 1972) eigentlich keinen Zweifel, daß Franz v. Lothringen, der Gemahl Maria Theresias, einem Herzinfarkt erlegen ist.

50

Risikofaktoren vermehrt finden. Neben dem Lebensalter und der Zugehörigkeit zum männlichen Geschlecht sollen etwa hoher Blutdruck, hohe Werte von Blutcholesterin, insbesondere niedrige Werte von HDL („high-density lipoprotein"), daneben aber auch andere Blutlipide und außerdem Diabetes, Übergewicht, eine sitzende Lebensweise, und – wieder – das Zigarettenrauchen das Risiko erhöhen.

Dieses Konzept der Risikofaktoren war zweifellos ein erster Schritt in die richtige Richtung - für die Identifikation von Individuen, die besonders gefährdet sind und deshalb ihre Lebensweise besser ändern sollten. Trotz der riesigen Literatur, die sich auf diesem Gebiet angesammelt hat, kann dieses Konzept doch nicht befriedigen: Es ist zu pauschal, und seine Voraussagefähigkeit ist zu gering. Seine Schwächen sind nicht zuletzt von kritischen Epidemiologen hervorgehoben worden (Immich 1987). So kennt jeder Menschen, bei denen der Herzinfarkt „aus heiterem Himmel" einsetzte, ohne daß auch nur der Anflug eines Risikofaktors erkennbar gewesen wäre, und bei vernünftigster Lebensführung. Andererseits gibt es das „Winston-Churchill-Syndrom": Leute, die niemals Sport getrieben haben, sondern reichlich gegessen, getrunken und geraucht haben, die ständig unter Streß standen – und die doch uralt wurden und nie eine koronare Herzerkrankung bekamen.

Wie auch Immich (1987) betont, muß man viel mehr Aufmerksamkeit auf die „Disposition" richten, d. h. auf die endogenen Faktoren, die einen Menschen zu einer koronaren Herzerkrankung disponieren. Dies ist der Arbeitsbereich des Humangenetikers.

## Ergebnisse mit „klassischen" humangenetischen Methoden

„Klassische" humangenetische Methoden sind v. a. der Vergleich ein- und zweieiiger Zwillinge und der Vergleich von nahen Familienangehörigen. Beide behandeln den Genotyp pauschal - als „Black box". Allerdings erlaubt der Glücksfall eines einfachen Mendelschen Erbgangs den Rückschluß, daß ein einfacher Unterschied auch in einem bestimmten Gen vorhanden sein muß (Vorlesung 1). Auch über diesen Sonderfall hinaus bieten solche Untersuchungen oft vielfältige Hinweise für die Formulierung spezifischerer Hypothesen und die Untersuchung mit tiefergreifenden Methoden. Gerade am Beispiel der koronaren Herzerkrankung läßt sich das Zusammenwirken der verschiedenen Methoden vom Phänotyp bis hin zu den beteiligten Genen gut studieren.

## Zwillings- und Familienstudien

Tabelle 4.1 gibt einen Überblick über Zwillingsstudien (Fuhrmann 1971; Berg 1983). Insgesamt ist die Konkordanz bei eineiigen Zwillingen (EZ) wesentlich höher als bei zweieiigen (ZZ). Andererseits findet man auch nicht wenig diskordante EZ. Vermutlich sind die gesunden Partner gefährdet, irgendwann auch einen Infarkt zu erleiden. Eine verfeinerte Aussage würde erfordern, bei dem noch

*Tabelle 4.1.* Konkordanzraten bei Herzkranzgefäßerkrankungen (Angina pectoris und/oder Herzinfarkte) aus einer Sammlung älterer Berichte (v. Verschuer in Verh Dtsch Ges Inn Med 1958) und aus einer neueren Serie (Berg 1983) (*EZ* eineiige Zwillinge; *ZZ* zweieiige Zwillinge)

| | EZ (n) | ZZ (n) |
|---|---|---|
| v. Verschuer 1958 | 0,19 (21) | 0,09 (47) |
| Berg 1983, alle betroffenen Paare | 0,66 (29) | 0,25 (12) |
| Betroffene Paare, <60 Jahre alt oder jünger | 0,83 (12) | 0,22 (9) |

*Tabelle 4.2.* Heritabilitätsschätzungen ($h^2$) von Serumlipiden und Lipoproteinspiegeln einer Serie von 98 EZ-Paaren und 100 gleichgeschlechtlichen ZZ-Paaren (1. Studie) und 156 EZ-Paaren (2. Studie), Daten aus Norwegen. (Nach Berg 1987)

| Variable | Heritabilitätsschätzung [$h^2$] | |
|---|---|---|
| | 1. Studie | 2. Studie |
| Cholesterol | 0,34 | 0,68 |
| Triglyzeride (nüchtern) | 0,40 | 0,46 |
| Apo-B-Spiegel | 0,66 | 0,64 |
| Apo-A-I-Spiegel | 0,53 | 0,55 |
| Apo-A-II-Spiegel | 0,69 | 0,68 |

gesunden Partner eingreifendere Untersuchungsmethoden, z. B. eine Koronarangiographie, einzusetzen (Vogel u. Motulsky 1986). Das stößt jedoch auf leicht verständliche praktische Schwierigkeiten.

Diese Zwillingsstudien wurden durch Familienuntersuchungen ergänzt; sie ergaben ein 2- bis 6fach erhöhtes Risiko für Verwandte ersten Grades von Infarktpatienten, ebenfalls einen Infarkt zu erleiden (Berg 1983). Um es in den Begriffen der „klassischen" Epidemiologie auszudrücken: Das Vorkommen von Herzinfarkten in der nahen Verwandtschaft ist der stärkste bekannte „Risikofaktor". Natürlich bedeutet eine familiäre Häufung nicht, daß gemeinsame genetische Faktoren wichtig sind; sie könnte auch durch gemeinsame Umweltfaktoren verursacht sein – etwa besondere Ernährungsgewohnheiten. Zusammen mit den Zwillingsbefunden deutet dieses Ergebnis jedoch stark auf genetische Variationen in der Krankheitsdisposition hin: Andererseits werden zusätzliche familiär wirkende Umweltfaktoren dadurch wahrscheinlich gemacht, daß Ehepartner von Patienten mit koronarer Herzerkrankung etwas vermehrt dazu neigen, ebenfalls zu erkranken (Ten Kate et al. 1984). Die Frage ist nun: Welche biologischen Faktoren sind wichtig?

Hier kann man den Studien über Risikofaktoren einige Hinweise entnehmen. Sie legen die Hypothese nahe, Blutlipide spielten eine wesentliche Rolle. So berichtete Berg (1987) über zwei Zwillingsstudien an norwegischen Zwillingen, die

52

beide mäßig hohe bis hohe Heritabilitätswerte für eine Reihe von Blutlipidwerten ergaben (Tabelle 4.2)[2].

Damit sind wir der Frage nach den maßgebenden Mechanismen schon einen Schritt nähergerückt; und mit derartigen Lipidbefunden setzte auch eine in die Tiefe gehende Analyse ein.

## Dominant erbliche Hypercholesterinämie

Bei dieser Analyse schritt man vom Einfacheren zum Komplizierteren fort. Wie wir schon verschiedentlich gesehen haben, weist der Nachweis, daß ein Merkmal einem einfachen Mendelschen Erbgang folgt, auch auf eine einfache letzte Ursache hin, die Veränderung in einem bestimmten Gen. So bietet es sich für die Analyse an, daß man mit solchen Merkmalen anfängt, bei denen die formalgenetische Analyse einen einfachen Erbgang nahelegt. Ein solches Merkmal ist die Hypercholesterinämie Typ IIa. Sie ist wohl die häufigste dominant erbliche Anomalie

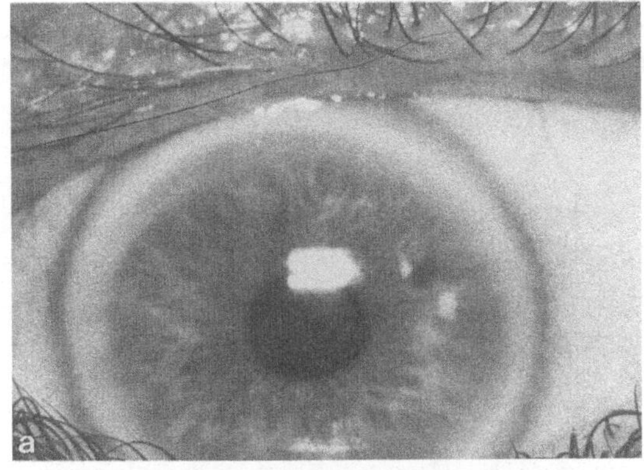
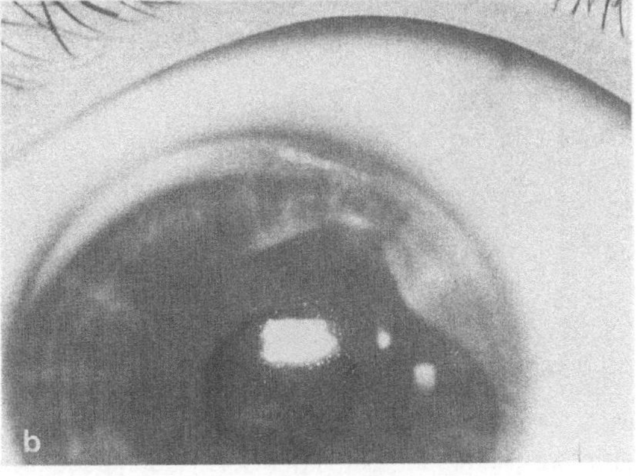

Abb. 4.1 a, b. Arcus lipoides corneae bei dominant erblicher Hypercholesterinämie Typ IIa. *a* Bei einem 44jährigen Mann; *b* bei seinem 14jährigen Sohn

---

[2] Errechnet aus dem Intraclass-Korrelationskoeffizienten ($h_3^2$; Vogel u. Motulsky 1986).

mit Krankheitswert, wenigstens in der nordwesteuropäischen Bevölkerung (etwa 1:500, nach Carter 1977). Bei ihr ist nur das Cholesterol im Blut erhöht; die übrigen Lipide sind etwa normal. Ungefähr 50% der männlichen Heterozygoten leiden im Alter von 50 Jahren bereits an klinisch deutlich erkennbaren Zeichen einer koronaren Herzerkrankung; viele sterben schon vor diesem Zeitpunkt. Außer an den stark erhöhten Blutcholesterolwerten ist die Anomalie oft auch erkennbar an dem porzellanweißen Arcus lipoides am Außenrand der Iris (Abb. 4.1). Angesichts der Häufigkeit von 1:500 kommt es nicht allzu selten vor, daß zwei Heterozygote sich zufällig als Ehepaar zusammenfinden; die Kinder haben dann ein Risiko von 25%, homozygot zu sein. Diese Homozygoten haben extrem hohe Blutcholesterinwerte. Sie zeigen außerdem auch oft plaqueförmige Cholesterineinlagerungen in der Haut. In der Regel sterben sie schon jung – etwa im 3. oder 4. Lebensjahr – am Herzinfarkt.

Bei diesem Krankheitsbild also gingen zwei Forscher, Brown und Goldstein, „in die Tiefe". Bereits 1974 veröffentlichten sie den wesentlichen Befund: Inkubiert man Fibroblasten normaler Menschen in Zellkultur mit LDL („low density lipoproteins"), einem Komplex aus Cholesterin mit Proteinen, in dem ein großer Teil des Blutcholesterins enthalten ist, so bindet sich LDL an die Zelloberfläche; das Ausmaß dieser Bindung ist von der LDL-Konzentration abhängig. Macht man das gleiche Experiment mit den Zellen von einem Heterozygoten des Hypercholesterinämietyps IIa, so ist die LDL-Bindung deutlich vermindert; bei Zellen von Homozygoten fehlt sie ganz. Welche Folgen hat das für die Cholesterinneusyn-

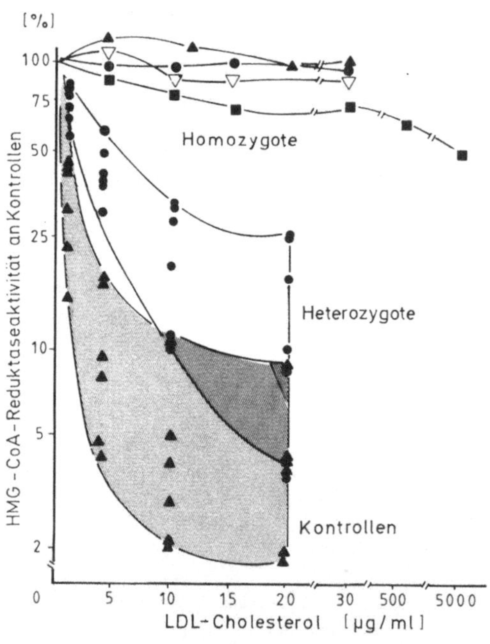



Abb. 4.2. Hemmung der HMG-CoA-Reduktaseaktivität durch Inkubation der Zellen mit LDL-(Low-density-Lipoprotein-)Cholesterol bei normalen Kontrollen sowie Heterozygoten und Homozygoten der Hypercholesterinämie Typ IIa. (Daten von Goldstein u. Brown 1974)

54

these? Im Normalfall führt LDL-Bindung dazu, daß die Neusynthese stark vermindert ist (Abb. 4.2). Bei Heterozygoten fällt diese Verminderung bedeutend geringer aus, und bei Homozygoten fehlt sie ganz. Offenbar haben wir es mit einem Regelkreis zu tun: Relativ hohe Konzentration von LDL-Cholesterin im Blut führt dazu, daß die Neusynthese gebremst wird. Wie genauere Untersuchungen gezeigt haben, greift diese Bremsung an der HMG-CoA-Reduktase an, dem limitierenden Enzym der Cholesterinsynthese. Das entscheidende Glied im Regelkreis, das bei der Hypercholesterinämie durch Mutation verändert ist, ist der LDL-Rezeptor an der Zelloberfläche; an ihn muß LDL gebunden werden, bevor es in die Zelle aufgenommen werden kann. Diese Rezeptoren sind bei Heterozygoten auf die Hälfte vermindert; bei Homozygoten fehlen sie ganz (Goldstein u. Brown 1979).

Inzwischen wurde das System – vorwiegend durch die gleiche Gruppe – noch wesentlich genauer analysiert (Brown u. Goldstein 1984; Abb. 4.3). Diese Rezeptoren wurden nicht nur an Fibroblasten, sondern auch an Lymphozyten nachgewiesen; höchstwahrscheinlich existieren sie auch an Leberzellen. Der LDL-Cholesterolrezeptorkomplex wird in die Zelle aufgenommen und dort in Lysosomen in seine Bestandteile zerlegt. Ein hoher, intrazellulärer Cholesterinspiegel hemmt nicht nur die Cholesterinneusynthese, sondern auch die Neubildung von LDL-

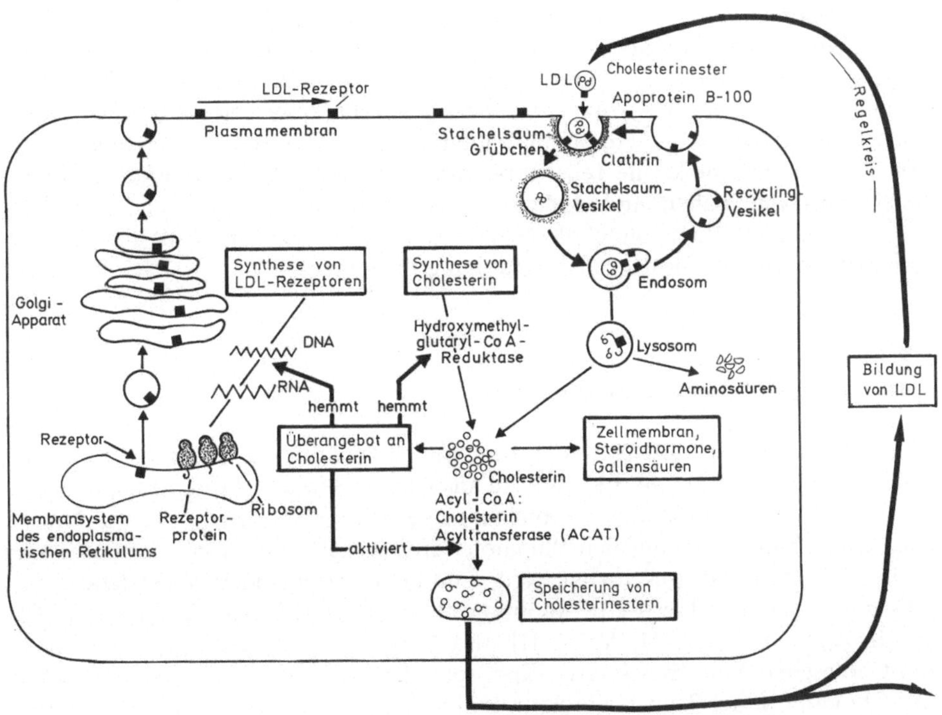


*Abb. 4.3.* Cholesterinstoffwechsel in der Zelle und seine Störungsmöglichkeiten. Mangelnde LDL-Aufnahme in die Zelle etwa durch einen Rezeptordefekt führt zu vermehrter Cholesterolsynthese, aber auch zu einer weiteren Verminderung der Synthese von Rezeptoren. (Mod. nach Goldstein u. Brown in Ann Rev Biochem 1977, 46: 897)

Rezeptorprotein. Ein Teil des Cholesterins verläßt die Zelle; er wird für die Synthese von Steroidhormonen und Gallensäuren verwendet. Aus der Kenntnis dieses Zusammenhangs ergibt sich ein Versuch, den Cholesterinspiegel herabzusetzen: Man bemüht sich, die Gallensäurenbildung anzukurbeln, indem man Gallensäuren aus dem Darm entfernt.

Wie man inzwischen weiß, kann die dominant erbliche Hypercholesterinämie durch eine von mindestens 10 verschiedenen Mutationen an dem gleichen, auf Chromosom 19 gelegenen Genlocus verursacht sein. Sie führen zu verschiedenartigen Defekten: Entweder wird kein Rezeptor gebildet, oder er wird nach der Synthese nicht an die Zelloberfläche transportiert, oder die LDL-Bildung ist defekt, oder die Aufnahme des LDL-Rezeptor-Komplexes in die Zelle ist behindert, oder dieser Komplex kann in der Zelle nicht weiterverarbeitet werden. Es liegen also ähnliche Verhältnisse vor wie bei den verschiedenen Anomalien des Insulinrezeptors (vgl. Abb. 2.7). Inzwischen wurde auch das Gen auf Chromosom 19 genauer analysiert.

Diese Arbeiten zum LDL-Rezeptor brachten den Durchbruch für unser Verständnis genetischer Variabilität, die unsere Anfälligkeit gegenüber der Arteriosklerose und ihrer Folge, der koronaren Herzerkrankung, beeinflußt. Es fällt nicht schwer sich vorzustellen, daß es außer den bekannten Mutanten, die die Rezeptorfunktion schwer und relativ leicht nachweisbar stören, auch solche gibt, die nur zu leichten Besonderheiten in der Rezeptorfunktion führen. Auch sie könnten aber im Rahmen eines multifaktoriellen Systems einen Einfluß auf den Blutcholesterinspiegel und damit auf die Disposition zur koronaren Herzerkrankung haben. Wie Untersuchungen über Risikofaktoren und auch Familienuntersuchungen über Blutcholesterin gezeigt haben, bilden Patienten mit monogener Hypercholesterinämie Typ II a nur eine kleine Teilgruppe innerhalb derer, die einen erhöhten Blutcholesterinspiegel haben und deshalb für die Koronarerkrankungen disponiert sind. Und ein erhöhter Blutcholesterinspiegel ist bei weitem nicht die einzige Besonderheit, die für die Koronarerkrankung disponiert.


## Apolipoprotein und Dysproteinämie

Wie erwähnt, kommt das Cholesterin im Blut in Verbindung mit Proteinen vor; LDL- und HDL-Körper sind Komplexe aus Cholesterin und Proteinen. Cholesterin wird offenbar durch diese Proteine eingehüllt. Auch diese Proteine haben einen Einfluß nicht nur auf den Blutcholesterinspiegel, sondern auch darauf, wie rasch die Gefäßwände geschädigt werden und eine Arteriosklerose entsteht.

Es gibt 8 gut charakterisierte Apolipoproteine: Apo A I, Apo A III, Apo A IV, Apo B, Apo C I, Apo C II, Apo C III und Apo E. Vier andere Proteine, – Lezithin-Cholesterin-Azyl-Transferase, Lipoproteinlipase, Triglyzerinlipase der Leber und Cholesterinester-Transfer-Protein kontrollieren die Konversion von Lipoproteinen. Die Apolipoproteine haben alle einen gemeinsamen Ursprung in der Evolution (Breslow 1987), wie aus ihrer Aminosäurensequenz erschlossen wurde. Sie sind alle offenbar aus einer DNA-Sequenz von 33 Basenpaaren hervorgegangen. Diese Genfamilie wurde an 4 verschiedenen Loci im Genom lokalisiert:

56

*Tabelle 4.3.* Serumcholesterolspiegel (nmol/l) bei Gesunden (korrigiert nach Alter und Geschlecht) zugeordnet zum Genotyp des Apolipoprotein E *(Apo E)* Polymorphismus. Daten aus Norwegen. (Nach Berg 1987)

| Apo E | Anzahl | Mittel | SD |
| --- | --- | --- | --- |
| 2-2 | 4 | 5,43 | 1,14 |
| 2-3 | 34 | 5,71 | 0,89 |
| 2-4 | 6 | 5,75 | 1,16 |
| 3-3 | 124 | 6,21 | 1,26 |
| 3-4 | 51 | 6,65 | 1,23 |
| 4-4 | 2 | 6,43 | 0,90 |

Apo A II: langer Arm von Chromosom 1; q21–q23
Apo B: Spitze des kurzen Arms von Chromosom 2; 2p24–2pter
Apo A I, Apo C III, Apo A IV: Chromosom 11, langer Arm; q23
Apo E, Apo C I, Apo C II: Chromosom 19, langer Arm.

Mindestens für 4 von ihnen, Apo A I, Apo E, Apo B und Apo C II, fanden sich genetische Polymorphismen; diese Variabilität hat z.T. einen Einfluß auf den Blutcholesterinspiegel und damit wohl auch auf die Disposition zur Arteriosklerose und koronaren Herzerkrankung. Im Apo-E-Polymorphismus z.B. gibt es 3 häufige Allele: Apo E 2, Apo E 3 und Apo E 4. Bei dem Homozygoten Apo E 2-2 und dem Heterozygoten Apo E 2-3 fanden sich in einer norwegischen Bevölkerungsstichprobe deutlich und signifikant niedrigere Blutcholesterinspiegel als bei den Typen 3-4 und 4-4 (Tabelle 4.3). Apolipoprotein B ist dasjenige Protein, welches mit Cholesterin in den LDL-Partikeln verbunden ist und es einhüllt. So wird der Cholesterinspiegel hier von zwei verschiedenen Seiten her beeinflußt: von genetischer Variabilität des LDL-Rezeptors und von der Variabilität im Hüllprotein der LDL-Partikel.

Das braucht jedoch auch für diesen Teil des multifaktoriellen genetischen Systems noch nicht die endgültige Antwort zu sein: Wie erwähnt, ist das Apo-B-Gen mit dem Apo-C II-Gen eng gekoppelt, und für diese beiden Loci besteht Linkage-Disäquilibrium, d.h. bestimmte Allele beider Polymorphismen kommen häufiger gemeinsam vor, als man es bei zufallsmäßiger Verteilung erwarten sollte (Humphries et al. 1984). Man wird wohl auch hier den gesamten Haplotyp bedenken müssen, wenn man über den biologischen Mechanismus nachdenkt, der dieser Assoziation von Apo-B-Variation und Blutcholesterinspiegel zugrunde liegt.

Übrigens konnte auch ein weiterer, schon seit vielen Jahren bekannter Polymorphismus, Ag(x), im Apo-B-Bereich lokalisiert werden; auch für diesen Polymorphismus wurde eine Beziehung zum Blutcholesterinspiegel nachgewiesen (Berg 1987): Individuen mit dem Phänotyp Ag(x−) haben im Durchschnitt höhere Cholesterinwerte als solche mit dem Phänotyp Ag(x+).

Andererseits sieht es so aus, als ob Personen mit dem Haptoglobintyp 2-2 eine gewisse Schutzwirkung gegenüber Arteriosklerose genießen könnten: Es scheint nämlich eine gewisse Beziehung zu dem HDL-Wert („high density lipoproteins") zu bestehen (Børresen et al. 1987; vgl. Berg 1987). Nun ist es zugegebenermaßen schwer, sich eine physiologische Beziehung zwischen dem hämoglobintransportierenden Protein Haptoglobin und Lipoproteinvarianten vorzustellen. Man könnte sich aber die Assoziation folgendermaßen vorstellen (Berg 1987): Der Haptoglobinlocus, der auf Chromosom 16 lokalisiert wurde, ist eng gekoppelt mit dem Locus für das Enzym Lezithin-Cholesterin-Azyl-Transferase (LCAT), welches den Transfer von Fettsäuren von Lezithin auf Cholesterin katalysiert. Diese Reaktion produziert die meisten Cholesterinester im Plasma. Der (seltene) LCAT-Defekt führt zu extrem niedrigen HDL-Werten mit erhöhter Infarktgefährdung. Hohe HDL-Werte andererseits schützen aber in gewissem Umfang vor der koronaren Herzerkrankung, wie epidemiologische Untersuchungen gezeigt haben. Man könnte sich nun vorstellen, daß am LCAT-Locus ein genetischer Polymorphismus existierte mit leichten Unterschieden in der Aktivität dieses Enzyms, und daß das Allel für eine besonders aktive Variante durch Koppelungsungleichgewicht mit dem Haptoglobinallel $Hp^2$ assoziiert wäre. Aber das ist bisher eine unbewiesene, wenn auch attraktive Hypothese. Damit ist der Überblick über die genetischen Polymorphismen, die den Blutcholesterinwert beeinflussen, noch keineswegs abgeschlossen. So weiß man seit vielen Jahren, daß auch eine Assoziation mit den altbekannten AB0-Blutgruppen besteht, die ja das Muster unserer Krankheitsanfälligkeiten in vielfacher Hinsicht beeinflussen (Vogel u. Helmbold 1972): Träger der Gruppe A haben im Durchschnitt höhere Cholesterin-Werte als 0-Individuen. Allerdings – der biologische Mechanismus ist noch völlig unbekannt; das gilt aber auch für die meisten der anderen zahlreichen Krankheitsassoziationen im AB0-System – mit Ausnahme einiger Infektionskrankheiten (Vogel u. Motulsky 1986).

Vermutlich werden in Zukunft weitere genetische Marker herausgearbeitet werden, welche die genetische Disposition für Arteriosklerose und koronare Herzerkrankung beeinflussen. Bisher haben wir ja nur solche Varianten betrachtet, die den Blutcholesterinspiegel beeinflussen. Nun hatten wir zu Anfang gesehen, daß das Blutcholesterin keineswegs der einzige Parameter ist, auf den eine Disposition für Koronarerkrankungen entsteht. Bei der Hypercholesterinämie Typ IIa allerdings steht dieser Faktor ganz im Vordergrund. Bei der großen Masse von Menschen, die näher dem Durchschnitt gelegene, oft leicht erhöhte Cholesterinwerte zeigen, braucht das deshalb längst noch nicht der Fall zu sein. Manche erfahrene Epidemiologen sind im Gegenteil der Ansicht, daß dieser Faktor in der Vergangenheit überschätzt wurde (Immich 1987). Immerhin hatten ja Familienuntersuchungen ergeben, daß i. allg. koronare Herzerkrankung bei nahen Verwandten ein wesentlich zuverlässigerer Prädiktor ist als alle anderen – einschließlich eines (mäßig bis mittelstark) erhöhten Blutcholesterinwertes. Es muß also noch andere, bisher unbekannte disponierende Faktoren geben. Die genetische Analyse der Disposition für Arteriosklerose und koronare Herzerkrankung hat erst begonnen. Hier scheint – neben „Hauptgenen" mit manchmal erheblicher Wirkung – eine größere Anzahl ineinander verschachtelter Polymorphismen die genetische Disposition zu beeinflussen. Das Ziel der Untersuchung dieser Faktoren wurde von Motulsky (1987) so formuliert: „Es ist wahrscheinlich, daß der Gebrauch verschiedenartiger genetischer Marker für eine bestimmte Krankheit zur Entwicklung eines Markerprofils führen wird, welches Individuen definieren wird, die das höchste Risiko haben."[3]

---

[3] Übersetzung von mir.

## Wechselwirkung mit der Umwelt

Motulsky fährt fort: „Da die Manifestation der meisten häufigen Erkrankungen eine Wechselwirkung mit Umweltfaktoren verschiedener Art erfordert, hätten solche ‚Markerprofile' eine große Bedeutung für die vorbeugende Medizin." Und: „Die praktischen Implikationen solcher ‚Markerprofile' für die Analyse verschiedener Erkrankungen sind enorm groß." Und er stellt die sehr berechtigte Frage: Wie werden die Familien, wie wird die Gesellschaft als Ganzes auf diese Möglichkeit reagieren? – Damit sind wir bereits tief in den Problemen der sog. Genomanalyse, die in einer späteren Vorlesung (Vorlesung 7) behandelt werden sollen. An dieser Stelle wollen wir deshalb abbrechen und uns den Fragen der Wechselwirkung mit der Umwelt zuwenden.

Wie wir bereits zu Anfang erwähnten, sind die wesentlichen Unterschiede in der Häufigkeit der koronaren Herzerkrankung zwischen den Bevölkerungen der Welt offenbar nicht durch die Gene, sondern durch Umweltfaktoren verursacht, v. a. durch die Ernährung. Besonders deutlich tritt das hervor, wenn man Bevölkerungsgruppen betrachtet, die von einer Umwelt in die andere wechseln und dort neue Ernährungsgewohnheiten annehmen. So ist bei Japanern, die auf Hawaii leben, die Herzinfarkthäufigkeit so groß wie bei ihren weißen Mitbürgern, aber viel größer als in Japan. Natürlich wäre es außerordentlich wichtig herauszubekommen, welche Nahrungsbestandteile im einzelnen es sind, die das Risiko erhöhen. Ist es der Cholesteringehalt, der etwa in Eiern sehr hoch ist? Ist es ein Überangebot an gesättigten Fettsäuren? Welche Rolle spielen die Kohlenhydrate, besonders die „leeren" Kohlenhydrate im Zucker? Hat Fisch als Nahrungsmittel wirklich eine Schutzwirkung? Wie muß man sich die Wechselwirkung mit einer diabetischen Stoffwechsellage vorstellen? Welchen Einfluß hat eine zu hohe Kochsalzzufuhr – etwa über eine Erhöhung des Blutdrucks? Oder soll man v. a. eine zu reichliche Kalorienzufuhr und die daraus folgende Adipositas vermeiden? Fragen über Fragen, und um sie wird bei Ernährungsfachleuten und Epidemiologen gerungen; die einschlägige Fachliteratur ist schon nicht mehr übersehbar.

Einen Gesichtspunkt kann der Genetiker beitragen, der in der Diskussion immer wieder vergessen wird: Eines braucht nicht für alle zu gelten. Art und Ausmaß der Wechselwirkungen zwischen genetischer Konstitution – also dem „Markerprofil" – und den spezifischen Umweltfaktoren brauchen für verschiedene Menschen nicht gleich zu sein. Die genetische Konstitution kann gerade darauf einen großen Einfluß haben.

Berg, dem wir so viele Gesichtspunkte und Ergebnisse bei der Aufklärung der genetischen Disposition für die koronare Herzerkrankung verdanken, berichtete kürzlich über interessante Zwillingsbefunde (Berg 1987). Unterschiede zwischen eineiigen Zwillingspartnern im Blutcholesterinwert waren signifikant *niedriger* bei solchen Paaren, die das Blutgruppenallel M besitzen – also Gruppen M und MN –, als bei denen, die es nicht besitzen. Dieser Befund legt den Gedanken nahe, das Allel M trage dazu bei, den Cholesterinwert zu *stabilisieren,* obwohl keine Assoziation im klassischen Sinne zwischen MN-Blutgruppen und Blutlipiden besteht.

Aus dieser Beobachtung leitete Berg das Konzept der „variability genes" ab; das wären Gene, die einen Einfluß auf die umweltbedingte Variabilität genetisch beeinflußter Parameter haben. Sie könnten zusammen mit anderen Risikofakto-

*Tabelle 4.4.* Risiko für Arteriosklerose als Ergebnis einer Wechselwirkung zwischen „level genes" und „variability genes". (Berg 1987)

| Höhe des Risikofaktors durch „level genes" festgelegt: | Risiko für Arteriosklerose, wenn „variability genes" | |
| --- | --- | --- |
| | permissiv sind: | restriktiv sind: |
| Hoch | Hoch, aber reduzierbar | Sehr hoch |
| Durchschnittlich | Durchschnittlich, aber veränderbar | Durchschnittlich |
| Niedrig | Niedrig, aber veränderbar | Sehr niedrig |

ren, etwa Genprodukten von Genen, die einen hohen oder niedrigen Metabolitenblutspiegel determinieren, zusammenwirken (Tabelle 4.4). Diese Gene nennt er „level genes". So könnten bei Personen, die infolge entsprechender „level genes" einen hohen Cholesterinspiegel haben, „variability genes" dazu beitragen, daß man durch entsprechende Manipulation der Umwelt – etwa eine zweckmäßige Ernährung – doch eine gewisse Senkung des Cholesterinspiegels erreichen könnte.

Die weitere Entwicklung wird zeigen, ob dieses neue und originelle Konzept dazu beitragen wird, die Wechselwirkung zwischen genetischer Konstitution und Umweltfaktoren besser zu verstehen. Schon jetzt ist bemerkenswert, daß hier einmal Befunde aus dem Vergleich zwischen ein- und zweieiigen Zwillingen zur Formulierung eines sehr spezifischen Konzepts geführt haben; sonst sind wir ja gewohnt zu vermuten, daß die Zwillingsmethode nur in der Lage ist, auf recht allgemein gestellte Fragen zu antworten.

## Schlußfolgerungen für den Krankheitsbegriff und das Modell der „multifaktoriellen Vererbung mit Schwellenwerteffekt"

In diesen Vorlesungen haben wir verschiedentlich das genetische Modell der „multifaktoriellen Vererbung in Verbindung mit einem Schwellenwert" diskutiert; u.a. auch in der Vorlesung über den Beitrag der Humangenetik zur Lehre von den Krankheiten (Vorlesung 3). Wie wir betont haben, eignet sich dieses Modell nur zu einer sehr vorläufigen Beschreibung; es beantwortet keine Fragen, sondern wirft Fragen auf. Das Konzept der „Risikofaktoren", mit dessen Hilfe die Epidemiologen sich von der anderen Seite her den Problemen zu nähern suchen, ist schon etwas – wenn auch nicht sehr viel – aufschlußreicher; es erlaubt, etwas spezifischere Fragen zu stellen. Wie aber kluge Epidemiologen erkannt haben, sind diese Fragen noch längst nicht spezifisch genug; aus den bisher gefundenen Antworten lassen sich für den Arzt noch längst nicht die notwendigen „Anweisungen für zweckmäßiges Handeln" (Wieland; vgl. Vorlesung 3) ableiten, die wir insbesondere für die Prävention so nötig brauchten. So fordert der Epidemiologe Immich (1987) mit Recht, man müsse der individuellen „Disposition" größere Aufmerksamkeit zuwenden. Ein wesentlicher Teil dieser Disposition ist durch den Genotyp festgelegt. Es besteht die begründete Hoffnung, er werde sich einmal viel vollständiger als heute am „Markerprofil" (Motulsky 1987) des Einzelnen ablesen lassen.

Wie wir in der Vorlesung zur Krankheitslehre sahen, orientiert man sich in der Definition von Krankheiten gerne an dem Modell der Krankheiten, die eine Hauptursache (oder notwendige Bedingung; Immich 1987) haben, sei es eine Infektionskrankheit wie z. B. die Tuberkulose, oder auch eine Krankheit mit einfachem Erbgang und klar abgesetztem Phänotyp.

Schon damals haben wir den Diabetes als den Modellfall einer anderen Art von Krankheit betrachtet: Krankheit als Syndrom, als Schlußresultat einer Entwicklung, die sich aus mehreren, manchmal vielen Bedingungen speist und einen kürzeren oder längeren zeitlichen Verlauf zeigt, bis aus der Schwäche oder dem Versagen mehrerer Funktionen gegenüber den gerade diese Funktionen angreifenden Belastungen von der Außenwelt her jener Zustand entsteht, der den normalen Lebensablauf behindert – ja manchmal verhindert – und den wir „Krankheit" nennen. Arteriosklerose und koronare Herzerkrankung sind nun ein anderes Beispiel; die hier dargestellten Analysen zeigen, wie der Genetiker das Bedingungsgefüge, das von den Erbanlagen des Individuums her zur Krankheitsdisposition beiträgt, Schritt für Schritt aufklärt.

## Literatur


Berg K (1983) Genetics of coronary heart disease. Progr Med Genet 5: 35–90

Berg K (1984) Twin studies in coronary heart disease and its risk factors. Acta Genet Med Gemellol (Roma) 33: 349–361

Berg K (1987) Genetic risk factors for arteriosclerotic disease. In: Vogel F, Sperling K (eds) Human genetics. Proceedings 7th International Congress Berlin 1986. Springer, Berlin Heidelberg New York Tokyo, pp 326–335

Blackburn H (1979) Diet and mass hyperlipidemia: a public health view. In: Levy R, Rifkind B, Dennis B, Ernst N (eds) Nutrition, lipids, and coronary heart disease. Raven, New York

Børresen AL, Leven TP, Berg K, Solaas MH (1987) Effect of haptoglobin subtypes on serum lipid levels. Hum Hered 37: 150–156

Breslow JL (1987) Apolipoprotein gene mutations, dysproteinemia, and coronary heart disease. In: Vogel F, Sperling K (eds) Human genetics. Proceedings of the 7th International Congress Berlin 1986. Springer, Berlin Heidelberg New York Tokyo, pp 336–341

Brown MS, Goldstein JL (1984) How LDL receptors influence cholesterol and atherosclerosis. Sci Am 251: 58–66

Carter CO (1977) Monogenic disorders. J Med Genet 14: 316–320

Doll R, Peto R (1981) The causes of cancer. J Nat Cancer Inst 66

Fuhrmann W (1971) Arteriosklerose; Erkrankungen der Koronargefäße. In: Becker PE (Hrsg) Humangenetik: Ein kurzes Handbuch in fünf Bänden, Bd III/2. Thieme, Stuttgart New York, S 508

Goldstein JL, Brown MS (1979) LDL receptor defect in familial hypercholesterolemia. Med Clin North Am 66: 335–362

Goldstein JL, Brown MS, Anderson RGW, Russell DW, Schneider WJ (1985) Receptor mediated endocytosis: concepts from the LDL receptor system. Ann Rev 1: 1–39

Humphries SE, Berg K, Gill L et al. (1984) The gene for apolipoprotein C-II is closely linked to the gene for apolipoprotein E on chromosome 19. Clin Genet 26: 389–396

Immich H (1987) Ursachen der koronaren Herzkrankheit (KHK). Lebensversicherungsmedizin 39: 34–44

Jessen H (Hrsg) (1972) Friedrich der Große und Maria Theresia in Augenzeugenberichten. Deutscher Taschenbuchverlag, München

Kagan A, Rhoads GC, Zeegan PD, Nichaman MZ (1971) Coronary heart disease among men of Japanese ancestry in Hawaii: the Honolulu heart study. Isr J Med Sci 7: 1573

Levy RI (1981) Declining mortality in coronary heart disease. Arteriosclerosis 1: 312–325

Motulsky AG (1987) Presidential address: Human and medical genetics: Past, present and future. In: Vogel F, Sperling K (eds) Human genetics. Proceedings of the 7th International Congress Berlin 1986. Springer, Berlin Heidelberg New York Tokyo, pp 3–13

Russel DW, Lehmann MA, Südhof IC et al. (1986) The LDL receptor in familial hypercholesterolemia: Use of human mutations to dissect a membrane protein. Cold Spring Harbor Symp Quant Biol 51: 811–819

Ten Kate LP, Boman H, Daiger SP, Motulsky AG (1984) Increased frequency of coronary heart disease in relatives of wives of myocardial infarct survivors: assortative mating for life style and risk factors. Am J Cardiol 53: 399–403

Vogel F, Helmbold W (1972) Blutgruppen - Populationsgenetik und Statistik. In: Becker PE (Hrsg) Humangenetik, ein kurzes Handbuch, vol I/4. Thieme, Stuttgart New York, S 129–557

Vogel F, Motulsky AG (1986) Human genetics. Problems and approaches, 2nd rev. edn. Springer, Berlin Heidelberg New York Tokyo

# 5 „Spontane" Mutationen in menschlichen Keimzellen

## Mutation als Grundphänomen des Lebens

Wenn wir Stammbäume mit erblichen Krankheiten analysieren oder genetische Beratung aufgrund von theoretischen Aufspaltungsziffern anbieten, tun wir das in der Annahme, daß die Erbanlagen von Generation zu Generation unverändert weitergegeben werden. In der Regel trifft diese Annahme auch zu; es gibt jedoch Ausnahmen: Gelegentlich verändern sich Erbanlagen, und diese Änderungen können von einer Generation zur nächsten übertragen werden. Wir sprechen von Mutationen.

Mutationen sind Grundphänomene des Lebens. Alles Leben auf unserer Erde hat einen gemeinsamen Ursprung; es ist immer wiederkehrenden Mutationen zu verdanken, daß sich daraus die heute beobachtete Vielfalt der Lebenserscheinungen entwickeln konnte. Deshalb bietet die Erforschung des Mutationsvorgangs viele theoretisch wichtige Probleme. Auch aus praktischen Gründen – für die genetische Beratung und den Schutz unserer Erbanlagen vor Einflüssen, die die Häufigkeit schädlicher Mutationen erhöhen könnten – ist es wichtig, über Mutationen beim Menschen möglichst gut Bescheid zu wissen.

Mutationen können nach 3 Kriterien eingeteilt werden: Ursachen, Art der Veränderung und Ort, an dem sie stattfindet. Was Ursachen betrifft, so unterscheiden wir spontane und induzierte Mutationen. Diese Unterscheidung hat man gelegentlich kritisiert; wir wissen nämlich nicht, warum Gene „spontan" mutieren. Sicher wurden viele „spontane" Mutationen durch irgendein Ereignis induziert; nur können wir nicht feststellen, durch welches. Aus praktischen Gründen ist es trotzdem nützlich, diesen Unterschied zu machen.

Die Untersuchung nach Art der Veränderung führt zu 3 Gruppen: Bei Genommutationen (oder numerischen Chromosomenaberrationen) ist die *Zahl* der Chromosomen verändert. Chromosomenmutationen (= strukturelle Chromosomenaberrationen) verändern die mikroskopisch sichtbare Chromosomen*struktur*. Gen- oder Punktmutationen dagegen sind unter dem Mikroskop nicht zu erkennen; bei ihnen ist die molekulare Struktur der DNA verändert. In letzter Zeit wurden die Unterschiede zwischen strukturellen Chromosomenaberrationen und Genmutationen etwas verwischt durch die Entdeckung vieler kleiner Deletionen und Chromosomenumbauten im submikroskopischen Bereich. Trotzdem bleibt die Unterscheidung für viele Zwecke nützlich.

Schließlich kann man Mutationen nach dem Ort der Veränderung unterscheiden: Mutationen in Keimzellen haben andere Folgen als Mutationen in Körperzellen. In dieser Vorlesung werden wir uns ausschließlich mit „spontanen" Mutationen und ganz vorwiegend mit Mutationen in Keimzellen befassen.

# Die Schätzung von Mutationsraten

Die einzelne Mutation ist ein zufälliges Ereignis; man kann sie nicht voraussagen. Betrachtet man aber eine große Zahl von Individuen in einer Bevölkerung, so tritt eine statistische Gesetzmäßigkeit zutage: Unter gleichen inneren und äußeren Bedingungen treten Mutationen mit charakteristischen Wahrscheinlichkeiten auf. Diese Wahrscheinlichkeiten bezeichnet man als Mutationsraten. Ihre Berechnung und die Erforschung der Bedingungen, die sie beeinflussen, ist eines der Hauptarbeitsgebiete der Mutationsforschung beim Menschen.

Üblicherweise definiert man eine Mutationsrate wie folgt:

$$\mu = \frac{\text{Zahl der befruchteten Keimzellen, die die Mutation tragen}}{\text{Zahl aller befruchteten Keimzellen in der Bevölkerung in einer Generation}}$$

Jeder Mensch entsteht normalerweise aus 2 Keimzellen. So ergibt sich aus dieser Definition, daß der resultierende Wert durch 2 dividiert werden muß, wenn Mutationsraten aufgrund der Inzidenz eines Merkmals (Häufigkeit bei Geburt) in der Bevölkerung geschätzt werden sollen:

$$\mu = \frac{\text{Zahl der sporadischen Träger einer Anomalie}}{2 \cdot \text{Zahl der Individuen in der Referenzbevölkerung}}$$

Das ist die sog. direkte Methode zur Mutationsratenschätzung. Sie wurde bei allen Schätzungen für numerische und strukturelle Chromosomenaberrationen und für die meisten autosomal dominanten Mutationen verwendet.

Bei X-chromosomal rezessiven Mutationen kann man sie nicht anwenden; denn viele Mutationen werden nicht auf hemizygote Männer übertragen, die sie im Phänotyp manifestieren, sondern auf heterozygote Frauen, und dort bleiben sie verdeckt. Um diese Schwierigkeit zu umgehen, entwickelte Haldane schon 1935

*Tabelle 5.1.* Wie sich ein genetisches Gleichgewicht zwischen Mutation und Selektion einstellt. In dieser Modellrechnung ist angenommen, daß von Generation 1 angefangen Gene a mit einer Mutationsrate von 1:100000 zu A mutieren und daß Träger des Allels A nur 50% der Fortpflanzungsfähigkeit der gesunden Träger von a besitzen. [Modellrechnung aus Stern (1950) Principles of human genetics]

| Generation | Normale Allele a | Neumutierte Allele A | Übriggebliebene Allele A aus früheren Generationen | Gesamtzahl der A-Allele |
|---|---|---|---|---|
| 0 | 2 Mio. | – | – | – |
| 1 | 2 Mio. | 20 | – | 20 |
| 2 | 2 Mio. | 20 | 10 | 30 |
| 3 | 2 Mio. | 20 | 10 + 5 | 35 |
| 4 | 2 Mio. | 20 | 10 + 5 + 2,5 | 37,5 |
| 5 | 2 Mio. | 20 | 10 + 5 + 2,5 + 1,25 | 38,75 |
| 6 | 2 Mio. | b | $(b \cdot q) + (b \cdot q^2) + (b \cdot q^3) + (b \cdot q^4) + (b \cdot q^5)$ | |

Grenzwert: $\dfrac{b}{1-q} = \dfrac{20}{1-0,5} = 40$

eine indirekte Methode, bei der man die Selektion gegen das betreffende Merkmal mißt, indem man feststellt, wie stark die Fortpflanzung der Merkmalsträger gegenüber der Normalbevölkerung im Durchschnitt vermindert ist. Der gefundene Selektionsnachteil wird dann mit der Mutationsrate gleichgesetzt. Dieser Ansatz setzt voraus, daß es so etwas wie ein genetisches Gleichgewicht zwischen Mutation und Selektion gibt – einen Zustand, in dem Verlust von Genen durch Selektion und Neugewinn durch Mutation gerade gleich groß wird (Tabelle 5.1). Man kann jedoch leicht zeigen, daß ein solches Gleichgewicht tatsächlich oft besteht; allerdings kann es auch gestört werden, z. B. wenn die Selektion gegen ein Merkmal nachläßt, etwa durch verbesserte ärztliche Therapie. In diesem Falle muß das Merkmal bei gleichbleibender Mutationsrate häufiger werden. Es wird sich ein neuer Gleichgewichtswert auf höherem Niveau einpendeln.

Aus den Betrachtungen über das genetische Gleichgewicht läßt sich eine Faustregel ableiten, die für die meisten autosomal dominant oder X-chromosomal erblichen Krankheiten gilt:

. Je mehr eine solche Krankheit die Fortpflanzung ihrer Träger beeinträchtigt, desto häufiger sind die Neumutanten im Verhältnis zur Gesamtzahl der Träger dieser Krankheit. Das ist der Grund, weshalb man gerade bei schwereren autosomal dominanten oder X-chromosomal vererbten Erkrankungen so oft Familien findet, in denen der Proband der einzige Kranke in einer sonst gesunden Familie ist. Da er die Mutationen in allen seinen Zellen einschließlich der Keimzellen trägt, kann er sie natürlich auch auf seine Kinder übertragen.

*Tabelle 5.2.* Geschätzte Mutationsrate für Genom- und Chromosomenmutationen. (Nach Nielsen u. Sillesen 1975; Jacobs et al. in Vogel u. Motulsky 1986)

| | Mutationsrate | Mutationen/$10^6$ Gameten |
|---|---|---|
| **Trisomien** | | |
| a) Geschlechtschromosomen | | |
| XXY einschließlich Mosaik | $5,67 \cdot 10^{-4}$ | 567 |
| XXX | $5,89 \cdot 10^{-4}$ | 589 |
| XXY zusammen mit XXX (X Non-disjunction) | $5,80 \cdot 10^{-4}$ | 580 |
| XYY einschließlich Mosaik (Y Non-disjunction) | $5,09 \cdot 10^{-4}$ | 509 |
| b) Autosomen | | |
| 47, +21 (Down-Syndrom) | $5,80 \cdot 10^{-4}$ | 580 |
| 47, +18 (Edwards-Syndrom) | $7,30 \cdot 10^{-5}$ | 73 |
| 47, +13 (Pätau-Syndrom) | $2,70 \cdot 10^{-5}$ | 27 |
| **Strukturelle Chromosomenmutationen** | | |
| a) Deletionen | $4,57 \cdot 10^{-5}$ | 45,7 |
| b) Euploide strukturelle Rearrangements | $1,90$ bis $2,20 \cdot 10^{-4}$ | 190–220 |
| c) Aneuploide strukturelle Rearrangements Robertson-Translokationen[a] | $3,24 \cdot 10^{-4}$ | 324 |
| d) Unbalancierte reziproke Translokationen[a] | $3,42 \cdot 10^{-4}$ | 342 |

[a] Diese Schätzungen schließen Aborte ein.

## Mutationsraten für numerische und strukturelle Chromosomenaberrationen

Wie es so oft geschieht, war es ein einzelner Wissenschaftler, der erkannte, wie wichtig es ist, daß man möglichst genau weiß, wie häufig Chromosomenaberrationen wirklich vorkommen: Court Brown begann in den frühen 60er Jahren mit den ersten systematischen Chromosomenuntersuchungen an ganzen Bevölkerungen, besonders Neugeborenen (Court Brown 1967). Die Mutationsratenschätzungen in Tabelle 5.2 beruhen auf solchen Erhebungen (für Zusammenfassungen vgl. Nielsen u. Sillesen 1975; Bochkov 1987). Teilweise sind Abortuntersuchungen einbezogen; es ist also dann nicht die Häufigkeit bei Geburt, sondern die Häufigkeit unter erkennbaren Schwangerschaften bestimmt.

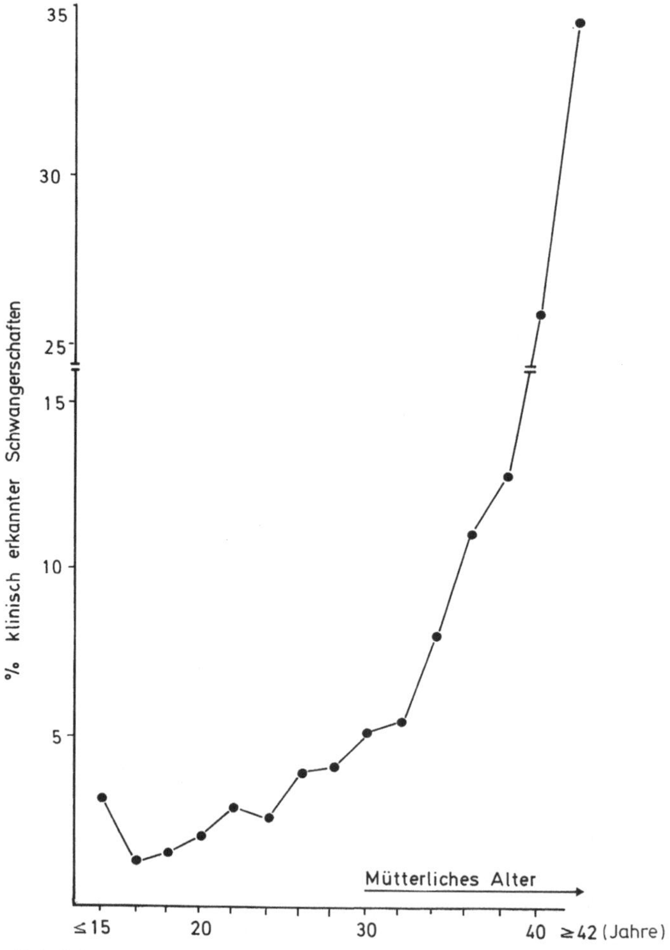


*Abb. 5.1.* Häufigkeit (Inzidenz) von Trisomien unter allen bekannten Schwangerschaften einschließlich spontaner Aborte; dabei ist die Spontanrate von Aborten zu 15 % aller erkannten Schwangerschaften angenommen. (Hassold u. Jacobs 984, in Ann Rev Genet 18: 19–84)

Man hat die Häufigkeiten besonders der Trisomien, die meist auf meiotisches Non-disjunction zurückzuführen sind, untersucht in Abhängigkeit von vielen Parametern wie Jahreszeit, Antischilddrüsenantikörper bei der Mutter und besonders Alter der Eltern. Dabei ist unbestritten, daß das Risiko, ein Kind mit Trisomie zu bekommen, mit dem Alter der Mutter erheblich ansteigt; und zwar gilt das für alle Trisomien, die auf Non-disjunction in den Keimzellen der Mutter zurückzuführen sind; also auch für solche, die immer zum Abort führen (Abb. 5.1). Ob außerdem auch das Alter des Vaters einen Einfluß hat, ist trotz zahlreicher Untersuchungen noch umstritten (Hook 1987a, b; Cross u. Hook 1987; Stene et al. 1987a, b). Die meisten Daten sprechen dagegen.

## Mutationsraten für Genmutationen

Schätzungen von Mutationsraten sind außerdem verfügbar für eine Reihe von Genmutationen, die zu gut erkennbaren, meist schweren erblichen Erkrankungen führen (Tabelle 5.3). Sie liegen in der Größenordnung unterhalb von $10^{-4}$ bis ungefähr $10^{-6}$. Diese Mutationsraten stellen eine Auslese nach Krankheiten dar, die gut erfaßbar sind und für die einigermaßen zuverlässige epidemiologische Erhebungen vorliegen. Das trifft insbesondere für relativ häufige Krankheiten zu. Die Mutationsraten der Tabelle 5.3 stellen also eine Auslese nach relativ hoher Mutationsrate dar. Im übrigen besteht eine Reihe von Unsicherheiten, die mit der Diagnose medizinisch-genetischer Abgrenzung von Krankheitsbildern und Erfassung von Patienten zu tun haben. Diese Fehlerquellen wurden oft diskutiert (vgl. u.a. Vogel und Rathenberg 1975).

*Tabelle 5.3.* Ausgewählte klassische Mutationsraten menschlicher Gene

| $\leq 10^{-4}\text{-}10^{-5}$ | | $< 10^{-5}\text{-}10^{-6}$ | | $< 10^{-6}$ | |
|---|---|---|---|---|---|
| Merkmal | Zahl der Serien | Merkmal | Zahl der Serien | Merkmal | Zahl der Serien |
| Achondroplasie | 4 | Aniridie | 2 | Hippel-Lindau-Syndrom | 1 |
| Osteogenesis imperfecta | 2 | Dystrophia myotonica | 2 | | |
| Neurofibromatose | 2 | | | | |
| Polyposis intestini | 1 | Retinoblastom | 6 | | |
| Zystennieren | 1 | Apert-Syndrom | 2 | | |
| | | Tuberöse Hirnsklerose | 2 | | |
| Hämophilie (A) | 5 | | | | |
| Muskeldystrophie (Typ Duchenne) | 11 | Marfan-Syndrom | 1 | | |
| | | Multiple Exostosen | 1 | | |
| Incontinentia pigmenti | 1 | | | | |
| | | Hämophilie (B) | 2 | | |
| | | OFD-Syndrom | 1 | | |

# Unterschiede in Mutationsraten zwischen verschiedenen Phänotypen

Tabelle 5.3 enthält auch Angaben darüber, an wie vielen verschiedenen Populationen die Mutationsrate untersucht wurde; bei der Muskeldystrophie Typ Duchenne lagen z. B. vor einigen Jahren nicht weniger als 11 Schätzungen vor; diese Zahl hat sich inzwischen sogar noch etwas erhöht. Auffällig ist die große Ähnlichkeit der Werte. Unter den gegebenen Bedingungen scheint also die Mutationsrate für Mutationen, die zu einer bestimmten Art von Krankheiten führen, eine Art von Naturkonstante zu sein. Allerdings gibt es bisher nur Untersuchungen aus Industrieländern; interessant wäre ein Vergleich mit Entwicklungsländern und mit Bevölkerungen, die unter ganz anderen Bedingungen leben.

Dagegen unterscheiden sich die Mutationsraten für verschiedene Merkmale offenbar ganz erheblich voneinander: bei Neurofibromatose und bei der Duchenne-Muskeldystrophie liegen die Werte kurz unterhalb 1:10000; dagegen entsteht die Mutation zum Hippel-Lindau-Syndrom (Angiomatosis retinae) nur in einer von über 1 Mio. befruchteten Keimzellen. Wir haben jedoch gute Gründe für die Vermutung, daß es eine sehr große Zahl von Mutationen gibt, die genauso selten oder sogar noch viel seltener zu charakteristisch veränderten Phänotypen führen (Stevenson u. Kerr 1967). Nur gibt es eben für sie keine wirklich zuverlässigen Schätzungen; epidemiologische Erhebungen des dazu notwendigen Ausmaßes wurden nicht durchgeführt.

Man hat oft über die Ursachen dieser Unterschiede spekuliert; insbesondere, nachdem Studien an Bakteriophagen die Existenz von „mutation hot spots" gezeigt haben (vgl. Drake 1969). Inzwischen haben molekularbiologische Untersuchungen die Frage teilweise beantwortet: Gene mit besonders hohen Mutationsraten scheinen auch besonders lang zu sein. So ist das Gen für den Gerinnungsfaktor VIII, dessen Mutationen zur Hämophilie A führen können, etwa 186000 Basenpaare lang und hat nicht weniger als 26 Exons (Gitschier et al. 1984). Über 10mal so lang ist das Gen, dessen verschiedene Mutationen zu den Muskel-

*Abb. 5.2.* Ein Längenvergleich der Gene für das Protein Dystrophin, das bei den Muskeldystrophien Typ Duchenne und Becker gestört ist, des Gens für den Gerinnungsfaktor VIII und des Hämoglobin-β-Locus (letzteres einschließlich aller prä- und poststrukturellen Sequenzen)

dystrophien der Typen Duchenne und Becker führen. Innerhalb seiner 2 Mio. Basenpaare gibt es 60 Exons (Koenig et al. 1987; Vorlesung 2). Nimmt man an, daß sich Mutationsereignisse über die Länge des Genoms relativ gleichmäßig verteilen, wird verständlich, daß besonders lange Gene auch eine besonders hohe Mutationsrate haben werden.

Ein anderer Faktor ist die molekulare Grundlage der Mutationsereignisse, die wir ja bisher nur aufgrund ihrer phänotypischen Wirkungen charakterisiert haben. Aufgrund von Erhebungen am Hämoglobinmolekül (vgl. unten) hatten wir uns daran gewöhnt, die große Mehrzahl der Genmutationen als durch Austausch einzelner Basen in der DNA-Sequenz bedingt anzusehen. Inzwischen mußten wir umlernen: Ein großer, wenn nicht sogar der größte Teil aller Mutationen, die zu den Muskeldystrophien der Typen Duchenne und Becker führen, sind kleine – und manchmal gar nicht so kleine – Stückverluste (Deletionen).

## Faktoren, die die Mutationsrate beeinflussen: Alter des Vaters

Wilhelm Weinberg, einer der Gründerväter der modernen Humangenetik, vermutete bereits im Jahr 1912, daß die klassische Chondrodystrophie (Abb. 5.3) oft auf Neumutationen zurückzuführen ist, und daß die Mutationsrate mit dem Alter des

*Abb. 5.3.* Patient mit Chondrodystrophie (typische Verkürzung der Extremitäten und der Schädelbasis) auf einem griechischen Aryballos aus dem 5. Jahrhundert v. Chr.; Louvre, Paris. (Aus Kunze u. Nippert 1986)

Vaters ansteigt. Im Jahr 1955 untersuchte Penrose das Problem der Altersabhängigkeit der Mutationsrate an mehreren Beispielen; wieder war es die Chondrodystrophie, für die er eine sehr deutliche Altersabhängigkeit fand, während der
Alterseffekt bei einigen anderen Mutationen wesentlich geringer ausgeprägt war.
Bald darauf konnte er mit Hilfe verfeinerter statistischer Methoden zeigen, daß
tatsächlich das Alter des Vaters der entscheidende Parameter war und nicht etwa
das Alter der Mutter oder die Geburtenreihenfolge, die ja beide mit dem väterli-
chen Alter korreliert sind.

Inzwischen konnte man einen Anstieg mit zunehmendem Alter des Vaters noch
für eine Reihe weiterer Mutationen feststellen (Abb. 5.4); neben Mutationen auto-
somal-dominanter Gene finden sich hier auch die Großväter mütterlicherseits von

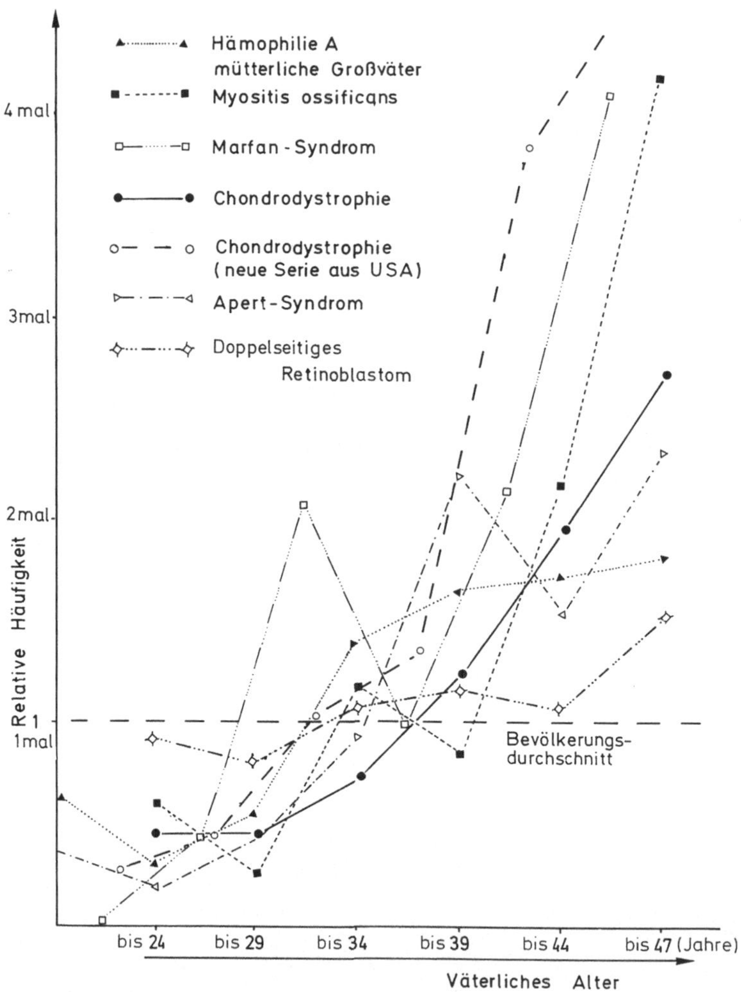


Abb. 5.4. Anstieg der Mutationsrate mit dem Alter des Vaters für eine Reihe dominanter
Neumutationen und für mütterliche Großväter von Hämophilie-A-Patienten. [Aus Vogel
(1983) Medical Genetics (Hrsg. Emery u. Rimoin)]

70

Patienten mit Hämophilie A. Dieser Befund wurde allerdings in einigen Nachuntersuchungen nicht bestätigt (für eine genauere Diskussion vgl. Vogel u. Motulsky 1986, Sect. 5). – Man geht heute schon so weit, dominante Neumutationen immer dann anzunehmen, wenn sich für „sporadische" Träger einer schweren Anomalie ein Anstieg der Häufigkeit mit dem Alter des Vaters findet – auch dann, wenn die Träger der Anomalien so schwer behindert sind, daß sie sich nicht fortpflanzen können und man deshalb die Übertragung der neu entstandenen Mutation nicht beobachten kann. Ein Beispiel ist die Myositis ossificans, bei der sich innerhalb des Muskelgewebes Verknöcherungen finden.

Abbildung 5.4 zeigt auch einige Mutationen, bei denen der Anstieg mit dem Alter des Vaters nur gering ist. Interessanterweise sind es v. a. solche, die zu Tumoren führen, wie z. B. das doppelseitige Retinoblastom und die Neurofibromatose.

## Wahrscheinliche Ursachen für den Alterseffekt

Schon vor über 30 Jahren wurden die verschiedenen molekularbiologischen Ursachen für den Anstieg mit dem Alter des Vaters diskutiert (Vogel 1956). Geht man davon aus, daß sehr viele Mutationen durch Austausch einer Base innerhalb der

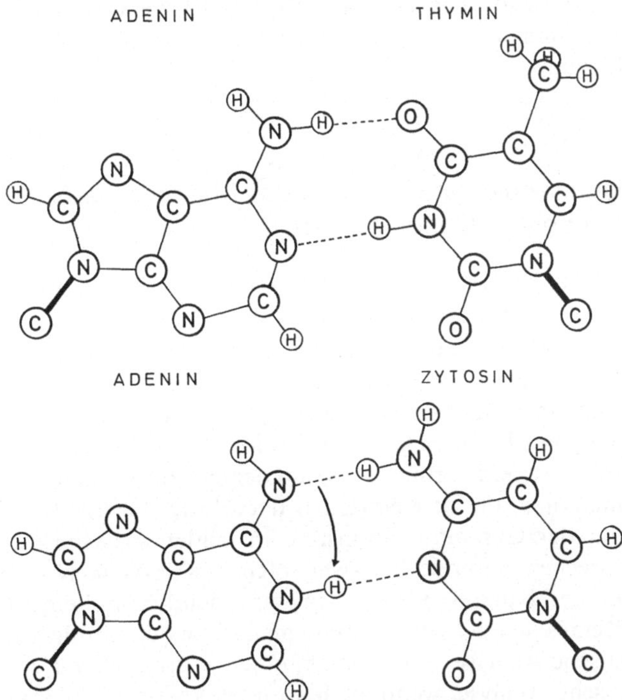


*Abb. 5.5.* Punktmutation durch Einbau von Zytosin anstelle von Thymin infolge einer vorübergehenden Änderung der tautomeren Konfiguration von Adenin; ein schon durch Watson u. Crick (1953) vorgeschlagener Mechanismus

DNA-Sequenz zustande kommen, so muß man sich fragen: Unter welchen Umständen kann es v.a. zu solchen Basenaustauschen kommen? Hier haben schon Watson u. Crick in ihrer klassischen Arbeit von 1953 einen Mechanismus vorgeschlagen: Mutationen durch Austausch einzelner Basen können v.a. vorkommen als Fehler in der DNA-Replikation (Abb. 5.5). Die Mutationsrate muß also ceteris paribus desto höher sein, je mehr DNA-Replikationszyklen eine Keimzelle hinter sich hat, bevor sie zur Befruchtung kommt. Nun besteht in der Kinetik der Keimzellbildung in der Tat ein erheblicher Unterschied zwischen den Geschlechtern: Bei der Frau sind schon alle Eizellen bei der Geburt fertig gebildet; danach kommt es bis zur Befruchtung nur noch zu den beiden Reifungsteilungen, und zwar unabhängig davon, wie alt die Frau ist. Ganz anders beim Mann: Der Spermatogonienstamm ist zwar bis zur Pubertät fertig ausgebildet; im Laufe des Lebens teilen sich die Spermatogonien jedoch immer wieder, und aus diesen Teilungen entsteht jeweils eine Stammspermatogonie und eine Zelle, die sich durch mehrere Teilungen zu einem reifen Spermium entwickelt. Je älter also der Mann ist, desto mehr Teilungen haben seine Zellen hinter sich; desto höher ist das Risiko für eine Mutation.

Hier bietet sich also eine Erklärung für den Anstieg der Mutationsrate mit dem Alter des Vaters an. Allerdings erklärt sie die Form der Anstiegskurve nicht auf ganz ideale Weise: Dieser Anstieg wird nämlich von Altersgruppe zu Altersgruppe steiler; dagegen geht die Spermatogenese mit zunehmendem Alter zurück; man würde also eher eine abgeflachte Kurve erwarten. Vielleicht kommen andere Faktoren wie etwa eine Abnahme in der Aktivität von Reparaturenzymen noch hinzu.

## Unterschied in der Höhe der Mutationsrate bei beiden Geschlechtern?

Die bei beiden Geschlechtern verschiedene Keimzellkinetik hat nicht nur zur Folge, daß beim Mann die Zahl der Zellteilungen mit dem Alter zunimmt; auch die absolute Zahl der Zellteilungen ist beim Mann wesentlich höher als bei der Frau. Gehen viele Mutationen auf Fehler in der DNA-Replikation zurück, so sollte man bei Männern auch, absolut gesehen, eine höhere Mutationsrate erwarten. Dies Problem kann v.a. an Mutationen untersucht werden, die zu X-chromosomal rezessiv erblichen Krankheiten führen; denn bei ihnen kann man die Neumutanten, die in Keimzellen der Mutter entstanden sind, direkt bestimmen und mit der Gesamtmutationsrate in beiden Geschlechtern vergleichen. Tatsächlich sprechen Befunde bei zwei solchen Krankheiten - der Hämophilie A und dem Lesch-Nyhan-Syndrom - für eine deutlich höhere Mutationsrate in männlichen Keimzellen. Kürzlich konnte man diese Schlußfolgerung, die zunächst durch statistische Analyse von Stammbäumen begründet war, durch direkte molekularbiologische Analyse, wenn auch an noch kleinem Material, bestätigen (Bernardi et al. 1987).

Ähnliche statistische Analysen an einer weiteren X-chromosomal erblichen Krankheit, der Duchenne-Muskeldystrophie, führten dagegen zu einer höchstens nur sehr wenig höheren Mutationsrate in männlichen Keimzellen (Danieli u. Barbujani 1984).

Der Grund für diesen Unterschied könnte sein, daß viele, wenn nicht die meisten der Mutationen in diesem Riesengen eben keine einfachen Basenaustausche sind, sondern Deletionen oder auch Ergebnisse von Rekombinationsereignissen (Winter u. Pembrey 1982). Hier besteht natürlich kein Anlaß zu vermuten, daß sie etwa von der DNA-Replikation abhängig sein könnten. Abnorme Rekombinationen könnten sogar bei Frauen häufiger sein, denn auch die normale Crossing-over-Wahrscheinlichkeit ist in der weiblichen Meiose höher (Vorlesung 2). Notwendig ist jetzt eine kombinierte molekularbiologische und statistische Analyse von Mutationsereignissen, um Beziehungen zwischen Alter, Geschlecht und Typ des molekularen Primärereignisses weiter aufzuklären.


## Die kleinste und die größte Einheit: Kodonmutationsraten und die Mutabilität im Gesamtgenom

Am besten sind heute immer noch die Hämoglobinvarianten bezüglich ihrer molekularen Grundlage bekannt. Für diese Varianten, sofern sie nicht durch Selektion häufig sind wie etwa das Sichelzellgen, stehen allerdings nur in sehr geringem Umfange Häufigkeitsbestimmungen in Populationen zur Verfügung, so z. B. für die verschiedenen Mutationen, die zur dominant erblichen Methämoglobinämie führen (Hb M). Derartige Hinweise verwendete man, um Kodonmutationsraten zu berechnen, d. h. durchschnittliche Mutationsraten pro 1 transkribiertes DNA-Triplett. Die errechneten Werte liegen zwischen $10^{-8}$ und $10^{-9}$ (für Einzelheiten vgl. Vogel u. Motulsky 1986). Nehmen wir einmal an, der richtige Wert liege bei ungefähr $5 \cdot 10^{-9}$! Andererseits enthält das haploide Genom ungefähr $3 \cdot 10^{9}$ Basenpaare, also ungefähr $10^{9}$ Tripletts. Nun wissen wir, daß längst nicht diese gesamte DNA kodierende Tripletts bildet. Das meiste verteilt sich auf nichtkodierende DNA-Abschnitte verschiedener Funktion – und oft sicher auch ohne Funktion (Vorlesung 2). Der kodierende Anteil soll einmal grob auf ca. 5 % geschätzt werden, das wären ungefähr $5 \cdot 10^{7}$ Kodons. Vergleicht man diesen Wert mit der oben geschätzten Mutationsrate/Kodon ($5 \cdot 10^{-9}$), so würde etwa jede 100. Keimzelle eine Neumutation in einem ihrer Kodons enthalten.

Diese Betrachtung erfaßt natürlich nicht die gesamte Mutabilität, sofern sie zu derjenigen Klasse von Mutationen führt, die wir sehr pauschal unter der Bezeichnung „Genmutationen" zusammengefaßt haben. Auch Mutationen in den restlichen ungefähr 95 % der DNA können zu Anomalien mit einfachem Erbgang führen, sofern sie etwa eine Promotorregion oder eine der anderen Kontrollregionen vor dem transkribierten Teil des Gens betreffen; wieder sind es die Hämoglobingene, die uns mit den notwendigen Lehrbeispielen versorgen: den $\beta$-Thalassämien (Vorlesung 3).

Bei aller Verschiedenheit der molekularen Grundlage – angefangen von der Punktmutation in einem Basenpaar an strategisch wichtiger Stelle bis hin zur großen Deletion – haben sie die eine Eigenschaft gemeinsam, daß die Hämoglobin-$\beta$-Kette nicht oder fast nicht produziert wird.

Auch viele andere, monogen erbliche Anomalien dürften durch solche Mutationen vom „Thalassämietyp" verursacht sein; das ist ein einfacher, aber sehr vernünftiger Analogieschluß, der überdies durch zahlreiche biochemische Beobachtungen unterstützt wird. So kennt man zahlreiche Mutanten, die zu Enzymdefekten führen und bei denen man nicht etwa ein durch Mutation inaktives, sondern überhaupt kein Enzymprotein findet. Nehmen wir an, die durchschnittliche Mutationsrate sei in nichtkodierenden DNA-Abschnitten genauso hoch wie in kodierenden Abschnitten. Dort hatten wir die Gesamtmutationsrate auf $\frac{1}{100}$ pro Keimzelle geschätzt. Extrapolieren wir einmal kühn von diesem Wert, der sich ja auf 5% des Gesamtgenoms bezogen hat, auf die restlichen 95%, also von $\frac{1}{20}$ des Genoms auf die restlichen $\frac{19}{20}$, so ergibt sich: $19 \cdot \frac{1}{100}$, also etwas weniger als $\frac{1}{5}$. Knapp jede 5. Keimzelle würde also eine Neumutation in ihrer DNA außerhalb der kodierenden Sequenzen enthalten. Auch diese Schätzung, wie die entsprechende für den kodierenden DNA-Anteil, enthält nur die Mutationen durch Substitution einzelner Basen. Deletionen und Ergebnisse abnormer Rekombinationen bleiben auch hier unberücksichtigt.

Nicht enthalten sind in dieser Betrachtung z. B. auch die überaus zahlreichen Mutationen durch ungleiches Crossing over innerhalb derjenigen DNA-Bereiche, die sich aus kurzen repetitiven Sequenzen zusammensetzen und die man großenteils als Minisatelliten bezeichnet. Was uns hier vor Augen tritt, ist das Bild eines außerordentlich beweglichen Genoms; und zwar auch dann, wenn man sich bewußt im Rahmen der „klassischen" Genetik hält, also etwa die Möglichkeit „springender Gene" (Transposons; vgl. Vogel u. Motulsky 1986) nicht in die Betrachtung mit einbezieht.

Eine ganz andere Frage ist es, welche dieser mutativen Veränderungen nun einen Einfluß auf den Phänotyp haben. Für Mutationen kodierender Gene liegen wieder die besten Informationen von den Hämoglobinvarianten vor (Abb. 5.6). Alle Möglichkeiten sind hier verwirklicht – angefangen von der Variante, die über-

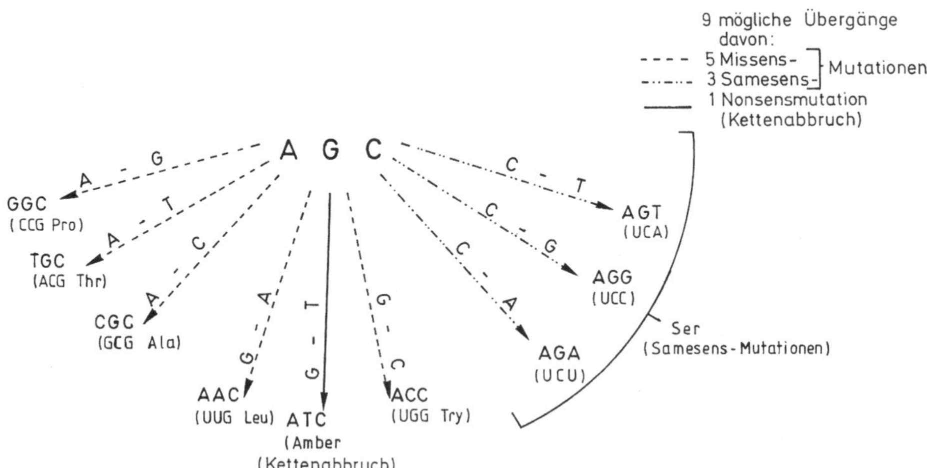


Abb. 5.6. Folgen von Punktmutationen durch Austausch einer einzelnen Base, dargestellt am Beispiel eines Serinkodons

haupt keinen Einfluß auf den Phänotyp hat, etwa weil sie zum Austausch einer neutralen Aminosäure gegen eine andere an einer unkritischen Stelle des Proteinmoleküls führt, bis zu der anderen, die Instabilität des gesamten Moleküls und eine dominant erbliche Anämie zur Folge hat. Wie Erfahrungen aus dem Vergleich von Hämoglobinketten bei verschiedenen Spezies zeigen, ist mehr oder weniger identische - und jedenfalls „normale" - Funktion mit unterschiedlicher Aminosäurensequenz an sehr vielen Positionen verträglich; und das gilt auch für viele andere Proteine. Diese Befunde waren es schließlich großenteils, die Kimura dazu veranlaßten, „neutralen" Mutationen eine so große Rolle in der Evolution auf molekularer Ebene zuzuschreiben (vgl. Kimura 1983).

Noch viel größer scheint der „belanglose" Teil der Mutabilität innerhalb der ungefähr 95% nichtkodierender DNA-Sequenzen zu sein. Wie wir schon früher beschrieben haben, gibt es in diesen DNA-Sequenzen außerordentlich viele Sequenzpolymorphismen, die sich mit Hilfe von sequenzspezifisch schneidenden Restriktionsendonukleasen nachweisen lassen. Wenn man auch zugeben muß, daß eine funktionelle Bedeutung schwer zu beweisen ist und eine Funktion immer noch an dieser oder jener unvermuteten Stelle zutage treten könnte, so spricht doch mindestens der erste Anschein dafür, daß jedenfalls die große Mehrzahl dieser Polymorphismen für die Funktion belanglos ist. Wie groß der Anteil von Mutationen außerhalb kodierender Bereiche ist, die zu nachweisbaren Änderungen der Funktion und des Phänotyps führen bis hin zu genetischen Erkrankungen, das kann man heute nicht einmal größenordnungsmäßig abschätzen. Eine Vermutung ist aber vernünftig: Dieser Anteil dürfte geringer sein - vermutlich sogar wesentlich geringer - als innerhalb kodierender DNA-Sequenzen.

Das bedeutet natürlich nicht, daß diese DNA-Sequenzen etwa funktionslos sein müssen. Damit soll nur gesagt sein, daß mutative Veränderungen an einzelnen Basen - oder auch an kurzen Sequenzen - sich auf die Funktion nicht wesentlich auszuwirken brauchen.

Wenn wir also die Zeichen richtig deuten und das viele, das wir nicht wissen, nicht völlig falsch interpolieren, so determiniert ein außerordentlich „bewegliches" Genom einen zwar nicht unbeweglichen, aber doch wesentlich stabileren Phänotyp. Es ist leicht zu sagen, daß das offenbar für das Überleben notwendig ist und sich deshalb im Laufe der Evolution so herausgebildet hat. Trotzdem enthalten die zugrunde liegenden biologischen Mechanismen noch viele Fragezeichen.


## Haben alle Arten von Punktmutationen die gleiche Wahrscheinlichkeit?

Aber zurück vom Gesamtgenom zu den einzelnen Mutationsereignissen. Eine Base innerhalb der DNA kann im Prinzip durch jede der drei anderen Basen substituiert werden; Thymin z. B. durch Adenin, Guanin oder Zytosin. Thymin und Zytosin sind Pyrimidine, Adenin und Guanin sind Purine. Es ist a priori nicht einzusehen, daß alle diese Substitutionen die gleiche Wahrscheinlichkeit haben sollen. Man hat in der experimentellen Mutationsforschung zwei Arten von Substitutionen unterschieden: solche, bei denen ein Purin für das andere oder ein

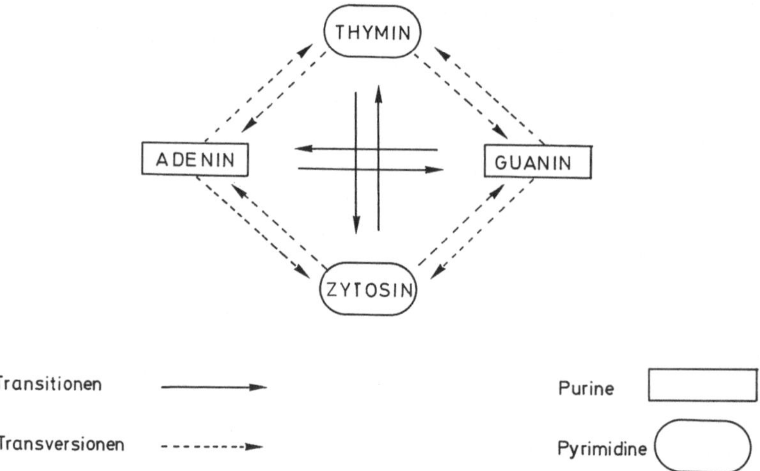


*Abb. 5.7.* Vier mögliche Transitionen; acht mögliche Transversionen

Pyrimidin für das andere eintritt, und solche, bei denen ein Purin für ein Pyrimidin eintritt oder umgekehrt. Die erste Art von Mutationen bezeichnet man als Transitionen, die zweite Art als Transversionen. Es gibt insgesamt 4 Transitionen, aber 8 Transversionen (Abb. 5.7). Hätten also alle Substitutionen die gleiche Wahrscheinlichkeit, so müßte man doppelt so viele Transversionen wie Transitionen erwarten. Auch dieses Problem wurde zunächst an den Hämoglobinvarianten untersucht (Vogel u. Röhrborn 1965) – später dann auch durch Vergleich zahlreicher anderer Aminosäurensequenzen, wie die vergleichende Evolutionsforschung sie bereitstellte (Vogel u. Kopun 1977). Eine solche Untersuchung ist längst nicht so einfach, wie sie auf den ersten Blick erscheint; denn es müssen Aspekte der Auslese und der Proteinfunktion berücksichtigt werden. Offensichtlich ist jedoch ganz allgemein die Wahrscheinlichkeit für das Auftreten von Transitionen wesentlich größer als für Transversionen (Tabelle 5.4).

Wie Untersuchungen mit Restriktionsendonukleasen zu zeigen scheinen, sind offenbar Stellen, an denen Zytosin und Guanin benachbart sind (CpG-Sequenzen) für Mutationen besonders anfällig; das könnte damit zusammenhängen, daß die Zytosinmoleküle an diesen Stellen oft methyliert sind. Es gibt auch aus der Bakteriengenetik Hinweise, wonach methylierte Zytosinmoleküle besonders leicht Mutationen durchmachen (Barker et al. 1984).


## Schlußfolgerungen

Wir haben in dieser Vorlesung Aspekte des Mutationsvorgangs beim Menschen studiert. Zunächst lernten wir das Konzept der Mutationsrate und die Methoden zu ihrer Schätzung beim Menschen kennen. Sodann betrachteten wir Beispiele von Mutationsraten für Genom- und Chromosomenmutationen sowie für einige

76

*Tabelle 5.4.* Häufigkeit von Transitionen und Transversionen in menschlichen Hämoglobinvarianten

| Transitionen | Anzahl | Transversionen | Anzahl |
|---|---|---|---|
| A → G | 11 | A → T | 8 |
| G → A | 8 | T → A | 11 |
| T → C | 43 | A → C | 11 |
| C → T | 68 | C → A | 14 |
| Gesamt | 130 | G → T | 24 |
| | | T → G | 23 |
| | | G → C | 17 |
| | | C → G | 24 |
| | | Unspezifizierbare | 22 |
| | | Gesamt | 154 |

Aber: bei zufälligem Auftreten würde man doppelt soviele Transversionen wie Transitionen
erwarten.

autosomal-dominante und X-chromosomal-rezessive Mutationen. Die letztge-
nannten Mutationen hat man auch als „Sentinel"-Mutationen bezeichnet; „sentinel" bedeutet „Schildwache". Diese Bezeichnung kommt daher, daß sie sich eignen sollten, gewissermaßen als „Schildwachen" einen allgemeinen Anstieg der
Mutationsraten in bestimmten Bevölkerungen anzuzeigen, wenn man ihre Häufigkeit regelmäßig in der Bevölkerung bestimmen würde (Neel et al. 1973).

Unter gegenwärtigen Bedingungen sind diese Mutationsraten für den gleichen
Phänotyp in den verschiedenen untersuchten Bevölkerungen etwa gleich hoch;
dagegen gibt es ganz erhebliche Unterschiede in den Mutationsraten zu verschie-
denen Phänotypen. Teilweise lassen sie sich durch die unterschiedliche Länge der
Gene, teilweise auch durch Unterschiede in den Primärereignissen auf molekula-
rer Ebene erklären. Außerdem zeigen manche Mutationen einen deutlichen
Anstieg der Mutationsrate mit dem Alter des Vaters und wohl auch eine größere
Häufigkeit in den Keimzellen von Männern.

Eine Betrachtung von Mutationen auf molekularer Ebene mit Blick erst zum
ganz Kleinen, dann zum ganz Großen, führte zu Spekulationen einerseits über
Kodonmutationsraten, andererseits über Mutabilität im Gesamtgenom. Wir ent-
warfen das Bild eines sehr beweglichen Genoms, dem ein wesentlich stabilerer
Phänotyp gegenübersteht.

Sollten Sie an dieser Vorlesung kritisieren, sie sei in wesentlichen Teilen zu spe-
kulativ gewesen, so lassen Sie sich sagen: Das war beabsichtigt. Mutation ist ein
Grundphänomen des Lebens, das in allen Einzelheiten studiert zu werden ver-
dient. Die Spekulation – das Stellen von Fragen – ist ein wesentlicher Teil dieses
Studiums.

# Literatur


Barker et al. (1984) Restriction sites containing CpG show a higher frequency of polymorphism in human DNA. Cell 36: 131–138

Bernardi F, Marchetti G, Bertagnolo V et al. (1987) RFLP analysis in families with sporadic hemophilia A, estimate of the mutation ratio in male and female gametes. Hum Genet 76: 253–256

Bochkov NP (1987) Our mutation load. In: Vogel F, Sperling K (eds) Human genetics. Proceedings of the 7th International Congress. Springer, Berlin Heidelberg New York Tokyo, pp 14–23

Court Brown WM (1967) Human population cytogenetics. North-Holland, Amsterdam

Cross PK, Hook EB (1987) An analysis of paternal age and 47, + 21 in 35 000 new prenatal cytogenetic diagnosis data from the New York State Chromosome Registry: no significant effect. Hum Genet 77: 307–313

Danieli GA, Barbujani G (1984) Duchenne muscular dystrophy. Frequency of sporadic cases. Hum Genet 67: 252–256

Drake JW (1969) The molecular basis of mutation. Holden Day, San Francisco

Gitschier J, Wood WI, Goralka TM et al. (1984) Characterization of the human factor VIII gene. Nature 312: 326–330

Haldane JBS (1935) The rate of spontaneous mutation of a human gene. J Genet 31: 317–326

Hook EB (1987a) Issues in analysis of data on paternal age and 47, + 21: Implication for genetic counseling for Down syndrome. Hum Genet 77: 303–306

Hook EB (1987b) Appendix: A general regression model for analysis of independent maternal and paternal age effects for 47, + 21 and other disorders that may arise from mutant alleles from either parent. Hum Genet 77: 314–316

Kimura M (1983) The neutral theory of molecular evolution. Cambridge University Press, Cambridge

Kunze J, Nippert J (1986) Genetics and malformations in art. Grosse, Berlin

Koenig M, Hoffman EP, Bertelson CJ, Monaco AP, Feener C, Kunkel LM (1987) Complete cloning of the DMD cDNA and preliminary cloning organization of the DMD gene in normal and affected individuals. Cell 50: 509–517

Neel JV, Tiffany TO, Anderson NG (1973) Approaches to monitoring human populations for mutation rates and genetic disease. In: Hollaender A (ed) Chemical mutagens, vol 3. Plenum, New York, pp 105–150

Nielsen J, Sillesen I (1975) Incidence of chromosome aberration among 11,148 newborn children. Hum Genet 30: 1–12

Penrose LS (1955) Parental age and mutation. Lancet II: 312

Stene EJ, Stene S, Stengel-Rutkowski S (1987a) A reanalysis of the New York State prenatal diagnosis data on Down's syndrome and paternal age effects. Hum Genet 77: 299–302

Stene E, Stene S, Stengel-Rutkowski S (1987b) On methodological issues regarding 27, + 21 paternal age data. Hum Genet 77: 317

Stevenson AC, Kerr CB (1967) On the distribution of frequencies of mutation in genes determining harmful traits in man. Mutat Res 4: 339–352

Vogel F (1956) Über die Prüfung von Modellvorstellungen zur spontanen Mutabilität an menschlichem Material. Z Menschl Vererbungs Konstitutionsl 33: 470–491

Vogel F, Kopun M (1977) Higher frequencies of transitions among point mutations. J Mol Evol 9: 159–180

Vogel F, Motulsky AG (1986) Human genetics. Problems and approaches, 2nd rev. edn. Springer, Berlin Heidelberg New York Tokyo, sect 5

Vogel F, Rathenberg R (1975) Spontaneous mutation in man. Adv Hum Genet 5: 223–318

Vogel F, Röhrborn G (1965) Mutationsvorgänge bei der Entstehung von Hämoglobinvarianten. Hum Genet 1: 635–650

Watson JD, Crick FHC (1953) The structure of DNA. Cold Spring Harbor Symp Quant Biol 18: 123–132
Weinberg W (1912) Zur Vererbung des Zwergwuchses. Arch Rassen Gesellschaftsbiol 9: 710–718
Winter RM, Pembrey ME (1982) Does unequal crossing over contribute to the mutation rate in Duchenne muscular dystrophy? Am J Med Genet 12: 437–441

# 6 Genetische Risiken für den Menschen durch ionisierende Strahlen

## Erzeugung von Mutationen durch ionisierende Strahlen

Ionisierende Strahlen verursachen Mutationen. Dafür lieferten vor über 60 Jahren, im Jahre 1927, Muller für Drosophila und Stadler für Getreide die ersten unumstößlichen Beweise (Tabelle 6.1). Andererseits sind wir Menschen der Einwirkung von Strahlen ausgesetzt – vor allem durch kosmische Strahlung, aber auch durch radioaktive Verbindungen in unserer Umwelt. Diese Belastung wird erhöht durch die moderne Zivilisation. Wissenschaftler und Ingenieure benutzen technische Strahlenquellen und radioaktive Stoffe für ihre tägliche Arbeit; besonders aber sind es wir Ärzte, die z.B. Röntgenstrahlen und Radionuklide in größerem Umfang in Diagnostik und Therapie verwenden. Das wirft die Frage auf: Wie stark erhöht diese zusätzliche Strahlenbelastung die natürliche, „spontane" Mutationsrate? Und: Welche Konsequenzen muß das für die Gesundheit der auf uns folgenden Generationen haben? Gelegentliche Unfälle wie der Beinahetotalunfall des Reaktors in Tschernobyl bringen die hier möglicherweise drohenden Gefahren ins öffentliche Bewußtsein. Die Tatsache, daß man energiereiche Strahlen weder sehen noch hören, noch unmittelbar fühlen kann, hilft mit, ein Gefühl der Unheimlichkeit zu erzeugen, als ob wir von geheimnisvollen Mächten bedroht würden, die uns – aus welchen Gründen auch immer, sei es Profitgier, Machthunger oder auch nur technologisches Fachidiotentum – der biologischen Vernichtung preisgeben wollten.

Diese Angst hat viele Facetten, angefangen von der nur allzu verständlichen Furcht vor einem Atomkrieg bis zu dem unheimlichen Gefühl, das viele beschleicht, wenn sie nur in der Ferne die Kühltürme eines Kernkraftwerks aufra-

*Tabelle 6.1.* Mullers klassischer Versuch zur Mutationsauslösung durch ionisierende Strahlen (die Dosis $t_2$ ist doppelt so groß wie die Dosis $t_4$)

| Experiment | Zahl der getesteten Chromosomen | Zahl der beobachteten Mutationen | | |
|---|---|---|---|---|
| | | Letalfaktoren | Semiletalfaktoren | Sichtbare Mutationen |
| Kontrollen | 198 | 0 | 0 | 0 |
| Röntgenstrahlen ($t_2$) | 676 | 49 | 4 | 1 |
| Röntgenstrahlen ($t_4$) | 772 | 89 | 12 | 3 |

gen sehen. Hier hilft nur, die entstandenen Probleme im einzelnen ins Auge zu fassen und möglichst nüchtern anhand des vorhandenen Wissens abzuwägen. Im Rahmen einer Vorlesung können wir nicht den gesamten Komplex abhandeln – das kann heute kein einzelner Wissenschaftler mehr –, sondern wir wollen uns nur mit der Frage beschäftigen: Welche genetischen Veränderungen sind für die Menschheit zu erwarten, wenn die Belastung durch energiereiche Strahlung zunimmt? Wird diese Belastung zur Folge haben, daß sich die Mutationsrate erheblich erhöht? Und wie würde sich eine solche Erhöhung auf die Gesundheit derer, die nach uns kommen, auswirken?

## Das Problem der Risikoabschätzung

Das Problem der Risikoabschätzung für ein mutagenes Agens läßt sich folgendermaßen untergliedern (Vogel 1985):

1) Auf welche Weise greift das Agens das genetische Material, die DNA, an, und welche Veränderungen ruft es hervor?
2) Wie stark ist die menschliche Bevölkerung diesem Agens gegenüber exponiert?
3) Mit welchem Anstieg der Mutationsrate im Vergleich zur „spontanen" Mutationsrate müssen wir rechnen?
4) Welche langfristigen Folgen dieses Anstiegs für unsere Bevölkerung kann man voraussehen?

Diese Fragen sollten idealerweise durch die Wissenschaft beantwortet werden. Für eine 5. Frage kann die Wissenschaft nur Daten und mögliche Alternativen anbieten; hier muß die Gesellschaft als Ganzes die Antwort geben:

5) Ein wie hoher Anstieg der Mutationsbelastung kann in Kauf genommen werden im Austausch gegen die Wohltaten, die wir einem mutagenen Agens verdanken, z. B. durch medizinische Diagnostik oder Therapie?

Im folgenden werden wir uns v. a. mit den Fragen 1–3 befassen und am Rande auch Frage 4 (langfristige Folgen) berühren; die sehr wichtige Frage nach der Akzeptanz durch die Gesellschaft soll ausgeklammert werden.

## Die Wirkung ionisierender Strahlen auf das genetische Material

In den Jahrzehnten, nachdem Muller im Jahre 1927 die mutationsauslösende Wirkung ionisierender Strahlen entdeckt hatte, entstand die „klassische" Strahlengenetik (Timoféeff-Ressovsky u. Zimmer 1947).
Ihre wichtigsten Ergebnisse waren:

1) Um in einer Zelle Mutationen auszulösen, muß die Strahlung die Zelle treffen. Indirekte Wirkungen fehlen zwar nicht ganz, treten aber in ihrer Bedeutung stark zurück.

2) Ionisierende Strahlen schaffen nichts grundsätzlich Neues; sie erhöhen lediglich die Wahrscheinlichkeit für Mutationsereignisse, die auch ohne sie – also „spontan" - auftreten können, wenn auch mit geringerer Wahrscheinlichkeit. Das besagt nicht, daß die Wahrscheinlichkeit für alle Arten von Mutationsereignissen gleichermaßen erhöht würde; so erhöhen Strahlen z.B. das Risiko für Strukturveränderungen an den Chromosomen stärker als für Punktmutationen. Daß wirklich neue Phänomene nicht auftreten, hat eine wichtige Konsequenz: Es ist besonders schwierig, eine Erhöhung der Mutationsrate als Folge einer mutagenen Noxe in einer bestimmten Bevölkerung nachzuweisen: Die gleichen Mutationen kommen ja mit beträchtlicher Häufigkeit auch „spontan" vor, also ohne daß man eine äußere Ursache nachweisen könnte (Vorlesung 5).
Am besten läßt sich diese Schwierigkeit anhand eines Gegenbeispiels erläutern: Anfang der 60er Jahre trat eine Kombination von Fehlbildungen häufig auf. Die Kinder hatten mehr oder weniger verkürzte Extremitäten, oft kombiniert mit Anomalien besonders im Kopfbereich. Diese Kombination von Fehlbildungen war vorher praktisch niemals beobachtet worden; so konnten erfahrene Kinderärzte erkennen: Hier war etwas Neues, und es mußte auch eine

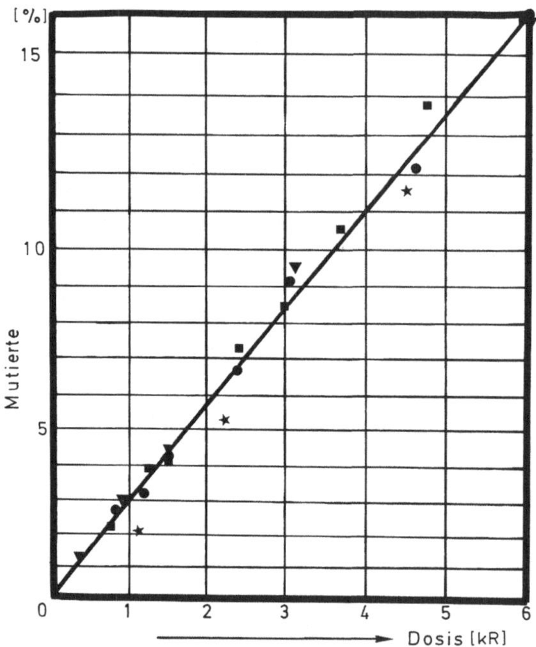


Abb. 6.1. Linearer Anstieg der Mutationsrate für Punktmutationen und einzelne Chromosomenbrüche bei Drosophila melanogaster nach Bestrahlung. Daten von mehreren Autoren. (Aus Timoféeff-Ressovsky u. Zimmer (1947) Das Trefferprinzip in der Biologie. Steinkopf, Dresden)

neue Ursache haben. Sie alle wissen: Diese neue Ursache war das Schlafmittel Contergan; offenbar störte es eine ganz spezifische Funktion in der Embryonalentwicklung. Als man die Noxe eliminierte, verschwand auch das Syndrom. Hätte Contergan die gleiche Zahl von, sagen wir, Lippen-Kiefer-Gaumen-Spalten verursacht, dann wäre das nicht aufgefallen, und wir würden es wahrscheinlich heute noch als besonders empfehlenswertes Schlafmittel für Schwangere ansehen.

Im Gegensatz dazu führen strahleninduzierte Mutationen eben *nicht* zu solchen spezifischen Veränderungen; das macht ihren Nachweis so schwierig.

3) Für Mutationen, die durch ein einzelnes Primärereignis an der DNA ausgelöst werden, besteht in weiten Bereichen – bis zu ganz niedrigen Dosen hinunter – eine lineare Beziehung zwischen Dosis und Wirkung (Abb. 6.1). Das bedeutet, daß auch sehr niedrige Strahlendosen, die nur vereinzelte Ionisationen erzeugen, doch Mutationen auslösen, nur eben seltener. Ein Schwellenwert, unterhalb dessen überhaupt keine genetische Wirkung eintritt, existiert nicht. Das steht im Gegensatz zu Gesetzmäßigkeiten, wie wir sie aus anderen Bereichen von Biologie und Medizin gewöhnt sind. Gifte z.B. schädigen den Organismus nur, wenn eine bestimmte Dosis überschritten wird. Daraus folgt praktisch, daß selbst die geringste, zusätzliche Strahlenexposition eine Kosten-Nutzen-Abwägung erfordert: Ist der erwartete Schaden klein genug, daß man ihn für den erhofften Nutzen in Kauf nehmen kann?

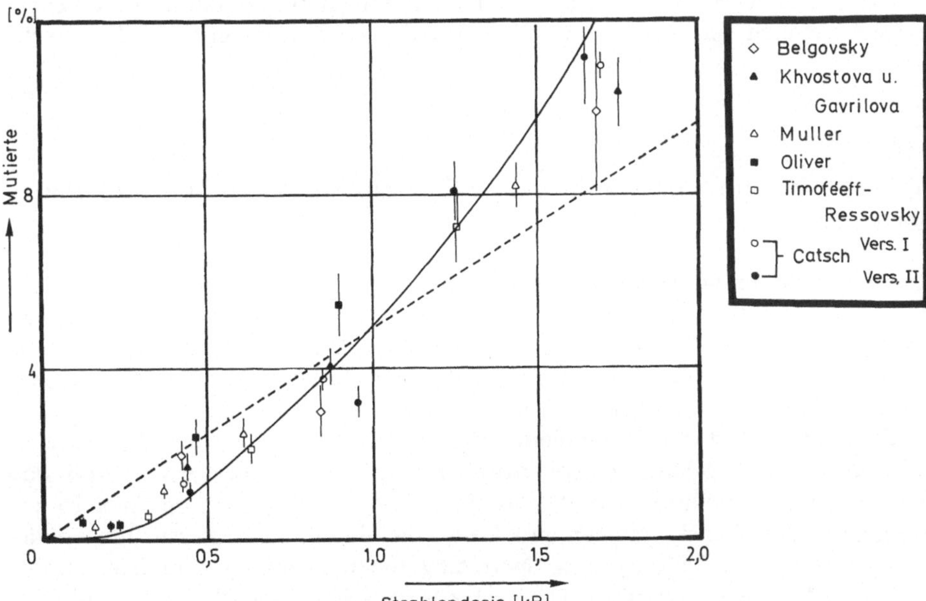


*Abb. 6.2.* Chromosomenaberrationen (Zweitrefferereignisse) in Beziehung zur Strahlendosis (in 10 Gy oder 1000 rad) bei Drosophila. Die Zweitrefferkurve *(durchgezogene Linie)* nähert sich den experimentellen Daten näher an als die Eintrefferkurve *(gestrichelte Linie).* (Aus Timoféeff-Ressovsky u. Zimmer 1947)

Manche Mutationen erfordern zwei oder mehr Primärereignisse. Das gilt z. B. für reziproke Translokationen (Abb. 6.2), die ja 2 Chromosomenbrüche voraussetzen. Hier hat die Dosis-Wirkungs-Kurve eine andere Form. Man spricht von einer Zweitrefferkinetik.

4) Die lineare Dosis-Wirkungs-Beziehung für die meisten Mutationsereignisse schien zunächst noch eine weitere Folge zu haben: Scheinbar kommt es für die genetische Wirkung nur auf die Strahlendosis an, nicht aber auf die Zeit, innerhalb derer diese Dosis eingestrahlt wird (= die Dosisleistung). Danach hätte extrem chronische Bestrahlung die gleiche biologische Wirkung wie akute Bestrahlung mit der gleichen Dosis. Untersuchungen an Drosophila schienen diese Erwartungen zunächst auch zu bestätigen. Bei Untersuchungen an der Maus stellte sich jedoch bald heraus, daß sie unter den meisten Bedingungen nicht zutrifft: Eine geringe Dosisleistung, also eine sich lange hinziehende Bestrahlung, hat bei gleicher Gesamtdosis eine etwa um ⅔ geringere Wirkung als hohe Dosisleistung. Dieser Dosis-Leistungs-Effekt wurde am Modell rezessiver Genmutationen bei der männlichen Maus entdeckt (Russell et al. 1958). Er gilt offenbar auch für rezessive Mutationen bei weiblichen Mäusen, für dominante Genmutationen und reziproke Translokationen. In bestimmten Sondersituationen wurde er nicht beobachtet, z. B. wenn man männliche Keimzellen zwischen Meiose und Befruchtung bestrahlt und dann nach Genmutationen sucht (vgl. UNSCEAR Report 1982). Höchstwahrscheinlich hat das den Grund, daß Reparaturenzyme in dieser Phase der Keimzellentwicklung nicht mehr aktiv sind. Reparaturenzyme kann man mit der Feuerwehr vergleichen: Wenn es in der Stadt an hundert Stellen auf einmal brennt, dann ist die Feuerwehr ziemlich machtlos; mit hundert Bränden im Jahr dagegen wird sie leicht fertig.

## Weitere für den Menschen wichtige Ergebnisse der Strahlengenetik der Maus

Zuletzt erwähnten wir schon Untersuchungen an der Maus. Und in der Tat wurden die meisten für den Menschen relevanten Ergebnisse der Strahlengenetik an der Maus erarbeitet: Sie ist einerseits als Säugetier dem Menschen ähnlich genug, so daß Extrapolationen – wenn auch mit Vorsicht – möglich bleiben. Andererseits kann man sie in großen Zahlen halten, und sie hat eine kurze Generationsfolge.

Allerdings: Selbst bei Extrapolationen von der Maus zum Menschen ist Vorsicht am Platze. Die Unterschiede zwischen den Spezies sind doch so groß, daß man jeden Extrapolationsschritt kritisch bedenken sollte. Ein Beispiel ist die Erzeugung der Translokationen pro Zelle, die durch die Untersuchungen der ersten meiotischen Teilung nach Spermatogonienbestrahlung gefunden wurden (Tabelle 6.2). Die quantitativen Unterschiede zwischen Mensch, Maus und Rhesusaffe sind doch erheblich.

Außerdem ist zu bedenken, daß man beim Versuchstier immer nur einen relativ kleinen Ausschnitt des Mutationsspektrums beobachten kann und von diesem Ausschnitt dann auf die Gesamtzahl der überhaupt vorkommenden Mutationser-

*Tabelle 6.2.* Zahl der Translokationen pro
Zelle in der 1.meiotischen Teilung nach
Spermatogonienbestrahlung

| Spezies | Zahl der Translokationen/$10^{-2}$ Gy ($=1$ R) |
|---|---|
| Mensch<br>Marmoset | $\approx 7,7 \cdot 10^{-4}$ |
| Rhesusaffe | $\approx 0,21 \cdot 10^{-4}$ |
| Maus | $\approx 2,00 \cdot 10^{-4}$ |

eignisse extrapolieren muß. So schließt man bei der Maus von 7 durch auffällige Phänotypen gekennzeichneten rezessiven Mutationen – oder von dominanten Mutationen, die das Skelett verändern oder Augenkatarakte hervorrufen – auf alle Genmutationen. Dabei setzt man voraus, daß der Anstieg der Mutationsrate nach Bestrahlung der Spontanrate wenigstens in großen Zügen proportional sei. Es gibt Befunde bei Drosophila und E.coli, die diese Annahme zu bestätigen scheinen. Sie wird auch dann in gewissen Grenzen plausibel, wenn man sich an neuere Ergebnisse der Molekularbiologie des Menschen erinnert, wonach Gene mit besonders hohen Mutationsraten auch besonders lang sind. Ich erinnere an die in früheren Vorlesungen diskutierten Beispiele der Gene für die Duchenne-Muskeldystrophie oder den Gerinnungsfaktor VIII (Hämophilie A; vgl. Vorlesung 1 und 5).

Andererseits sieht es so aus, als ob verschiedene molekulare Typen von Mutationen mit deutlicher Wirkung auf den Phänotyp von einem Gen zum anderen verschieden häufig sein könnten; so sind für die Hämoglobingene besonders viele Punktmutationen im engsten Sinne bekannt; bei ihnen sind nur einzelne Basen ausgetauscht. Dagegen sind die meisten Mutationen, die zur Muskeldystrophie vom Typ Duchenne oder Becker führen, offenbar Deletionen. Nimmt man dazu das experimentell gut abgesicherte Ergebnis, daß Chromosomenstrukturanomalien nach Bestrahlung besonders häufig auftreten, so möchte man vermuten, daß bei Genloci mit vorwiegenden Deletionen phänotypische Veränderungen nach Strahleneinwirkung besonders deutlich hervortreten dürften. Und wirklich zeigte ein Vergleich der 7 „klassischen" autosomal-rezessiven Testloci der Maus untereinander, daß das Zahlenverhältnis der spontan auftretenden zu den durch Strahlen induzierten Mutationen bei ihnen keineswegs identisch ist, und daß viele der ausgelösten Mutationen kleine Deletionen waren.

Immerhin gibt es eine Reihe von Beobachtungen, die man mit einigermaßen gutem Gewissen von der Maus zum Menschen extrapolieren kann (Vogel u. Motulsky 1986):

1) Ionisierende Strahlen erzeugen v.a. strukturelle Chromosomenaberrationen, höchstwahrscheinlich aber außerdem auch Aneuploidien. Viele der induzierten Mutationen betreffen nur einen einzelnen Genlocus. Unter den molekularen Veränderungen spielen hier Deletionen eine große Rolle.
2) Mutationen werden sowohl in Keimzellen als auch in somatischen Zellen erzeugt.

3) In der männlichen Keimbahn können Mutationen in allen Keimzellstadien ausgelöst werden. Die Meiose ist jedoch ein wirksames Filter besonders für Chromosomenaberrationen. Deshalb ist Bestrahlung in dem Zeitabschnitt zwischen Meiose und Befruchtung, für die also dieses Filter nicht mehr wirksam werden kann, genetisch besonders gefährlich. Für die weibliche Keimbahn weisen Untersuchungen an der Maus darauf hin, daß vorwiegend oder ausschließlich die letzten 7 Wochen vor der Ovulation gefährdet sind. Wir dürfen hoffen, daß diese Einschränkung auch für den Menschen zutrifft.

Andererseits ist die Oozyte in einer Periode, die einige Tage vor der Ovulation anfängt und mehrere Stunden nach der Befruchtung endet, besonders empfindlich für den Verlust von Chromosomen, besonders des X-Chromosoms (Russell u. Saylors 1963). Gefährdet erscheint diese Phase auch für die Induktion struktureller Chromosomenaberrationen und möglicherweise von meiotischem Non-disjunction. Hier ist also ein besonderer Schutz erforderlich. Unklar ist noch die Frage, wie stark Oogonien gefährdet sind; bekanntlich finden sie sich im Embryonalalter.

4) Mindestens 90% der Chromosomenaberrationen, die das Filter der Meiose passiert haben oder nach der Meiose induziert wurden, werden im Laufe der Embryonalentwicklung eliminiert (Reichert et al. 1984; Abb. 6.3); beim Menschen bedeutet das eine Erhöhung der Abortrate. Eine Minorität von ungefähr 5% oder weniger überlebt; beim Menschen würde das die Zahl der Neugebore-

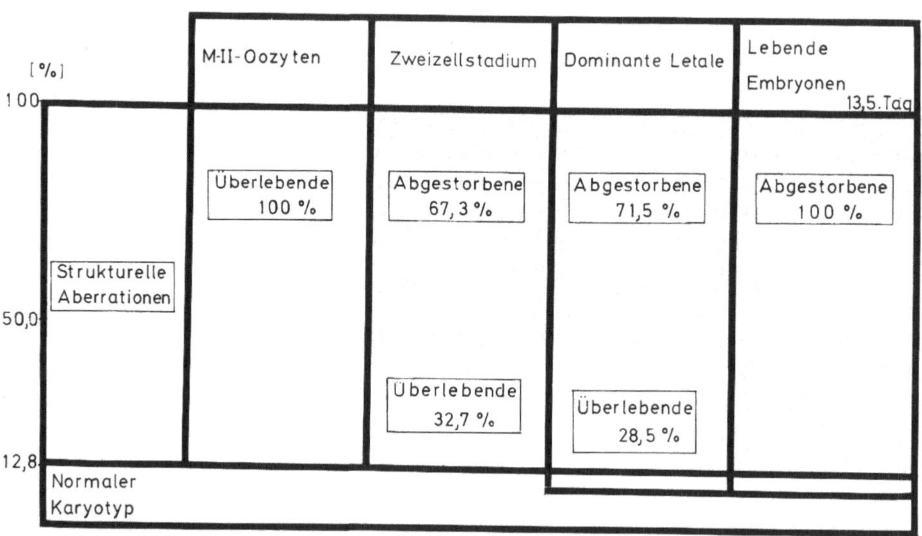



*Abb. 6.3.* Ein Mäuseversuch, der das Absterben genetisch strahlengeschädigter Embryonen im Laufe der Embryonalentwicklung demonstriert. Unmittelbar nach Bestrahlung mit einer hohen Dosis (2,0 Gy) hatten 87,2% der Oozyten in der zweiten meiotischen Teilung *(M II)* strukturelle Chromosomenaberrationen; 12,8% hatten einen normalen Karyotyp. Im Zweizellstadium der Zygote waren von den Aberranten 67,3% abgestorben, im späteren Embryonalstadium waren es bereits 71,5%, und unter den lebenden Embryonen kurz vor der Geburt fanden sich keine chromosomal aberranten Tiere mehr. Sie waren alle abgestorben. (Reichert et al. 1984, in Mutat Res 139: 87–94)

nen mit Aneuploidien und balancierten oder unbalancierten Chromosomenaberrationen erhöhen.

5) Zusätzlich zur Erhöhung der Abortrate und zu den Kindern mit Chromosomensyndromen würden nach erhöhter Strahlenbelastung dominante und X-chromosomal rezessive Erbkrankheiten vermehrt auftreten. Sehr wahrscheinlich würden andere dominante Mutationen zu unregelmäßigen und manchmal leichteren Veränderungen im Phänotyp führen; das wird durch Untersuchungen über die Induktion bestimmter Skelettanomalien bei der Maus nahegelegt (Selby u. Selby 1978).

## Eine semiquantitative Abschätzung genetischer Auswirkungen einer Exposition gegenüber ionisierenden Strahlen beim Menschen – autosomal-dominant erbliche Krankheiten

Diese Folgerungen aus Ergebnissen der experimentellen Strahlengenetik, zusammen mit Kenntnissen aus der humangenetischen Epidemiologie sollen uns helfen, das Ausmaß der genetischen Gefährdung des Menschen abzuschätzen. Dabei folgen wir im wesentlichen den Gedankengängen einer Expertenkommission der UN, wie sie in dem UNSCEAR-Report von 1986 niedergelegt ist (Tabelle 6.3). Es wurde die mögliche Erhöhung der Inzidenz bestimmter Formen genetischer Anomalien durch zusätzliche chronische Bestrahlung mit 0,01 Gy ($= 1$ rad) abgeschätzt. Dabei wurde eine Verdoppelungsdosis von 1 Gy angenommen, das ist diejenige Strahlendosis, welche die natürliche Mutationsrate gerade verdoppelt; sie ist deshalb nützlich, weil sie die durch Strahlen induzierten Mutationen in Beziehung zur Spontanrate setzt. Die Schätzung 1 Gy ist für chronische Bestrahlung

*Tabelle 6.3.* Geschätzter Anstieg in der Zahl von Lebendgeborenen mit genetisch bedingten Erkrankungen; 0,01 Gy; niedrige Dosisleistung/Generation. (UNSCEAR 1986)

| Art der Mutation | Zahl der Fälle in der Gegenwart | Zahl zusätzlicher Fälle/0,01 Gy in der nächsten Generation | Anstieg pro Generation [%] | Neuer Gleichgewichtswert |
|---|---|---|---|---|
| Autosomal-dominante und X-chromosomal rezessive Krankheiten | 10 000 | 15 | 0,15 % | 10 150[a] |
| Autosomal-rezessive Krankheiten | 2 500 | sehr gering | | sehr langsamer Anstieg |
| Unbalancierte Translokationen (und andere Strukturanomalien) | 400 | ~2,4 | 0,6 % | 404 |
| Numerische Chromosomenanomalien | 3 400 | wahrscheinlich sehr gering | | wahrscheinlich sehr gering |
| Multifaktorielle Fehlbildungen | 58 000 | ? | ? | wahrscheinlich sehr gering |

[a] Wenn Selektionsnachteil mit 0,1 angenommen wird (vgl. Tabelle 5.1).

durch zahlreiche Studien bei der Maus gut belegt; ob sie für den Menschen noch korrigiert werden muß, soll später diskutiert werden. Für akute Bestrahlung wurde die Verdoppelungsdosis mit ungefähr 0,4 Gy geschätzt.

Wir betrachten nun die einzelnen Kategorien in Tabelle 6.3: Wie verschiedene Schätzungen ergeben, leiden ca. 1 % aller Menschen bei Geburt an einer autosomal-dominant oder X-chromosomal rezessiv vererbten Krankheit oder werden an einer solchen später erkranken (Carter 1977, 1982). Wie wir allerdings schon in Vorlesung 5 feststellten, gibt es einigermaßen vollständige Gesamterhebungen, d.h. Erfassung aller Patienten mit einer definierten Erbkrankheit zu einem bestimmten Zeitpunkt in einer definierten Bevölkerung, nur für einige seltene Erkrankungen, für die auch spontane Mutationsraten errechnet wurden (Vogel u. Rathenberg 1975). Für einige viel häufigere Erkrankungen, die auch den größten Anteil der 1 % ausmachen, sind die Angaben wesentlich unsicherer. Das gilt v.a. für die Hypercholesterinämie Typ II a (Vorlesung 4). Diese häufigen Anomalien schaffen auch die große Unsicherheit bei der Berechnung des Zuwachses pro 1 Gy innerhalb einer Generation; denn er hängt entscheidend davon ab, in welchem Umfang die gegenwärtige Inzidenz durch die „spontane" Mutationsrate aufrechterhalten wird. Das ist z.B. zu 100 % der Fall bei solchen dominanten Mutationen, die zur Fortpflanzungsunfähigkeit ihrer Träger führen. Als Beispiel dieser Art haben wir in Vorlesung 5 die Myositis ossificans kennengelernt. Bei der Chorea Huntington dagegen beobachtet man unter den zahlreichen Fällen kaum Neumutanten, und bei der Hypercholesterinämie Typ II a ist das Problem ganz ungelöst; möglicherweise ist sie deshalb so häufig, weil ihre Träger unter den Lebensverhältnissen früherer Jahrhunderte einen Selektionsvorteil hatten.

Bei Abwägung aller Einzelfaktoren ist es trotzdem nicht unvernünftig anzunehmen, daß für die Gesamtgruppe ca. 10–15 % der Inzidenz in jeder Generation durch Neumutation bedingt sind. Damit würde 1 Gy (= Verdoppelungsdosis) zu einer Vermehrung um den gleichen Betrag führen. Dabei muß man aber immer bedenken: Mutagene Agenzien – wie z.B. ionisierende Strahlen – sind nicht die einzigen Einflüsse, welche die Inzidenz dieser dominanten Erkrankungen verändern können. Wie in Vorlesung 5 dargestellt, ist auch die „spontane" Mutationsrate nicht unter den Bedingungen konstant; sie steigt für viele Mutationen mit dem Alter des Vaters um das Mehrfache an (vgl. Abb. 5.4). So wird selbst eine nur leichte Zunahme des Anteils der Kinder mit relativ alten Vätern (über 40) die Mutationsrate dominanter Mutationen stärker erhöhen als fast jede unter realistischen Annahmen denkbare Veränderung der Strahlenbelastung.


## Autosomal-rezessiv erbliche Krankheiten

Schwieriger als bei autosomal-dominanten und X-chromosomal rezessiven Krankheiten ist die Schätzung für die autosomal-rezessiven. Ihre Inzidenz wurde für die gegenwärtige westeuropäische und nordamerikanische Bevölkerung auf etwa 0,25 % geschätzt; diese Schätzung enthält nicht die in Mittelmeerländern und bei schwarzen Amerikanern häufigen Hämoglobinkrankheiten. Ein Anstieg aufgrund einer erhöhten Mutationsbelastung würde nur ganz langsam, über Hunderte von

88

Generationen hin erfolgen; denn eine rezessive Mutation führt ja zunächst zum Auftreten eines Heterozygoten. Ein homozygot Kranker kann erst entstehen, wenn dieser Heterozygote zufällig eine heterozygote Frau als Ehepartnerin findet. Dazu kommt, daß wir in Westeuropa z. Z. bezüglich der Häufigkeit rezessiver Krankheiten eine besonders glückliche Periode durchleben: Sie sind jetzt ungewöhnlich selten. Grund dafür ist das Zurückgehen der Verbindungen zwischen nahen Verwandten, z. B. Vetter und Kusine, seit gut 100 Jahren von einigen Prozent auf nur wenige Promille. Wie alle Gene, so werden auch Gene für rezessive Krankheiten bei Kindern aus Verwandtenehen besonders häufig homozygot. Auch bei rezessiven Genen, wie bei den dominanten und X-chromosomal rezessiven, hat früher ungefähr ein Gleichgewicht zwischen der Selektion gegen die Homozygoten einerseits und Neumutationen andererseits bestanden. Dieses Gleichgewicht wird gestört, wenn die Zahl der homozygot Kranken sich wegen Rückgangs der Verwandtenehen plötzlich vermindert. Diese Störung ist desto ausgeprägter, je niedriger die Mutationsrate, je seltener das mutierte Gen und je höher der Anteil aller homozygot Kranker ist, der infolgedessen früher aus Verwandtenehen hervorging.

Abbildung 6.4 zeigt eine Modellrechnung (Vogel u. Motulsky 1986). Hier wurde der Abfall des Inzuchtkoeffizienten von 0,003 bzw. 0,005 entsprechend etwa 4,5-7% Vetternehen ersten Grades auf 0, eine Mutationsrate (identisch mit der Homozygotenhäufigkeit vor Abnahme der Inzucht) mit $2 \cdot 10^{-5}$ sowie Selektion 0,5 gegen die kranken Homozygoten angenommen. Alles das sind realistische Annahmen. Wie man sieht, fällt die Inzidenz steil auf etwa die Hälfte ab und steigt – wenn keine anderen Einflüsse dazukommen – erst im Laufe von ca. 800 Generationen auf den ursprünglichen Wert an. Dieser Anstieg verliefe etwas, aber nur unwesentlich schneller, wenn die Mutationsrate erhöht würde.

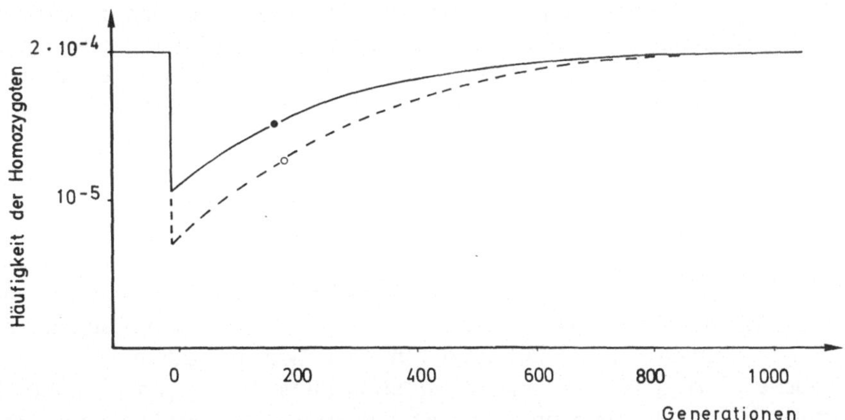


*Abb. 6.4.* Abfall in der Häufigkeit Homozygoter rezessiver Erbleiden in einer Bevölkerung, in der langdauernde Inzucht auf einmal aufgehoben wird, wie in Europa gegen Ende des 19. Jahrhunderts. Folgende Annahmen wurden gemacht: Mutationsrate $\mu = 10^{-5}$; Selektion S = 0,5 gegen Homozygote des rezessiven Gens; Inzuchtkoeffizient *(F)* vor Rückgang der Verwandtenehen: F = 0,003 *(durchgezogene Linie)* und F = 0,005 *(gestrichelte Linie)*. Diese beiden Daten entsprechen etwa einer Häufigkeit von 4,5-7% Vetternehen 1. Grades (oder entsprechend mehr Ehen zwischen entfernten Verwandten), wie sie in vielen Teilen Europas bis zum letzten Jahrhundert beobachtet wurden. (Aus Vogel u. Motulsky 1986)

Allerdings gälte diese Rechnung nur dann, wenn keine weiteren Einflüsse hinzukämen. In Wirklichkeit sind bei uns aber nicht nur die Verwandtenehen zurückgegangen, sondern es befinden sich auch die „Isolate" in Auflösung; das sind relativ kleine Bevölkerungsgruppen, die früher weitgehend untereinander geheiratet haben, und in denen bestimmte Gene durch „genetic drift" (vgl. Vorlesung 12) häufiger oder auch seltener wurden. Die Folge ist ebenfalls, daß das Herausspalten von Homozygoten seltener wird. Gegenwärtig sind wir also vom Gleichgewichtswert noch weiter entfernt, als es die Betrachtung über den Rückgang der Verwandtenehen (Abb. 6.4) vermuten läßt.

Neuerdings erlaubt es ein Vergleich der „Haplotypen", also der durch eng gekoppelte DNA-Polymorphismen individuell nach ihrer Herkunft gekennzeichneten Mutanten, mehr über die Herkunft von Mutanten auszusagen. So hat man den Eindruck, als ob die in Westeuropa vorkommenden Mutanten, die homozygot zur Phenylketonurie führen, auf eine geringe Zahl von individuellen Mutationsereignissen zurückzuführen wären.

All das erklärt, warum die Zunahme von homozygoten autosomal-rezessiven Krankheiten in der Generation selbst nach Verdoppelung der Mutationsrate durch Einstrahlen von 1 Gy doch vernachlässigenswert gering wäre.

Diese Betrachtung beschränkt sich auf die Homozygoten. Nun zeigen aber auch manche Heterozygote leichte Schwächen wenigstens unter besonderen Bedingungen (Vogel 1984; vgl. auch Vorlesung 11). Ob und wie stark aus diesem Grunde eine zusätzliche Strahlenbelastung zu einer Vermehrung leichter, vielleicht uncharakteristischer Gesundheitsschäden und -schwächen führen würde, das ist sehr schwer abzuschätzen. Manche Fachleute – wie Neel (1981) – betrachten gerade die rezessiven Mutationen auf die Dauer als besonders gefährlich, eben weil sie über viele Generationen überdeckt bleiben, bis sie sich manifestieren. Allerdings sind ohnehin so viele rezessive Mutationen in menschlichen Bevölkerungen vorhanden, daß wohl jeder von uns heterozygot für eine oder mehrere von ihnen ist; dieser Standpunkt läßt sich also kaum verteidigen; es sei denn, man hätte v. a. die möglichen phänotypischen Wirkungen bei Heterozygoten im Sinn.


## Chromosomenaberrationen

Auf wesentlich sichererem Boden als bei dem krankhaften Mutanten mit einfachem Mendelschen Erbgang bewegen wir uns bei den Chromosomenkrankheiten. Es gibt nämlich eine größere Zahl von zuverlässigen Studien an Neugeborenen. Tabelle 5.2 zeigt die errechneten Mutationsraten. Wie schon erwähnt, führt die große Mehrzahl aller Chromosomenaberrationen zum frühen Tode der Zygote und damit zum Abort. Nach internationalen Statistiken enden etwa 10–20% aller bekannten Schwangerschaften mit einem Spontanabort. Bei etwa 50% von ihnen läßt sich eine Chromosomenaberration nachweisen. Nimmt man vorsichtigerweise nur 40% an und rechnet man mit einer Spontanabortrate von 15%, so würde das bedeuten, daß Generation für Generation 6% aller Zygoten schon vor der Geburt infolge einer Chromosomenstörung verlorengehen. Dazu kommt noch etwa jede 200. der über den Geburtstermin hinaus überlebenden Zygoten. Das ist nur der

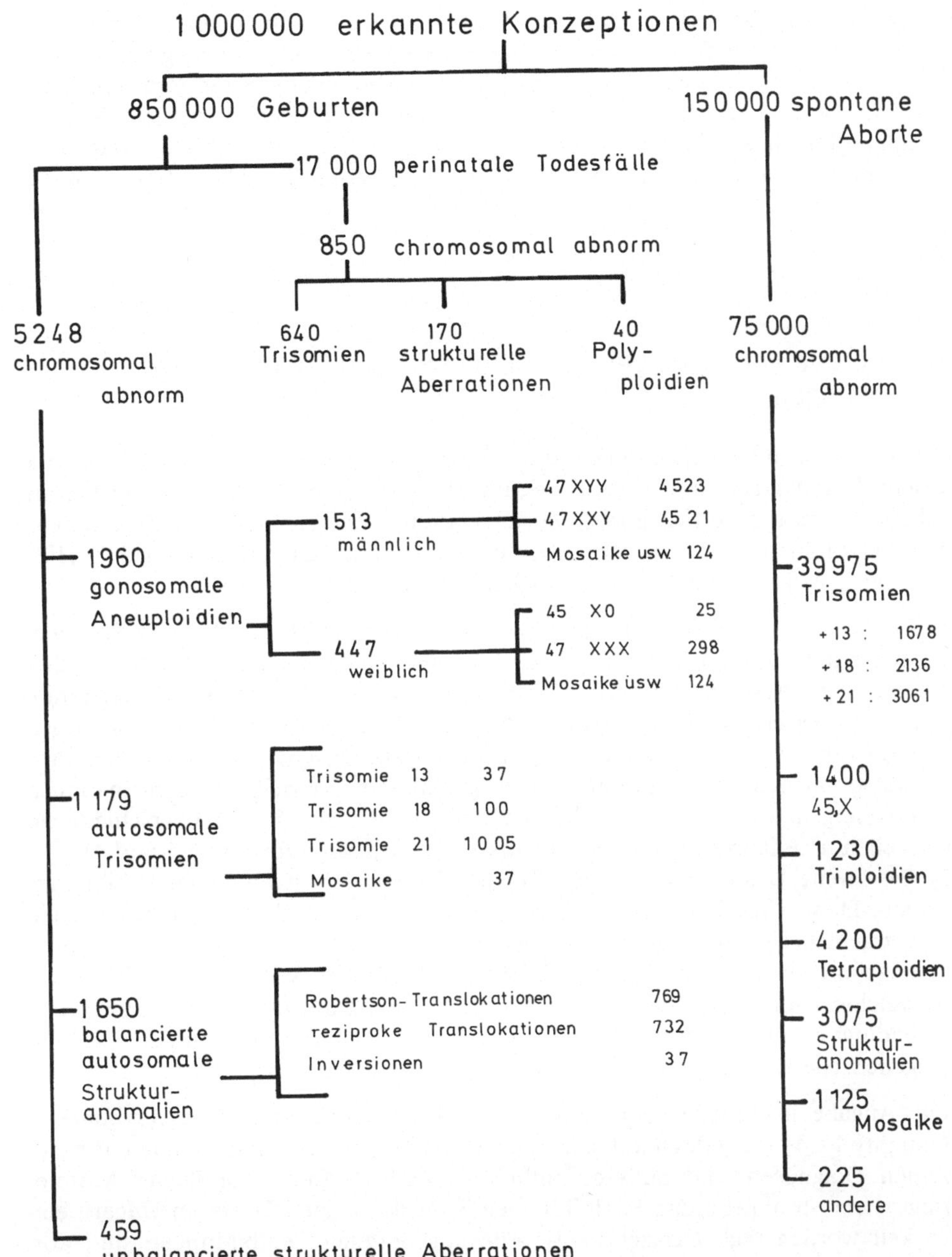


Abb. 6.5. Das Schicksal von 1 Mio. erkannten Konzeptionen. (Nach UNSCEAR-Report 1982)

erkennbare Zygotenverlust; dazu kommen noch die zahlreichen Zygoten, die schon kurz nach der Befruchtung infolge einer Chromosomenstörung verlorengehen. – Abbildung 6.5 zeigt das Schicksal von 1 Mio. erkennbaren Konzeptionen (nach UNSCEAR 1982). Die erwartete Erhöhung dieser Zahl durch ionisierende Strahlen (Tabelle 6.3) ist insgesamt relativ gering; unter anderem hängt das auch damit zusammen, daß überraschenderweise ionisierende Strahlen offenbar nicht zu einer Erhöhung der Zahl von Robertson-Translokationen führen (Ford et al. 1978).

## Angeborene Fehlbildungen, konstitutionelle und degenerative Erkrankungen

Die Chromosomenaberrationen sind diejenigen genetischen Defekte, für die unsere Voraussagen am besten begründet sind. Ganz anders die letzte, in Tabelle 6.3 enthaltene Kategorie, die „angeborenen und sich später manifestierenden Fehlbildungen, konstitutionellen und degenerativen Erkrankungen". Hier sind nur ganz grobe Schätzungen möglich. Das hat mehrere Gründe:

1) Zunächst ist es eine Sache der Definition. Schließlich werden wir fast alle, sofern uns ein natürlicher Tod vergönnt ist, einmal an einer „konstitutionellen und degenerativen" Erkrankung sterben – sei es Herzinfarkt, Schlaganfall, Krebs oder etwas anderes. Das Risiko für jede dieser Erkrankungen ist jedoch individuell verschieden, und zwar *auch* aus genetischen Gründen; die Probleme mit dem sog. multifaktoriellen genetischen Modell, mit dem man sich für die genetische Erklärung dieser Krankheiten hilft, wurde an verschiedenen Stellen innerhalb dieser Vorlesung diskutiert (vgl. u. a. Vorlesung 3 und 4).
2) Die zweite Unsicherheit besteht für die Gruppe der angeborenen Fehlbildungen. Diese Unsicherheit ist viel einfacher erklärbar und, wenn man es genau betrachtet, eigentlich überflüssig. Man weiß nämlich nicht genau, wie häufig angeborene Fehlbildungen eigentlich sind, und noch viel weniger wissen wir, welcher Anteil von ihnen Generation für Generation durch neue Mutationen bedingt ist. Dabei könnte das alles weitgehend bekannt sein, wenn die klinischgenetische Epidemiologie nicht großen Schwierigkeiten begegnete.

Die Angabe in Tabelle 6.3 beruht auf einer Erhebung in Kanada (Trimble u. Doughty 1974), die jedoch auf sehr schwachen Füßen steht; insbesondere die einzelnen Diagnosen sind außerordentlich zweifelhaft. Ein vorbildliches Monitoringsystem für angeborene Fehlbildungen ist in den letzten Jahren in Ungarn entwickelt worden (vgl. Czeizel 1978). Alle angeborenen Fehlbildungen sind dort meldepflichtig; sie werden zentral erfaßt und nach den von der Weltgesundheitsorganisation herausgegebenen Richtlinien klassifiziert. Wo immer ein Zweifel besteht, wird nachuntersucht. Ergänzt wird dieses System durch den gesetzlichen Zwang zur Sektion aller verstorbenen Kinder. Schon jetzt müssen wir unsere dringend benötigten genetisch-epidemiologischen Daten aus Ungarn beziehen.

Allerdings erfordert eine Prognose über eine Zunahme der Konstitutionskrankheiten und Fehlbildungen nicht nur eine bessere Epidemiologie, sondern auch sehr viel mehr medizinisch-genetische Grundlagenforschung. Gerade die Erfahrung in der tatsächlichen Arbeit der genetischen Familienberatung führt uns immer wieder vor Augen, wie wenig wir über die genetischen Grundlagen der meisten angeborenen Fehlbildungen überhaupt wissen.

## Direkte Beobachtungen beim Menschen

Wenn man über das Ausmaß der Gefährdung der menschlichen Erbanlagen durch ionisierende Strahlen spricht, sollte man nicht nur die mehr oder weniger indirekten Schlußfolgerungen berücksichtigen, die sich aus tierexperimentellen Erfahrungen ableiten lassen. Man sollte v. a. auch direkte Beobachtungen am Menschen einbeziehen. Hier sollen Daten aus 3 Quellen diskutiert werden.

1) Nachuntersuchungen an später gezeugten Kindern von Überlebenden der Atombombenabwürfe in Hiroshima und Nagasaki;
2) Untersuchungen in Bevölkerungen, die in Umwelten mit hoher natürlicher Strahlenbelastung leben;
3) Untersuchungen an Menschen, die erhöhter Bestrahlung durch den Reaktorunfall in Tschernobyl ausgesetzt waren.

Die Nachuntersuchungen in Hiroshima und Nagasaki wurden schon 1946 durch ein amerikanisch-japanisches Forschungsteam begonnen und sind noch heute im Gange (Neel 1981; 1988; vgl. auch Vogel 1989). Trotz der relativ großen Zahl der Betroffenen und der oft erheblichen Gonadenbelastung hat sich keine statistisch signifikante Erhöhung irgendwelcher als genetisch interpretierbarer Schäden bei den Kindern der Bestrahlten im Vergleich zu sehr sorgfältig ausgewählten Kontrollen zeigen lassen. Frühere Untersuchungen schienen darauf hinzuweisen, daß das Geschlechtsverhältnis bei Geburt durch Auslösung gonosomaler Letalfaktoren verschoben wäre; eine Schlußfolgerung, die durch gleichlautende Ergebnisse bei Kindern therapeutisch bestrahlter Patienten an Beweiskraft zu gewinnen schien. Dieses Ergebnis ließ sich später nicht bestätigen. In neueren Untersuchungen verfolgte man eine andere Strategie (Schull et al. 1981). Man sagte: Wir wissen aufgrund unserer allgemeinen Kenntnis der Strahlengenetik, daß Mutationen ausgelöst sein *müssen*. So bewerten wir *jeden* Unterschied – unabhängig davon, ob er statistisch gesichert ist oder nicht. Uns interessiert nur das *Ausmaß* des Unterschieds; wir setzen es zu der berechneten Dosis in Beziehung, der die Keimdrüsen des Individuums ausgesetzt waren. Daraus wurde die „Verdoppelungsdosis" berechnet, und zwar für zwei Endpunkte: „Untoward pregnancy outcome", worunter Totgeburten, angeborene Fehlbildungen usw. fallen, und Todesfälle in der Kindheit, also bis zum 17. Lebensjahr (Tabelle 6.4). Wie man sieht, sind beide Verdoppelungsdosen sehr hoch; sie sind höher als die für die Maus berechnete Verdoppelungsdosis von 0,4 Gy für *akute* Bestrahlung. Für gonosomale Aberrationen und Proteinmutanten waren die Häufigkeiten gar bei den Kontrollen höher. Eine hohe Verdoppelungsdosis bedeutet eine sehr *geringe* mutationsauslösende Wirkung. Nun kann man einwenden, daß die absoluten Zahlen, auf denen diese Betrachtung beruht, trotz allem doch sehr klein sind. Aus

*Tabelle 6.4.* Genetische Wirkungen bei später gezeugten Kindern von Überlebenden der Atombombenabwürfe von Hiroshima und Nagasaki. Die Eltern der Exponierten zusammen hatten eine durchschnittliche Gonadendosis von ca. 0,4–0,5 Sv ( = 40–50 rem ≈ 0,4–0,5 Gy) abbekommen

| Untersuchter genetischer Parameter | Exponiert | Kontrollen | Geschätzte Verdoppelungsdosis (auf Zygoten bezogen) |
|---|---|---|---|
| Auf Proteinmutanten untersuchte Genloci (30/Individuum) | 667 404 | 466 881 | |
| Bestätigte Neumutanten (Mut.-Rate) | 3 $(6 \times 10^{-6})$ | 3 $(6,4 \times 10^{-6})$ | |
| Gonosomale Chromosomenaberrationen | | | |
|    Untersuchte Kinder | 8 322 | 7 976 | |
|    Gonosomale Aberrationen (XXX, XXY, XYY) | 19 | 24 | |
| „Ungünstiger Ausgang" der Schwangerschaft | | | |
|    Untersuchte Neugeborene | 30 625 | 39 457 | 137 rem[a] |
|    Davon „ungünstiger Ausgang" | 1 498 (4,80%) | 1 846 (4,68%) | |
| Tod bis zum Alter von 17 Jahren | | | |
|    Zahl der Kinder | 27 925 | 22 764 | |
|    bis zum Alter von 17 Jahren verstorben | 1 833 (6,56%) | 1 398 (6,14%) | 294 rem[a] |

[a] 1 rem = 0,01 J/kg.

verschiedenen Gründen, v. a. aber wegen der verschiedenen Endpunkte, ist es außerdem problematisch, diese Daten mit den Ergebnissen von Tierversuchen zu vergleichen. Immerhin wären sie jedoch kaum mit der Hypothese vereinbar, das Genom in Keimzellen des Menschen sei wesentlich strahlenempfindlicher als das der Maus; Optimisten hätten Grund anzunehmen, es sei weniger empfindlich; vielleicht wegen einer größeren Wirksamkeit von Reparaturenzymen. Sie könnte sich im Laufe der Evolution herausgebildet haben in Anpassung etwa an die längere Generationszeit des Menschen.

Auch durch Untersuchungen an Bevölkerungen, die lange Zeit unter Bedingungen einer erhöhten, natürlichen Strahlenbelastung gelebt haben, konnte eine Vermehrung von Anomalien, die auf Mutationen zurückführbar sein könnten, nicht nachgewiesen werden. Solche Bevölkerungen gibt es in Südindien, Brasilien und China (Kochupillai et al. in Vogel u. Motulsky 1986; High Background Radiation Research Group China 1981); an allen 3 Stellen finden sich im Boden vermehrt radioaktive Elemente. Außer auf Chromosomenstörungen wurde auch hier u. a. auf angeborene Fehlbildungen untersucht. Das Gesamtergebnis für Wirkungen, die von einer Generation auf die nächste übertragbar wären, war auch hier negativ; ein Bericht aus Indien, wonach die Zahl der Fälle mit Down-Syndrom gegen-

94

über den Kontrollen erhöht sei, ist wahrscheinlich durch Besonderheiten bei den Kontrollen vorgetäuscht. Ein ähnlicher Befund in China wurde später durch die gleiche chinesische Gruppe als durch höheres mütterliches Alter verursacht erkannt (WeiLuxin, persönliche Mitteilung; Diskussion bei Vogel u. Motulsky 1986).

Im April 1986 kam es zu dem Unfall im Kernkraftwerk in Tschernobyl bei Kiew, das eine erhebliche Strahlenbelastung v.a. der Bevölkerung in der näheren Umgebung zur Folge hatte. Verständlicherweise – denn sorgfältige Untersuchungen dieser Art brauchen ihre Zeit – gibt es bisher nur sehr vorläufige Angaben. Danach scheint der genetische Effekt aber sehr gering und statistisch nicht nachweisbar zu sein.

Ein Mißverständnis sollte allerdings vermieden werden: Alle diese negativen Ergebnisse von Untersuchungen an Menschen gelten nur für Mutationen in Keimzellen, die auf die nächste Generation übertragbar sind. Veränderungen an Chromosomen in Zellen des peripheren Blutes wurden nach Strahlenbelastung in

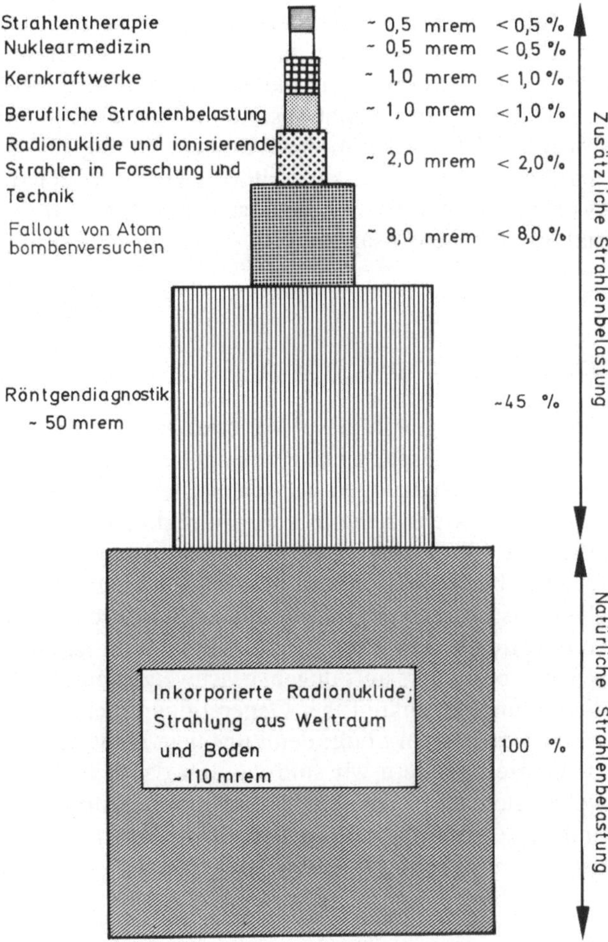


Abb. 6.6. Natürliche und zusätzliche Strahlenbelastung in der BRD (Bundestagsdrucksache Nr. 7/4706, 1974)

großer Zahl nachgewiesen, und biologische Folgen in Form von Leukämien und
bösartigen Tumoren waren v. a. bei den Überlebenden der Atombombenabwürfe
in Japan sehr deutlich vermehrt. Folgen somatischer Mutationen sind aber nicht
Gegenstand dieser Vorlesung.

## Wie hoch ist die tatsächliche Belastung durch ionisierende Strahlen?

In mehreren Ländern, so schon in Großbritannien (1956), wurde der Versuch
gemacht, die natürliche Hintergrundbestrahlung pro Zeiteinheit der Gonaden
eines durchschnittlichen Menschen zu berechnen und das Ergebnis mit der zusätzlichen, künstlichen Bestrahlung zu vergleichen. Abbildung 6.6 zeigt das Ergebnis
einer Erhebung dieser Art aus der BRD. Die Gesamtbelastung aus natürlichen
Quellen im Laufe der durchschnittlichen Generationszeit von 30 Jahren beträgt
etwa 0,03–0,04 Gy; die zusätzliche Belastung durch zivilisatorische Einflüsse aller
Art erreicht nicht ganz diesen Wert. Geht man von einer Verdoppelungsdosis von
ungefähr 1 Gy bei chronischer Bestrahlung aus, bedeutet das, daß ungefähr 3–4 %
der natürlichen Mutationsrate durch die Hintergrundaktivität verursacht sein
dürfte; eine Verdoppelung dieser Aktivität durch zivilisatorische Einflüsse würde
eine Erhöhung der Mutationsrate um den gleichen Wert zur Folge haben. Sie ist
so gering, daß wir kaum eine Aussicht hätten, sie mit epidemiologischen Methoden nachzuweisen. Zu vernachlässigen ist sie trotzdem nicht, setzt sie sich doch
aus sehr vielen Einzelschicksalen von Fehlgeburten, Totgeburten, Fehlbildungen
und Krankheiten zusammen.

## Schlußfolgerungen

Die Betrachtungen in dieser Vorlesung zeigen, wie viele – teilweise noch ungelöste
– Probleme von seiten der Humangenetik selbst noch in den besten, heute möglichen Vorausschätzungen der genetischen Wirkungen einer erhöhten Strahlenbelastung beim Menschen stecken. Immerhin wird aber doch eine Größenordnung
erkennbar. Sicher wird man diese Schätzungen in Zukunft verbessern. *Eine* Aussage ist aber auch aufgrund dieser Schätzungen klargeworden: Bleibt die zusätzliche Belastung etwa in dem Rahmen, der durch die heutige oder in naher Zukunft
zu erwartende Situation abgesteckt ist, dann ist aus genetischer Sicht mit irgend-
welchen besonders auffälligen, geschweige denn katastrophalen Auswirkungen für
die Gesundheit zukünftiger Generationen nicht zu rechnen. Sorgfältiger Strahlenschutz ist trotzdem nötig; denn uns liegt nicht nur an der Zukunft der Menschheit
als Ganzes, sondern wir sind v. a. um das Schicksal von Individuen besorgt. Wir
wollen sie nach Möglichkeit vor Krankheit und persönlichem Unglück wie Fehl-
und Totgeburten bewahren, auch wenn wir den einzelnen Betroffenen nicht identifizieren und beim Namen nennen können.

96

## Literatur

Carter CO (1977) Monogenic disorders. J Med Genet 14: 316–320

Carter CO (1982) Contribution of gene mutations to genetic disease in humans. In: Progress in mutation research, vol 3. Elsevier/North Holland Biomedical Press, Amsterdam, pp 1–8

Czeizel A (1978) The Hungarian congenital malformation monitoring system. Acta Paediatr Acad Sci Hung 19: 225–238

Ford L et al. (1978) Failure of irradiation to induce Robertsonian translocations in germ celles of male mice. In: Conference on mutations: Their origin, nature and potential relevance to genetic risk in man. Jahreskonferenz 1977, Zentrallaboratorium für Mutagenitätsprüfungen. Boldt, Boppard, pp 102–108

Gesellschaft für Reaktorsicherheit (1986) Neue Erkenntnisse zum Unfall im Kernkraftwerk Tschernobyl. GRS-S-40

High Background Radiation Research Group China (1980) Health survey in high background radiation area in China. Science 209: 877–880

Muller HJ (1927) Artificial transmutation of the gene. Science 66: 84–87

Neel JV (1981) Genetic effects of atomic bombs. Science 213: 1206

Neel JV, Schull WJ, Awa AA et al. (1988) Implications of the Hiroshima-Nagasaki genetic studies for the estimation of the human „doubling dose" of radiation. Proc 16 Int Congr Genetics, Toronto 1988 (in the press)

Reichert W, Buselmaier W, Vogel F (1984) Elimination of X-ray induced chromosomal aberrations in the progency of female mice. Mutat Res 139: 87–94

Russell LB, Saylors CL (1963) The relative sensivity of various germ cell stages of the mouse to radiation-induced nondisjunction, chromosome losses and deficiency. In: Sobels FH (ed) Repair from genetic damage and differential radiosensivity in germ cells. Pergamon, Oxford, pp 313–340

Russell WL, Russell LB, Kelly EM (1958) Radiation dose rate and mutation frequency. Science 128: 1546–1550

Schull WJ, Otake M, Neel JV (1981) Genetic effects of the atomic bombs: A reappraisal. Science 213: 1220–1227

Selby PB, Selby PR (1978) Gamma-ray-induced dominant mutations that cause skelet abnormalities in mice. II. Description of proved mutations. Mutat Res 51: 199–236

Timoféeff-Ressovsky NW, Zimmer KG (1947) Das Trefferprinzip in der Biologie. Steinkopf, Dresden

Trimble BK, Doughty JH (1974) The amount of hereditary disease in human populations. Ann Hum Genet 38: 199–223

United Nations Scientific Committee on the Effects of Atomic Radiation (1986) Jonizing radiation: Sources and biological effects. UN, New York

Vogel F (1984) Relevant deviation in heterozygotes of autosomal-recessive diseases. Clin Genet 25: 381–415

Vogel F (1985) Gesichertes und Hypothetisches im Bereich der Strahlengenetik. In: Leppin et al. (Hrsg) Die Hypothesen im Strahlenschutz. Stuttgart New York, S 114–168

Vogel F (in press) What can we learn from Hiroshima and Nagasaki? Berzelius Symp. Umeå 1988. In: Beckman (ed)

Vogel F, Motulsky AG (1986) Human genetics. Problems and approaches, 2nd rev. edn. Springer, Berlin Heidelberg New York Tokyo

Vogel F, Rathenberg R (1975) Spontaneous mutation in man. Adv Hum Genet 5: 223–318

# 7 Genetische Beratung und pränatale Diagnostik: ethische Aspekte

## Eine revolutionäre Änderung in unserer Einstellung zur Fortpflanzung

In den letzten Jahrzehnten haben wir einen Umbruch in der Einstellung zur menschlichen Fortpflanzung erlebt - eine wahre Revolution, deren Folgen für unser soziales Leben überhaupt noch nicht abzusehen sind. Bis vor kurzer Zeit - bis in die Zeit nach dem 2. Weltkrieg hinein - waren die Ereignisse von der Befruchtung über die Einnistung des Eies in die Gebärmutter und die Entwicklung im Embryonalalter bis zur Geburt von Geheimnis umhüllt; der Geburt sah man mit Spannung entgegen: Lebt das Kind? Ist es ein Junge oder ein Mädchen? Ist es gesund und „normal", oder zeigt es irgendeine Krankheit oder Fehlbildung? Gewiß - man konnte, wenn auch mit groben, ungeschickten Händen, in diese Vorgänge eingreifen: Methoden zur Empfängnisverhütung wurden seit Menschengedenken praktiziert, aber sie boten nur einen relativen Schutz. Auch Schwangerschaften wurden abgebrochen, aber der Abbruch führte oft genug zur Katastrophe: Die Mutter starb oder trug einen dauernden körperlichen Schaden davon. Alle diese Eingriffe in die Fortpflanzung spielten sich im Geheimen ab, verdammt von der öffentlich behaupteten Moral. Sie trugen das Stigma der Tabuverletzung.

Das alles hat sich grundlegend geändert: Mit den hormonalen Ovulationshemmern entdeckte die Medizin zum ersten Mal eine Gruppe von Wirkstoffen, die die Empfängnis praktisch sicher und auf in der Regel unschädliche Weise verhindern. Damit hatte sich ein heimlicher Wunschtraum der Menschheit erfüllt: Die sexuelle Lust war von der Chance zur Empfängnis und Schwangerschaft - für viele eher ein Risiko - abgekoppelt. Bedurfte es früher meist besonderer Bemühungen für ein Paar, keine oder nur wenig Kinder zu bekommen, so ist jetzt ein Entschluß dazu notwendig, wenn man überhaupt Kinder haben will. Eine der Folgen ist bekannt: der abrupte Rückgang der Geburtenziffer in den Industriestaaten. So ging in der BRD die Zahl der Lebendgeborenen deutscher Mütter von 1962 bis 1985 auf etwa die Hälfte zurück (vgl. Statistisches Jahrbuch der Bundesrepublik Deutschland 1987).

Es wäre zu einfach, diese Entwicklung nur auf die Ovulationshemmer zurückzuführen. Ohne dieses Mittel wäre sie nicht möglich gewesen; aber sie wurde verstärkt durch Veränderungen unserer Lebensform: Berufliche Arbeit und häusliches Leben trennten sich für mehr und mehr Menschen, und man entdeckte nun erst Kindheit und Jugend als besondere Lebensphasen. So verwandelten sich Kinder aus zusätzlichen Hilfskräften in Haus und Hof in „unnütze Esser"; aber der Gesellschaft gelang es nur unvollkommen, den Familien mit Kindern diese Last abzunehmen (vgl. Mackenroth 1953). Andererseits nahmen die Möglichkeiten, sich das Leben auf vielfältige Weise schön und bequem zu machen, mehr und mehr zu; Frauen entdeckten in sich den Drang, sich im Leben auf andere Weise selbst zu verwirklichen als durch den oft entsagungsvollen Dienst an der Familie und den Kindern.

Für die große Mehrzahl von uns, die wir nicht die strenge Askese und den ganz uneigennützigen Dienst am anderen auf unsere Fahnen geschrieben haben, ist das alles nur zu gut verständlich; eine solche Entwicklung nüchtern konstatieren heißt nicht, sie in Grund und Boden zu verdammen: Haben doch die Chancen für den einzelnen, unverschuldetes Unglück von sich abzuwenden und ein erfülltes Leben zu führen, mindestens in den Industriestaaten des Westens eine in der Menschheitsgeschichte nie zuvor für möglich gehaltene Höhe erreicht. Welche sozialen und psychologischen Folgen wird diese Bewußtseinsveränderung haben? Diese Frage bewegt uns alle.

## Genetische Beratung und pränatale Diagnostik – Fortschritte im historisch „richtigen" Augenblick

Da die Frage, ob und wann man Kinder haben will, nun aus der Tabuzone des schicksalhaft Vorgegebenen herausgenommen und in den Bereich rationaler Entscheidungen gerückt ist, kann man es nur zu gut verstehen, wenn zukünftige Eltern sich auch fragen: Wird unser Kind gesund sein? Was können wir tun, damit uns seine Gesundheit mit größtmöglicher Sicherheit garantiert ist? Denn wenn man nur ein oder zwei Kinder hat, dann sollen sie auch gesund und möglichst ohne Schäden sein. – Nun gibt es viele Grenzzustände – jemand ist dann nicht eigentlich krank, aber er ist auch nicht in einer idealen Verfassung. Wie stellt man sich einem solchen Kind gegenüber ein? Eine Frage, die sich sofort aufdrängt, die wir aber zunächst zurückstellen wollen.

Die Entwicklung der Medizin in den letzten Jahrzehnten kommt dieser Sorge um die Gesundheit des zukünftigen Kindes entgegen. Nicht nur, daß die Geburtshelfer und Kinderärzte gelernt haben, die Geburt - den gefährlichsten Tag unseres Lebens - möglichst risikoarm zu gestalten und etwaige Schäden bei dem Neugeborenen gleich zu beheben, auch die Schwangerschaft wird heute sorgfältig überwacht; immer bessere Ultraschallgeräte und andere Meßapparate machen es möglich, das Wachstum des ungeborenen Kindes, seine äußere Körperform und teilweise auch den Zustand seiner inneren Organe minutiös zu überwachen. Ja, die Fortpflanzungsmedizin greift noch weiter zurück. Auch die Verschmelzung von Ei und Samenzelle, also die Befruchtung selbst, kann aus dem Dunkel des weiblichen Körpers hervorgezogen und in der Petri-Schale künstlich durchgeführt werden. Diese Methode wurde erfunden, um krankhafte Hindernisse einer natürlichen Befruchtung zu umgehen. Sie macht aber auch den Gebrauch des Spermas fremder Spender und sogar Leih- und Mietmutterschaft möglich. Man denkt hier Schritt für Schritt weiter. So kann man heute im allerfrühesten Stadium der Schwangerschaft, wenn der Embryo überhaupt nur aus 2 Zellen besteht, an der einen Zelle feststellen, ob die Chromosomen normal sind, und dann aus der zweiten Zelle den vollständigen Embryo gesund heranwachsen lassen (Bacchus u.

Buselmaier 1988). Wird man auf diese Weise einmal das brutale Töten des chromosomal geschädigten Fetus in der mittleren Schwangerschaft vermeiden, wie es heute gang und gäbe geworden ist?

Damit sind wir beim Anteil der Humangenetik an der neuen Entwicklung. Schwangerschaftsüberwachung und In-vitro-Fertilisierung haben als solche mit Humangenetik nichts zu tun – im Gegensatz zu dem, was von Außenstehenden in Wort und Schrift oft behauptet wird. Sie sind Sache von Frauenheilkunde und Fortpflanzungsmedizin. Die Humangenetik ist damit aber in zwei Richtungen befaßt:

1) Die In-vitro-Befruchtung ist eine notwendige Voraussetzung für alle denkbaren Versuche zur „Gentherapie" an Keimzellen. In einer späteren Vorlesung werden wir sehen, daß diese Methode noch nicht praktikabel ist, daß für sie keine ärztliche Indikation besteht und ihre Anwendung auch innerhalb der „scientific community" der medizinischen Genetiker auf erhebliche ärztlich-ethische Bedenken stößt (Vorlesung 8).

2) Um so größer ist der Anteil, den die medizinische Genetik an der Überwachung der Schwangerschaft und der Gesundheitskontrolle für das erwartete

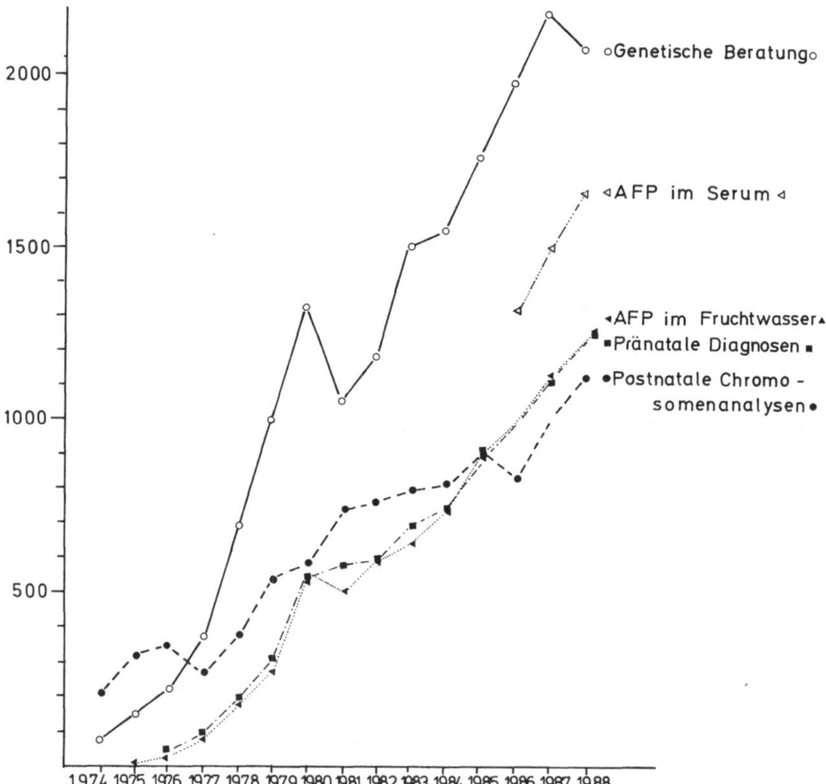


Abb. 7.1. Anstieg der humangenetischen Leistungen am Institut für Humangenetik und Anthropologie Heidelberg von 1974 bis 1987 als Beispiel für die steigende Inanspruchnahme dieser Dienste. *Ordinate*, Zahl der Ratsuchenden/Jahr

100

Kind hat. Ende der 50er Jahre wurden die ersten Chromosomenaberrationen beim Menschen entdeckt – Trisomie 21 beim Down-Syndrom, der XXY-Status beim Klinefelter-Syndrom und der X0-Karyotyp beim Turner-Syndrom (vgl. Vogel u. Motulsky 1986, Sect. 2). Seit den frühen 60er Jahren eroberte sich die Chromosomendiagnostik die Klinik, enthusiastisch aufgenommen von der Medizin, obwohl sie damals fast keine therapeutischen Konsequenzen hatte. Unabhängig davon machten Frauenärzte in der zweiten Hälfte der 60er Jahre die Erfahrung, daß man fast ohne Gefahr für das erwartete Kind mit einer Nadel in die schwangere Gebärmutter eindringen und Fruchtwasser für die Untersuchung entnehmen kann. Beide Methoden – die Chromosomenuntersuchung und die Amniozentese – verbanden sich sehr rasch zu dem noch heute günstigsten Verfahren der vorgeburtlichen Diagnose. Abbildung 7.1 zeigt den Anstieg in der Zahl vorgeburtlicher Diagnosen – zusammen mit den postnatalen Chromosomendiagnosen und v. a. den genetischen Beratungen am Institut für Humangenetik der Universität Heidelberg von 1974 bis 1987. Ähnliche Anstiege wurden in anderen Institutionen verzeichnet, und noch immer ist kein Ende abzusehen.

Frau Schroeder-Kurth (1989) stellt regelmäßig Erhebungen darüber an, wie viele Menschen, bei denen nach Auffassung der medizinischen Genetik eine Indikation für eine vorgeburtliche Diagnostik bestände, eine solche auch in Anspruch nehmen. Für die meisten Diagnosen läßt sich dieses Problem nur sehr schwer untersuchen; bei der Altersindikation für die Untersuchung auf eine numerische Chromosomenaberration ist es aber möglich, denn hier wird die Grenze allgemein beim 35. Lebensjahr der Mutter gelegt, und es ist aus der allgemeinen Statistik bekannt, wie viele Frauen in diesem Alter noch Kinder bekommen (Tabelle 7.1). Wie man sieht, nehmen im Bundesland Baden-Württemberg etwa 80 % der Frauen diese Möglichkeit in Anspruch. Diese Zahl ist wahrscheinlich etwas zu hoch, weil die Beratungsstellen dieses Bundeslandes mehr von außerhalb lebenden Familien in Anspruch genommen werden, als aus Baden-Württemberg in das Umland zur

*Tabelle 7.1.* Versorgung der Bevölkerung bei Altersindikation mit PD (in % der Frauen, die älter als 35 Jahre sind)

|  | 1982 [%] | 1984 [%] | 1985 [%] | 1986 [%] |
|---|---|---|---|---|
| Schleswig-Holstein | 36 | 36 | 40 | 47 |
| Hamburg | 96 | 89 | 99 | 100 |
| Niedersachsen | 10 | 11 | 14 | 22 |
| Bremen | 114 | 104 | 87 | 103 |
| Nordrhein-Westfalen | 24 | 28 | 30 | 35 |
| Hessen | 24 | 35 | 47 | 52 |
| Rheinland-Pfalz | 22 | 37 | 51 | 43 |
| Baden-Württemberg | 36 | 56 | 66 | 82 |
| Bayern | 17 | 25 | 30 | 39 |
| Saarland | 19 | 23 | 28 | 35 |
| Berlin | 53 | 63 | 73 | 74 |
| Gesamt | 29 | 35 | 40 | 47 |

Untersuchung gehen. Berlin (West) ist von der BRD räumlich weiter getrennt; die Zahl von ungefähr 74% dürfte etwa der tatsächlichen Akzeptanz entsprechen. Unbekannt ist leider, warum es die übrigen nicht tun; vielfach ist es sicher Unkenntnis bei Familien und Ärzten, aber teilweise wird die Methode auch aus religiösen oder sonstigen Gründen abgelehnt.

In den letzten Jahren wurde als weitere Methode der Materialentnahme für eine genetische Diagnose die Chorionzottenbiopsie eingeführt (Abb. 7.2b, c). Hier entnimmt man Gewebe aus dem Trophoblasten – entweder auf vaginalem Wege oder transabdominal durch die Bauchdecke. Diese Methode hat den großen Vorteil, daß die Diagnose schon in der 10.–12. Schwangerschaftswoche vorliegt, während die Amniozentese sie erst in der 20. Woche möglich macht. Dieser Vorteil wird mit dem Nachteil einer bis jetzt noch erhöhten Gefahr bezahlt, eine Fehlgeburt auszulösen (Mikkelsen 1987). Beide Methoden – Amniozentese und Chorionzottenbiopsie – erlauben nicht nur die Diagnose von Chromosomenaberrationen, sondern auch einer zunehmenden Zahl anderer genetischer Anomalien (Galjaard 1980, 1987; und weitere Beiträge in Vogel u. Sperling 1987). Dabei hat es in den letzten Jahren noch einen Sprung vorwärts gegeben, indem man Polymorphismen in der Basensequenz der DNA an den unterschiedlichen Mustern von DNA-Fragmenten entdeckte, die nach Schneiden mit Restriktionsendonukleasen und Hybridisierung mit spezifischen DNA-Proben sichtbar werden. Wenn ein solcher DNA-Polymorphismus auf einem Chromosom nahe dem Gen lokalisiert ist, dessen Mutation zu einer erblichen Krankheit führt, so kann die Untersuchung dieses Polymorphismus unter bestimmten Voraussetzungen eine pränatale Voraussage dieser Krankheit auch in solchen Fällen mit großer Sicherheit möglich machen, in denen am Embryo selbst noch nichts erkennbar ist. Wir kommen auf solche Fälle und die Probleme, die sie aufwerfen, zu sprechen.

Die pränatale Diagnose ist aber nur ein Teil dessen, was heute möglich ist. Wie wir zu Anfang sahen, hat die allgemeine Einstellung zur Fortpflanzung sich grundlegend geändert; man möchte möglichst genau wissen, ob das erwartete Kind gesund sein wird. So wird der Humangenetiker um Rat gefragt. Die genetische Familienberatung ist ein wesentlicher Zweig der präventiven Medizin geworden; noch ist es nur der kleinere Anteil der zur Beratung kommenden Familien, bei denen eine vorgeburtliche Diagnose möglich ist. In der Mehrzahl können wir nur Wahrscheinlichkeitsaussagen machen, die entweder theoretisch auf unserer Kenntnis der Mendelschen Gesetze oder aber praktisch auf sog. empirischen Belastungsziffern begründet sind (vgl. Fuhrmann u. Vogel 1982). Zu Anfang der Entwicklung beschränkte sich die genetische Beratung weitgehend darauf, daß dem Ratsuchenden die bestehenden Risiken mitgeteilt wurden und daß man die möglichen Konsequenzen mit ihnen besprach. Schon bald wurden jedoch sensible Beobachter darauf aufmerksam, daß das Bedürfnis und der Anspruch der Ratsuchenden über die reine Informationsvermittlung hinausging. So schrieben wir schon 1968 in der ersten Auflage unseres Beratungsbuchs:

> Stellt sich uns die Berechnung des Krankheitsrisikos zunächst als rein naturwissenschaftliches Problem dar, so ist die eigentliche Beratung eine ärztliche Handlung von großer Tragweite. Die Auswirkung auf die Lebensführung und die Persönlichkeit des einzelnen wie auch die zwischenmenschlichen Beziehungen kann außerordentlich sein ... Wir müssen jede Anstrengung machen, ein falsches Wertdenken aus der

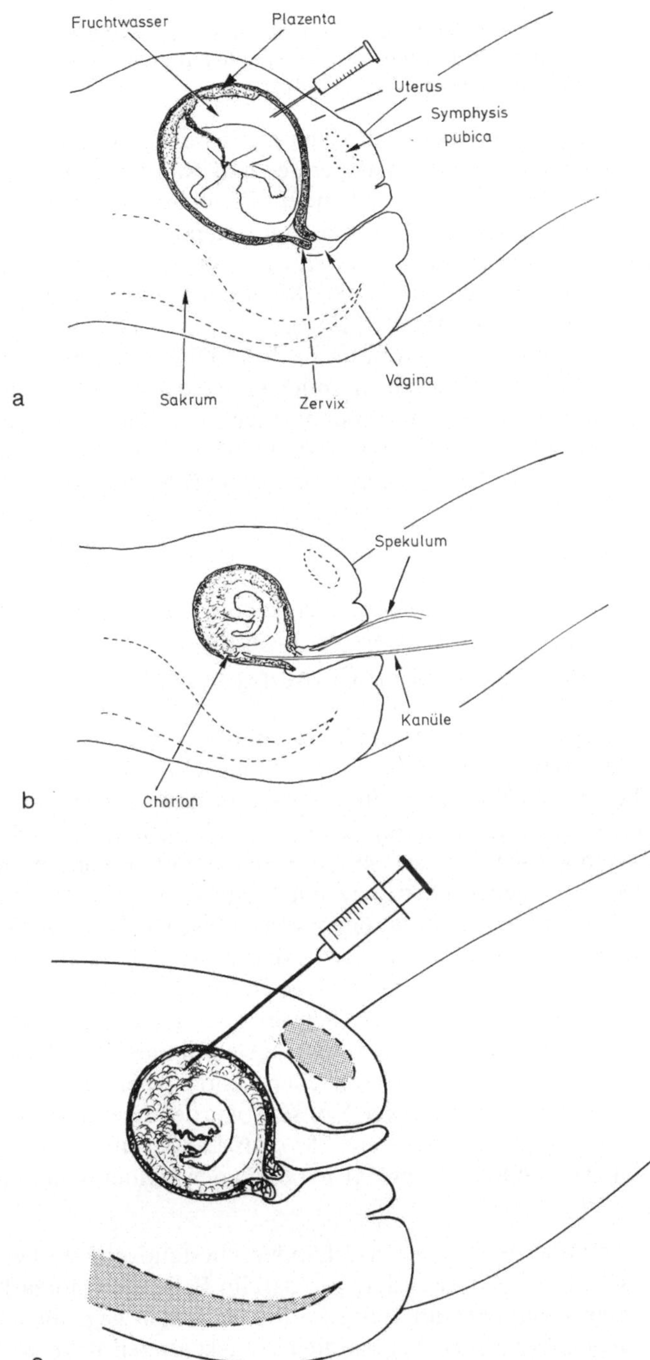



*Abb. 7.2.* *a* Amniozentese (ca. 16.–17. Schwangerschaftswoche); *b* vaginale Chorionzottenbiopsie (ca. 10.–11. Schwangerschaftswoche); *c* transabdominale Chorionzottenbiopsie (ca. von 10. Woche an)

genetischen Beratung zu verbannen. Unser einziges gemeinsames Anliegen kann sein
... durch Erbleiden bedingtes Unglück für den einzelnen und seine Familie zu verhü-
ten (Fuhrmann u. Vogel 1968).

Inzwischen hat man die zwischenmenschlichen Beziehungen, die sich in der genetischen Beratung zwischen Berater und Ratsuchendem, aber auch etwa zwischen
den Partnern eines ratsuchenden Ehepaares aufbauen, breit untersucht (Kelly
1977; Reif u. Baitsch 1986); die auftretenden ärztlich-ethischen Probleme werden
weithin diskutiert (Schroeder-Kurth u. Wehowsky 1988); und Fachleute wie politi-
sche Gremien bemühen sich, Richtlinien zu formulieren (Fletcher et al. 1985;
Catenhusen u. Neumeister 1987).

Um eine gewisse Ordnung in diese Diskussion zu bringen und nicht nur sub-
jektive Prioritäten zu setzen, sollen einige der wesentlichen Probleme im folgenden
anhand einer Erhebung bei den genetischen Beratern vieler Länder diskutiert werden, über die der Ethiker J.C.Fletcher beim 7.Internationalen Kongreß für
Humangenetik 1986 in Berlin berichtete (Fletcher et al. 1987).


## Eine Erhebung über die Einstellung praktisch tätiger medizinischer Genetiker zu ethischen Problemen, die in der genetischen Beratung auftreten

Der Organisator dieser Studie ist John Fletcher, ein amerikanischer Theologe, der
in den National Institutes of Health der USA als Spezialist für medizinische Ethik
arbeitet. Nach zahlreichen Informationsgesprächen mit genetischen Beratern in
vielen Teilen der Welt entwarf er einen Fragebogen, der 14 konkrete Fallbeschreibungen enthielt, wie sie häufig in der Beratung vorkommen. Die Befragten, über
1000 in der genetischen Beratung tätige Ärzte und Wissenschaftler, sollten zu den
dort geschilderten Situationen vom ethischen Standpunkt aus Stellung nehmen.
Die Antworten kamen meist aus den Industrieländern des Westens, aber auch aus
Japan und aus zwei „sozialistischen" Ländern Osteuropas – der DDR und
Ungarn. Entwicklungs- und Schwellenländer waren nicht vertreten. Im folgenden
sollen einige Aussagen über die Einstellung und das Ausmaß des Konsenses zwischen den Beratern verschiedener Länder verglichen werden. Dabei wurde wie
folgt definiert: Ein starker Konsens wurde angenommen, wenn mindestens 75%
der Befragten in mindestens 75% der Länder übereinstimmten; bei Übereinstimmung von mindestens 66,6% in 66,6% der Länder nahm man einen mäßigen Konsens an.

*1) Vertraulichkeit:* Nur in 5 Ländern bestand ein starker und in 2 Ländern ein
schwacher Konsens darüber, daß im Falle der Chorea Huntington die ärztliche
Schweigepflicht im Interesse des Patienten gegenüber der Aufklärungspflicht
gegenüber seinen Verwandten zurückzutreten habe. In allen anderen Ländern
waren die Meinungen geteilt. Ähnliche Differenzen gab es für Hämophilie A;
dagegen stimmten fast alle Befragten in allen Ländern dahingehend überein,
daß bei einer zufällig entdeckten falschen Vaterschaft die Schweigepflicht im
Interesse der Mutter gegenüber der Pflicht zur Aufklärung überwiegt.

Hier ordnet sich die ethische Problematik bei der genetischen Beratung in die allgemeine Problematik der ärztlichen Schweigepflicht und ihrer Begrenzungen ein. Allerdings wird bei der genetischen Beratung ein Konflikt besonders deutlich zwischen dem Interesse des einzelnen und dem seiner engsten Angehörigen; das zeigt auch der geringe Konsens zwischen verschiedenen Beratern. Hier wird der Berater oft als Vermittler zwischen den unmittelbar Beteiligten für einen vernünftigen Interessenausgleich plädieren müssen.

2) *Aufklärung über Untersuchungsergebnisse:* Während die Mehrzahl der Untersucher der Meinung war, über zweifelhafte oder vielleicht irrtümliche sowie auch neue und schwer interpretierbare Laborergebnisse solle mit den Beteiligten gesprochen werden, bestand keine Einigkeit darüber, ob man verpflichtet sei, etwa einer Frau mit XY-Karyotyp (testikuläre Feminisierung) ihren Karyotyp in jedem Fall mitzuteilen. Überwiegend mäßige Übereinstimmung herrschte darüber, daß die Eltern selbst entscheiden müßten, ob sie wissen wollten, wer von ihnen der Träger einer balancierten Translokation sei, die etwa zu einem schweren Fehlbildungssyndrom beim Kind geführt habe.

3) *Direktive gegenüber nicht-direktiver (besser klientenzentrierter) Beratung:* Diese Begriffe stammen aus der klientenzentrierten Gesprächspsychotherapie von Rogers (1942; dt. Übersetzung 1973), wie überhaupt immer mehr Erfahrungen aus der Psychotherapie in die genetische Beratung eingehen (vgl. Reif u. Baitsch 1986). So werden die meisten Berater der allgemeinen Aussage zustimmen, daß die Beratung nicht-direktiv und klientenzentriert sein sollte: Wir sollen Information geben und Optionen besprechen, um gemeinsam die für die Ratsuchenden beste Lösung des Problems zu erreichen.

Fletcher und sein Team stellten jedoch spezielle Fragen, und bei ihrer Beantwortung stellte sich vielfach ein Dissens zwischen den Beratern heraus. Die Mehrzahl der Gutachter war der Meinung, wenn die pränatale Diagnostik einen XYY- oder X0-Karyotyp ergeben habe, solle die Entscheidung über den Schwangerschaftsabbruch den Eltern überlassen bleiben; schon hier gab es jedoch deutliche Abweichungen. Viel stärker war der Dissens für die Beratung eines Überträgers oder einer Überträgerin der autosomal-dominant erblichen tuberösen Sklerose. Sollte er oder sie es darauf ankommen lassen? Sollte eine künstliche heterologe Insemination vorgenommen oder ein Kind adoptiert werden? Überall gab es geteilte Meinungen. Besonders auffällig war hier der Dissens über die Frage, ob der Träger oder die Trägerin sich operativ sterilisieren lassen solle (oder könne). Hier gab es nicht nur einzelne Wissenschaftler, sondern ganze Länder, die überwiegend dafür, und andere, die überwiegend dagegen waren. Dieses Ergebnis lehrt uns: Selbst Übereinstimmung über den Grundsatz, daß nämlich die Beratung klientenzentriert und nicht-direktiv sein sollte, führt noch nicht zu Übereinstimmung in konkreten Einzelfragen. Und eine Forderung an uns: Das Bekenntnis zu einer klientenzentrierten Beratung darf uns nicht zur Ausrede werden, uns selbst vor Entscheidungen zu drücken. Nicht nur der Klient, auch der beratende Arzt ist in dem Gruppenprozeß „genetische Beratung" aktiver Partner; auch er darf – und muß – seine Grundüberzeugungen einbringen. Viele von uns werden z. B. der Meinung sein, ein Schwangerschaftsabbruch, weil beim Fetus ein X0-Karyotyp (Turner-Syndrom) gefunden wurde, sei ethisch unter keinen Umständen zu rechtfertigen. Wer dieser Überzeugung ist, der muß sie auch im Gespräch mit dem Ratsuchenden vertreten; wenn dieser nicht von seinem Wunsche abgeht, so muß er bereit sein, „nein" zu sagen, auf die Gefahr hin, daß ein Konflikt entsteht. Menschliche Beziehungen – auch die Beziehung zwischen Arzt und Klient – gewinnen nicht an Tiefe und Fruchtbarkeit, wenn man sich bemüht, Konflikte unter allen Umständen zu vermeiden.[1]

Die Bereitschaft zum Konflikt mit dem Klientenwillen scheint bei den genetischen Beratern in der Regel durchaus vorhanden zu sein, wenn sie sich mit Wünschen der Klienten auseinandersetzen müssen, die eindeutig gegen ihre ethischen Grundüberzeugungen verstoßen. So besteht in der überwiegenden Mehrzahl der Länder ein Konsens der meisten Berater dahingehend, daß eine vorgeburtliche Diagnose bei Schwangerschaften ohne besonderes genetisches Risiko zum alleinigen Zweck, das Geschlecht des Kindes festzustellen, verweigert werden solle; denn dahinter steht die Absicht, nur das gewünschte Geschlecht durchzulassen, aber Kinder mit dem ungewünschten Geschlecht abzutreiben. In der BRD hat die damals maßgebende Fachgesellschaft, die Gesellschaft für Anthropologie und Humangenetik, schon vor einiger Zeit sogar die bindende Empfehlung an ihre Mitglieder herausgegeben, nach Chorionzottenbiopsie das Geschlecht des Kindes den Eltern erst nach der 14. Schwangerschaftswoche bekanntzugeben, damit Abtreibungen durch Mißbrauch der sog. sozialen Indikation, die bis zur 14. Woche nach der letzten Periode zulässig sind, möglichst vermieden werden.

Angesichts dessen, daß auch nach Meinung der überwiegenden Zahl der Berater der Schwangerschaftsabbruch für die Geschlechtsselektion ethisch eindeutig verwerflich ist, wundert man sich jedoch, daß in dieser Frage in einigen Ländern, so in den USA und Kanada, kein Konsens besteht, d.h. eine beträchtliche Zahl von Beratern würde den Klientenwillen auch hier akzeptieren.

Möglicherweise würde sich dieses Bild noch weiter verschieben, wenn man etwa Indien einbeziehen würde, insbesondere dann, wenn es möglich wäre, nicht nur die „offiziellen" und wissenschaftlich anerkannten Berater, sondern darüber hinaus auch diejenigen in die Erhebung einzubeziehen, die tatsächlich pränatale Diagnostik betreiben. Obwohl die „sex selection" dort gesetzlich verboten ist, wird sie in Privatkliniken in großem Umfang durchgeführt, und zwar nicht nur für Inder, sondern auch für zahlungskräftige Familien aus anderen, z.B. arabischen Ländern; denn der Druck zur Bevölkerungskontrolle steht dort der traditionell geprägten Notwendigkeit gegenüber, Söhne zu haben. Dieser Konflikt wird dann auf „moderne" Weise gelöst – durch Tötung weiblicher Feten.

Es ist nicht festzustellen, wie häufig derartige Praktiken in Ländern des westlichen Kulturkreises sind; schon das überraschende Ergebnis der Fletcher-Erhebung für die USA und Kanada läßt vermuten, daß sie jedenfalls nicht so selten vorkommen.

Was wir hier erleben, ist eine Verselbständigung der medizinischen Technik gegenüber dem ärztlichen Handeln. In dieser Verselbständigung sehe ich eine große Gefahr, besonders wenn die Anwendung dieser Technik finanzielle Anreize

---

[1] Diese Überzeugung ist dabei, sich auch in der Psychiatrie und Psychotherapie durchzusetzen; vgl. Dörner u. Plog 1986.

bietet. Diese Verselbständigung wird auch von Beobachtern der Entwicklung in Philosophie und Theologie besonders gefürchtet. Medizinische Genetiker, die etwa in katholischen und evangelischen Akademien mit solchen Kritikern diskutieren, unterliegen oft der Gefahr, nur von den Erfahrungen in ihren eigenen Instituten und Beratungsstellen auszugehen; sie bedenken nicht genügend, was „draußen" vorgehen könnte.

## Schlußfolgerungen aus der Fletcher-Umfrage

Vor Beginn seiner Umfrage war Fletcher der Meinung gewesen, es bestehe eine führende Meinung, eine Art von Konsens zwischen den meisten medizinischen Genetikern der Welt über die hauptsächlichsten Probleme, die bei der genetischen Beratung auftreten. Diese Erwartung hat sich nicht bestätigt: Ein solcher Konsens besteht zwar in Randproblemen, die selten vorkommen: Wird zufällig eine falsche Vaterschaft entdeckt, so soll man das natürlich nicht bekanntgeben. In wichtigeren Fragen dagegen sind die Meinungen oft geteilt, vor allem: In welchen Situationen läßt sich ein Schwangerschaftsabbruch vertreten? Dabei sollte man nicht die Grenzen einer solchen Fragebogenerhebung aus den Augen verlieren: Sie zwingt den Antwortenden dazu, sich für eine von zwei Alternativen zu entscheiden, ja oder nein. In der täglichen Wirklichkeit wird er dagegen gemeinsam mit dem Ratsuchenden abwägen – gerade wenn er sich dem Ideal der klientenzentrierten Beratung anzunähern versucht.

Vielleicht ist es hilfreich, sich darauf zu besinnen, daß es für den „Erfolg" der Beratung oft gar nicht so sehr auf den eigenen Standpunkt des Beraters ankommt, sondern auf seine Fähigkeit, mit dem Klienten in einen offenen Austausch zu treten. Diese Fähigkeit tritt in eine Spannung gegenüber der Forderung, die wir zuvor erhoben haben, daß der Berater auch seinen eigenen Standpunkt vertreten und fähig sein muß, nein zu sagen. Diese Spannung ist im Prinzip unaufhebbar. Sie kann nur im konkreten Einzelfall gelöst werden.

Speziell für die Frage des Schwangerschaftsabbruchs muß daher immer bedacht werden, daß nicht nur das Austragen eines behinderten Kindes, sondern auch der Abbruch erhebliche Probleme für die Familie und speziell für die Hauptbetroffene, die Frau, mit sich bringen kann, selbst dann, wenn sich die Ratsuchenden bewußt und aus voller Verantwortung dazu entschieden haben; es ist eine „Trauerarbeit" zu leisten. Wie verschieden diese Verarbeitung aussehen kann, hat kürzlich A. von Gontard (1986) am Beispiel zweier Frauen gezeigt; bei beiden war die Schwangerschaft auf das Drängen der Klienten hin abgebrochen worden, weil wir einen XXX-Status pränatal diagnostiziert hatten, also eine Chromosomenstörung, die sich im Phänotyp meist nur relativ leicht bemerkbar macht. Die eine Frau hat die „Trauerarbeit" auf sich genommen und konnte das Problem im Laufe einiger Zeit bewältigen. Die andere nahm zunächst scheinbar alles leicht; sie hat dann aber lange damit zu tun gehabt. Aus diesen Betrachtungen läßt sich für die praktische Organisation eine Minimalforderung ableiten, deren Erfüllung schon viel dazu beitragen würde, daß die „Technik" sich nicht allzusehr verselbständigt: Pränatale Diagnostik mit invasiven Methoden wie Amniozentese oder Chorionzottenbiopsie sollte niemals angeboten werden, ohne den notwendigen Rahmen einer adäquaten, v. a. auch genetischen Beratung. In dieser Beratung sollten nicht nur die in erstaunlich vielen Familien zusätzlich vorhandenen genetischen Probleme angesprochen werden, sondern sie sollte auch dazu dienen, die Ratsuchenden auf die Möglichkeit vorzubereiten, daß die Frage nach einem Schwangerschaftsabbruch auf sie zukommen könnte – etwa weil ein abnormer Chromosomenbefund erhoben wurde. Die pränatale Diagnose ist eine Hilfsmethode der genetischen Beratung, nicht mehr. Diese Forderung wurde auch immer wieder erhoben; deshalb war es eine Überraschung, als eine Erhebung von Frau Schroeder-Kurth (1987) ergab, daß noch im Jahr 1986 etwa die Hälfte aller pränatalen Diagnosen in der BRD ohne genetische Beratung durchgeführt wurden. Auch hier besteht eine Diskrepanz zwischen dem, was wir fordern, und dem, was tatsächlich geschieht. Sie wird nicht weniger bedenklich dadurch, daß es sich größtenteils um Altersindikationen handelt, d. h. um Untersuchungen aufgrund der allgemeinen Erfahrung (Vorlesung 5), daß das Risiko der Trisomie mit zunehmendem Alter der Mutter ansteigt. Wie die Erfahrung zeigt, ist gerade auch in diesen Fällen eine sorgfältige Beratung angezeigt.


## Molekulargenetische Diagnostik und genetische Beratung

Eine neue Dimension erreicht die ärztlich-ethische Diskussion um Probleme der genetischen Beratung und der vorgeburtlichen Diagnostik, seitdem Methoden der Molekulargenetik Einzug in die Humangenetik gehalten haben. In der Öffentlichkeit werden hier besonders die Gefahren diskutiert, die angeblich von der „Manipulation" des genetischen Materials her drohen – Einführung von Genen in Keimzellen; Herstellung künstlicher eineiiger Zwillinge durch „Klonierung"; „Genomanalyse" und was dergleichen Schlagworte mehr sind (vgl. Vorlesung 8). Es trifft auch zu, daß diese neuen Methoden den, der sie entwickelt und anwendet, vor schwere ärztlich-ethische Probleme stellen. Diese Probleme sind jedoch ganz anderer Natur, als allgemein angenommen wird – viel weniger spektakulär, aber viel konkreter. Auch haben wir es hier nicht mit einem Konflikt zwischen dem Erkenntnisstreben ehrgeiziger Forscher einerseits und dem Wohlbefinden von Menschen und ihren Familien andererseits zu tun, sondern der Konflikt konzentriert sich auf die Frage: Wo liegt das wirkliche Interesse des einzelnen, und wie ist seinem Wohl und dem Wohl seiner Familie am besten gedient? Schon die konkreten Probleme, die in der Fletcher-Umfrage angesprochen wurden, ließen das erkennen; es wird besonders deutlich, wenn wir betrachten, vor welche Probleme uns die Einführung molekularbiologischer Methoden in die genetische Beratung und pränatale Diagnostik stellt. Ein Beispiel: Gusella et al. (1983) lokalisierten das dominante Gen für die Chorea Huntington auf dem Chromosom Nr. 4 und wiesen gleichzeitig enge Koppelung mit einem DNA-Polymorphismus nach, der in 3 allelen Formen vorkommt. Sie wurden als A, B und C bezeichnet. Die Chorea ist eine schwere, praktisch unbeeinflußbare, degenerative Nervenerkrankung, die aber im Durchschnitt erst im 5. Lebensjahrzehnt klinisch manifest wird. Unter geeigneten Bedingungen, d. h. wenn die Konstellation in der Familie „informativ" ist, macht dieser Polymorphismus eine vorgeburtliche Diagnose mit hoher Wahrscheinlichkeit möglich; denn die Crossing-over-Wahrscheinlichkeit zwischen dem Chorealocus und dem Locus des DNA-Polymorphismus beträgt nur wenige Prozent.

Abbildung 7.3 a zeigt einen Teil der großen Familie, in der dieser Polymorphismus zuerst nachgewiesen wurde. In ihr ist das Choreagen offensichtlich auf dem gleichen Chromosom vorhanden, das auch das Allel C des DNA-Polymorphismus trägt. Eine junge Frau jedoch – VI, 5 – trägt das Allel C, ohne erkrankt zu sein. Sehen wir einmal von der sehr seltenen Möglichkeit eines Genaustauschs zwischen homologen Chromosomen durch Crossing-over ab, so ergibt sich daraus, daß sie später einmal an Chorea erkranken wird. Wenn sie schwanger wird, dann ist u. U. eine vorgeburtliche Diagnostik möglich (Abb. 7.3 b). Der Vorteil liegt auf

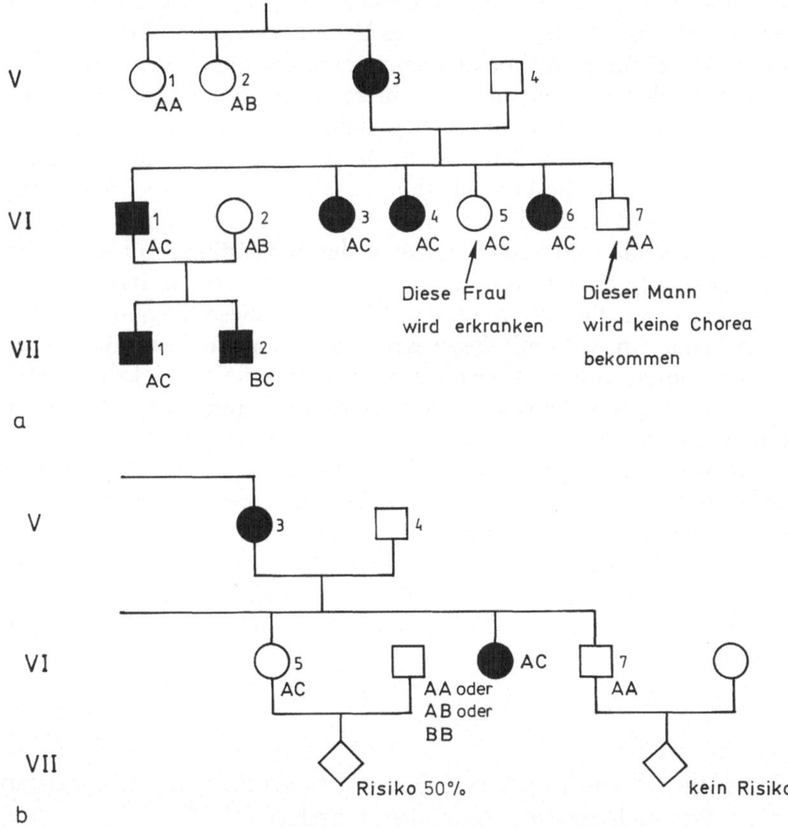


Abb. 7.3. a Teil eines großen venezolanischen Stammbaums mit Chorea Huntington und dominantem Erbgang. In diesem Stammbaum ist das Choreagen mit einem DNA-Polymorphismus (Allele A, B, C) eng gekoppelt; das Choreagen liegt auf dem gleichen Chromosom wie das Allel C. Eine Frau (VI,5) ist jetzt noch gesund; da sie aber das Allel C besitzt, wird sie höchstwahrscheinlich später erkranken. b Besitzt der Ehepartner dieser Frau das Allel C nicht, so ist eine Voraussage der Chorea durch pränatale DNA-Diagnose (Feststellung des Allels C) möglich. Die Entdeckung des Allels beim Fetus bedeutet, daß auch seine klinisch gesunde Mutter das HD-Gen besitzt und später erkranken wird

der Hand: Zeigt der Embryo in diesem Falle das Allel C nicht, dann kann man praktisch sicher sein, daß er auch das Choreagen nicht besitzt; der Familie ist damit eine schwere Sorge abgenommen. Besitzt er dagegen dieses Gen, so kann man – wenn die Familie das wünscht – die Schwangerschaft abbrechen und damit die Geburt eines Kindes verhindern, das sonst später einmal an einer wahrscheinlich auch dann noch unbehandelbaren schweren Nervenkrankheit leiden würde. – Für diese unbestreitbaren Vorteile nimmt man aber als Nachteil in Kauf, daß die Mutter, die bisher subjektiv der Meinung war, sie habe immerhin eine Chance von 50%, von der Krankheit verschont zu bleiben, nun weiß, daß sie mit höchster Wahrscheinlichkeit früher oder später erkranken wird. Die Frage, vor die uns das stellt, lautet: Darf der Arzt hier die Methode anwenden, wenn die Klientin über die möglichen Konsequenzen aufgeklärt wurde und es trotzdem ausdrücklich wünscht, oder muß er auch dann in ihrem eigenen wohlverstandenen Interesse auf die Anwendung verzichten? Um diese Frage geht z.Z. die Diskussion der Betroffenen – also der Kranken und ihrer Familien, und der Ärzte, die diese Methode anwenden könnten. Auf beiden Seiten sind die Meinungen geteilt.

Ganz ähnliche Probleme treten auf bei anderen dominant-erblichen Erkrankungen auf, die erst später im Leben manifest werden, aber auch bei rezessiven Krankheiten, die behandelbar sind. Das klassische Beispiel für eine gut behandelbare Krankheit ist die Phenylketonurie. Sie kann jetzt aber auch oft pränatal diagnostiziert werden; seitdem das möglich ist, werden die psychologischen und sonstigen Nachteile und Schwierigkeiten der Behandlung mit einer phenylalaninarmen Diät vermehrt diskutiert. Jeder, der in der Praxis damit zu tun hat, kennt diese Probleme. Dazu kommt, daß Eltern, die diese Diagnostik begehren, in aller Regel schon ein Kind mit dieser Krankheit haben und nun die Geburt eines zweiten verhindern wollen. Aber rechtfertigen diese Schwierigkeiten unter bestimmten Umständen einen Schwangerschaftsabbruch – und wenn ja, welche Umstände wären das?

Das sind nur zwei Beispiele, vor die uns die neuen DNA-Methoden stellen. Sie könnten fast beliebig vermehrt werden. In einem kürzlich erschienenen Buch (Schroeder-Kurth u. Wehowsky 1988) stellt Frau Schroeder-Kurth die Frage, ob wir uns nicht langsam, aber sicher eine schiefe Ebene hinabbewegen. Hier drängt sich unabweisbar die Frage danach auf, ob es nicht ethische Normen gibt, die uns auf diesem Wege einen Halt geben, ja vielleicht an bestimmten Stellen „Halt" gebieten.


## Ethische Normen und ihre Beziehungen zu Entscheidungen, die nach genetischer Beratung getroffen werden

Bisher haben wir uns v.a. auf eine empirische Erhebung über ethische Entscheidungen im Zusammenhang mit genetischer Beratung und vorgeburtlicher Diagnostik bezogen. Das könnte den Anschein erwecken, als ob ethische Normen, also allgemeingültige und verpflichtende Verhaltensregeln ihre Bedeutung völlig verloren hätten und alles nur noch von einem sozialen Konsens abhinge. Und in der Tat verlieren diese Regeln in unserer pluralistischen Gesellschaft zusehens an

Bedeutung trotz der Gegenbewegung „fundamentalistischer" Strömungen in Christentum und Islam. Es ist schwer, hier Prophet spielen zu wollen; die Ergebnisse in Iran von 1978/79 an sind von den meisten nicht vorausgesehen worden, und sie zeigen, wie prekär Voraussagen über geistesgeschichtliche Trends sind; aber es sieht doch so aus, als ob der Trend zur Pluralisierung und zum Abbau strikter Verhaltensregeln anhalten würde. Ob die Menschen dabei im Durchschnitt glücklicher werden – das ist eine ganz andere Frage.

Trotzdem ist – gerade in den letzten Jahrzehnten – öfter der Versuch gemacht worden, ethische Normen aus allgemein einsichtigen Voraussetzungen heraus zu begründen, wohl am überzeugendsten durch H.Jonas (1979) in seinem *Prinzip Verantwortung*. Er leitet diese Begründung aus zwei Voraussetzungen ab: Erstens aus dem unbedingten Imperativ, daß die Existenz der Menschen auch für die Zukunft gesichert werden muß, und wir dürfen wohl hinzusetzen, daß es eine menschenwürdige Existenz sein soll. Zweitens aus der Erkenntnis, daß moderne Technik eine Selbstzerstörung der Menschheit möglich macht. Dem Arzt, besonders wenn er in medizinischer Genetik tätig ist, steht es gut an, nicht nur seine eigenen ethischen Grundsätze, sondern auch überlieferte Ge- und Verbote im Lichte dieser Forderungen zu überprüfen. Was bedeutet das konkret für die in der Praxis auftretenden Probleme? Ich möchte einige Thesen zur Diskussion stellen:

1) Unter den Demographen herrscht Einigkeit, daß ein unbegrenztes Wachstum der Menschheit zu Katastrophen führen muß. Deshalb sind Schritte zur Begrenzung der Fortpflanzung durch kontrazeptive Maßnahmen geradezu ein ethisches Gebot. Überkommene Normen, die dem entgegenstehen, sind sorgfältig zu überprüfen und zu ändern.

2) Auf den ersten Blick könnte man glauben, der Schwangerschaftsabbruch als Zerstörung individuellen menschlichen Lebens sei absolut abzulehnen. Das trifft jedoch nicht zu. Im Laufe der Geschichte hat sich herausgestellt, daß das Verbot, andere Menschen zu töten, konstitutiv für das Überleben sozialer Verbände ist. Dieses Gebot erlaubt Ausnahmen unter sehr restriktiven Bedingungen wie etwa die Todesstrafe für Kapitalverbrechen oder den Krieg. Heute sind die meisten von uns sogar nicht mehr bereit, diese Ausnahmen zu konzedieren. Fundamentalistische Philosophen und Theologen (vgl. Löw 1985; Eibach 1983) vertreten in der Tat den Standpunkt, daß das Tötungsverbot auch für den Embryo gilt, und zwar schon von der Befruchtung an, da er natürlich von Anfang an ein werdender Mensch ist. Eine Ausnahme sind sie nur bereit zuzugestehen, wenn das Leben der Mutter in Gefahr ist. Den gleichen Standpunkt vertritt der 1981 verabschiedete „Islamische Kode der medizinischen Ethik". Dem steht andererseits der Standpunkt mancher sich als liberal verstehender Beobachter – besonders auch aus dem feministischen Lager – gegenüber. Eine solche Stimme möchte dem menschlichen Keim kein größeres Lebensrecht einräumen als einem jungen Guppy. Viele bemühen sich um einen vernünftigen Mittelweg. So legten Kuhse u. Singer (1987) die Grenze der Schutzwürdigkeit auf die Entstehung des Nervensystems, da erst in diesem Stadium die Frucht ein frühes, dumpfes Bewußtsein haben und Schmerz empfinden kann. Den beiden extremen Auffassungen steht die historische Erfahrung gegenüber, daß man den menschlichen Embryo in der Regel als schutzwürdig ansah, daß

auf ihn aber meist nicht unbedingt das allgemeine Tötungsverbot angewandt wurde; eine Abwägung von Werten, in die das Leben des Embryos einbezogen werden darf, bleibt damit möglich. So handeln schließlich auch die Fundamentalisten, wenn sie das Leben des Embryos gegen das der Mutter abwägen. Im Grunde geht man nicht so weit über diesen Standpunkt hinaus, wenn man nicht nur die unmittelbare Bedrohung des mütterlichen Lebens, sondern auch die Existenz und das Wohl der Familie in die Erwägungen einbezieht. Auch in unserer Abwägung sollte jedoch das Lebensrecht des erwarteten Kindes sehr schwer wiegen.

3) Ein drittes Problem: In den ersten Jahrzehnten unseres Jahrhunderts glaubte man, die zukünftige Existenz der Menschheit - mindestens ihre menschenwürdige Existenz - sei bedroht durch das Nachlassen der natürlichen Selektion und die dadurch verursachte Zunahme schädlicher Erbanlagen. Daraus leitete man nicht nur das Recht, sondern auch die Pflicht zu „eugenischen" Maßnahmen bis zur Zwangssterilisierung bestimmter Gruppen von Menschen ab. Die Tatsache, daß diese Maßnahmen im „Dritten Reich" teilweise auf wenig menschliche Weise durchgeführt wurden und vor allem, daß sie in die Nähe der Tötung von Geisteskranken und geistig Behinderten sowie der unmenschlichen Nazirassenpolitik gerückt wurden, sollten uns nicht den Blick dafür verdunkeln, daß die ursprüngliche Intention der Eugeniker durchaus in Einklang stand mit der Forderung von H. Jonas: Das Überleben der Menschheit sei zu sichern.
Nur waren sie eben - zum Glück - im Irrtum, wenn sie glaubten, das könne nur auf dem Wege über „eugenische" Maßnahmen geschehen. Wir jedenfalls, die Menschen in Nordwesteuropa und Nordamerika, können uns den Luxus erlauben, genetische Beratung ausschließlich im Interesse des Individuums und der einzelnen Familie durchzuführen und Erwägungen aus Rücksicht auf die Gesamtpopulation ganz wegzulassen. Wir haben jedoch keinen Grund zur moralischen Entrüstung, wenn die Verantwortlichen in Ländern des tropischen und subtropischen Bereichs, aber z. B. auch im Mittelmeergebiet anders darüber denken; wenn man z. B. Untersuchungen auf Heterozygotie für Thalassämie anbietet und - wenn beide Ehepartner heterozygot sind - vorgeburtliche Diagnostik und Schwangerschaftsabbruch bei Entdeckung der Thalassämia major propagiert: Die Behandlung dieser Patienten ist heute so aufwendig, daß diese Länder sich das nicht in so großem Umfang leisten könnten, wie es nötig wäre, wenn man nichts für die Prävention täte.
Bei uns, in den westlichen Industriestaaten, sind solche „eugenischen" Erwägungen nicht notwendig. Es ist jedoch eine notwendige und legitime Aufgabe der Wissenschaft, das Problem zu untersuchen, ob und in welcher Weise die moderne Zivilisation die genetische Konstitution der Menschheit verändert und welche Gefahren ihr drohen können - sei es durch Veränderung der Mutationsrate oder der Selektion (s. Vorlesung 12).

Wie soll der medizinische Genetiker sich in der konkreten Situation verhalten? – Die „goldene Regel"
(vgl. auch Vogel 1987)

Zur Antwort auf die Frage ethischer Entscheidung in der Praxis der medizinischen Genetik haben wir zwei Anläufe genommen: Zunächst betrachteten wir Stellungnahmen von Kollegen aus vielen Ländern zu mehreren, häufig auftretenden konkreten Situationen. Dann bemühten wir uns, konkrete Handlungsanweisungen abzuleiten aus allgemeinen, einfachen und unmittelbar einsichtigen Prämissen, wie Jonas sie formuliert hat. Beide Wege führten uns zu wichtigen Erkenntnissen, aber – abgesehen von gewissen Rahmenbedingungen – nicht zu Richtlinien für konkretes Handeln. Es wuchs in uns die Erkenntnis, daß es solche Richtlinien nicht gibt und wohl auch niemals geben wird. Trotzdem müssen wir irgendwie handeln; Verweigerung aus Resignation vor den ethischen Dilemmata wäre sicher der schlechteste Weg.

Dabei können wir uns orientieren an den hergebrachten Grundsätzen der ärztlichen Ethik, die sich vielfach auf die „goldene Regel" reduzieren lassen: „Was du nicht willst, das man dir tu', das füg' auch keinem anderen zu!"

Für den Arzt in der medizinischen Genetik ist es sehr schwer, diese allgemeine Regel in einige konkrete Grundsätze umzusetzen. Man sollte es jedoch versuchen:

1) Die erste Regel ist das alte „Nil nocere". Der Arzt sollte dem sich ihm anvertrauenden Ratsuchenden oder Patienten nicht schaden. Daraus ergibt sich – neben Sorgfalt und Zurückhaltung bei allen diagnostischen und therapeutischen Eingriffen – auch:
2) Die Autonomie des Ratsuchenden muß geachtet werden. Alle Entscheidungen müssen in Gerechtigkeit und Fairneß gemeinsam getroffen werden. In dieses Gebot der Fairneß ist aber nicht nur der Ratsuchende, sondern auch der Arzt einzubeziehen.
3) Aus der Forderung der Autonomie ergibt sich, daß alle medizinisch-genetischen Leistungen angeboten werden sollen, daß aber ihr Gebrauch nicht, auch nicht indirekt, erzwungen werden darf. Das Prinzip der Freiwilligkeit darf unter keinen Umständen verletzt werden.

Diese Regeln mögen nicht ideal sein; sie lassen viel, vielleicht zuviel Raum für sehr verschiedene konkrete Entscheidungen im Einzelfall. Vielleicht können sie aber helfen, allzu grobe Fehler zu vermeiden.


## Literatur

Bacchus C, Buselmaier W (1988) Blastomere karyotyping and transfer of chromosomally selected embryos. Implications for the production of specific animal models and human prenatal diagnosis. Hum Genet 80: 333–336
Catenhusen WM, Neumeister HC (Hrsg) (1987) Chancen und Risiken der Gentechnologie (Enquete-Kommission). Schweitzer, München
Dörner K, Plog U (1986) Irren ist menschlich. Psychiatrie-Verlag, Bonn

Eibach U (1983) Experimentierfeld - Werdendes Leben. Göttingen

Fletcher JC, Berg K, Tranøy KE (1985) Ethical aspects of medical genetics. Clin Genet 27: 199–205

Fletcher JC, Wertz DC, Sorenson JR, Berg K (1987) Ethics and human genetics: A cross-cultural study in 17 nations. In: Vogel F, Sperling K (eds) (1987), pp 657–672

Fuhrmann F, Vogel F ($^3$1981, $^1$1968) Genetische Familienberatung. Springer, Berlin Heidelberg New York Tokyo

Galjaard H (1980) Genetic metabolic diseases. Early diagnosis and prenatal analysis. Elsevier/North Holland, Amsterdam

Galjaard H (1987) Worldwide experience with first-trimester fetal diagnosis by molecular analysis. In: Vogel F, Sperling K (eds) (1987), pp 611–621

Gontard A von (1986) Psychische Folgen des Schwangerschaftsabbruches aus kindlicher Indikation. Monatsschr Kinderheilkd 134: 150–157

Gusella JF, Wexler NS, Coneally PM et al. (1983) A polymorphic DNA marker genetically linked to Huntington's disease. Nature 306: 234–238

Jonas H (1979) Das Prinzip Verantwortung. Insel, Frankfurt am Main

Kelly P (1977) Dealing with dilemma. A manual for genetic counselors. Springer, New York

Kuhse H, Singer P (1987) Ethical issues in reproductive alternatives for genetic indications. In: Vogel F, Sperling K (eds) (1987), pp 683–691

Löw R (1985) Leben aus dem Labor. Bertelsmann, München

Mackenroth G (1953) Bevölkerungslehre. Springer, Berlin Göttingen Heidelberg

Mikkelsen M (1987) Chromosomal findings in chorionic villi: A collaborative study. In: Vogel F, Sperling K (eds) (1987), pp 597–606

Reif M, Baitsch H (1986) Genetische Beratung. Hilfestellung für eine selbstverantwortliche Entscheidung? Springer, Berlin Heidelberg New York Tokyo

Rogers CR (1973) Die Klient-bezogene Gesprächstherapie. Kindler, München

Schroeder-Kurth TM (1987) Versorgung der Bevölkerung mit humangenetischen Leistungen: Beratung und Diagnostik. In: Medizinische Genetik in der Bundesrepublik. Schweitzer Verlag, 1989

Schroeder-Kurth TM, Wehowsky S (Hrsg) (1988) Das manipulierte Schicksal. Schweitzer, Frankfurt München

Vogel F (1987) Humangenetik und die Verantwortung des Arztes. Springer, Berlin Heidelberg New York Tokyo (Heidelberger Jahrbücher, Bd 31, S 35–51)

Vogel F, Motulsky AG (1986) Human genetics, 2nd edn. Springer, Berlin Heidelberg New York Tokyo, sect 2, 5, 9

Vogel F, Sperling K (eds) (1987) Human genetics. Proceedings of the 7th International Congress Berlin 1986. Springer, Berlin Heidelberg New York Tokyo

Wertz DC, Fletcher JC (1989) Ethics and Human Genetics: A Cross-Cultural Approach. Springer, Berlin Heidelberg New York Tokyo

# 8 Gentherapie und „Genmanipulation"

## Die ärztliche Erfahrung

Stellen Sie sich vor, Sie seien Kinderarzt, und zu Ihnen kämen Eltern mit einem kleinen Kind, das ständig von Infektionen geplagt ist: Eine Mittelohrentzündung wird abgelöst von einer Lungenentzündung; diese wieder von einer Nierenbekkenentzündung, und so geht es fort und fort. Das Kind hat schon die meisten Antibiotika bekommen, aber trotzdem wird sein Zustand schlechter und schlechter. Spätestens wenn es dem zweiten Kind der gleichen Eltern genauso ergeht, denken Sie: Das kann doch nicht mit rechten Dingen zugehen; wahrscheinlich liegt hier ein erblicher Immundefekt vor. Und in der Tat – die Untersuchung des Blutes ergibt einen Defekt des Enzyms Adenosindeaminase (ADA). Dieser Enzymdefekt führt dazu, daß die Lymphozyten auf die Zuführung fremder biologischer Strukturen (Antigene) nicht durch selektive Vermehrung reagieren können, die spezifische Abwehr also ausbleibt. Und zwar gilt das für beide Sorten – für die antikörperbildenden B-Lymphozyten und die T-Lymphozyten, Mediatoren der zellulären Abwehr. Beide Komponenten der Immunabwehr – die humorale und die zelluläre – sind also in ihrer Funktion geschwächt.

So sieht die Zukunft unserer kleinen Patienten düster aus. Zwar kann man ihnen das Enzym durch Transfusion roter Blutzellen in gewissem Umfang zuführen und damit den Zustand vorübergehend etwas bessern; früher oder später aber werden sie doch an den Folgen der ständigen Infektionen zugrunde gehen. Auch Knochenmarktransplantationen haben bisher nur in etwa einem Viertel der Patienten zum Erfolg geführt (Belmont et al. 1987).

Jedenfalls war das so bis vor kurzer Zeit. In den letzten Jahren hat man hier Hoffnung geschöpft: Binnen kurzem wird es vielleicht möglich sein, das defekte Gen an einer entscheidenden Stelle, nämlich in den Zellen des Knochenmarks, durch ein normales Gen zu ersetzen.

## Gentherapie: die biologischen Voraussetzungen

Für eine wirksame Gentherapie ist es notwendig, einen bestimmten definierten Informationsbereich – ein nach seiner Funktion ausgewähltes Stück DNA – in das Genom bestimmter, funktionell aktiver Zellen eines Kranken hinein zu transportieren und auch dazu zu bringen, daß es dort seine Funktion ausführt. Der erste Schritt, die Übertragung genetischer Information in andere Zellen, ist schon

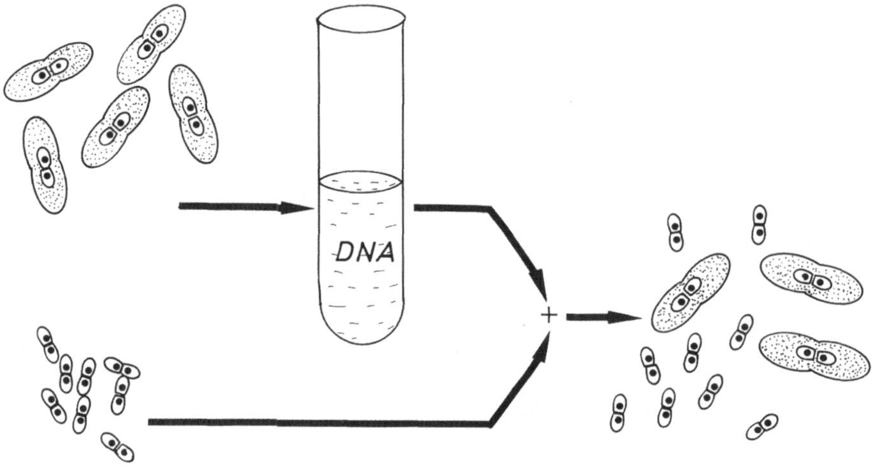


*Abb. 8.1.* Nachweis der Transformation bei Pneumokokken (Übertragung von DNA vom S-Stamm auf den R-Stamm). Mit diesem Experiment bewiesen Avery et al. (1944), daß DNA das „genetische Material" ist. (Mod. nach Kaudewitz)

seit den 40er Jahren im Prinzip bekannt. Damals gelang es Avery et al. (1944), DNA von einer ungekapselten Form der Pneumokokken auf die gekapselte Form zu übertragen (Abb. 8.1). (Gekapselte Pneumokokken rufen eine bekannte Form der Lungenentzündung hervor.) Mit dieser gelungenen „Transformation" wurde gleichzeitig gezeigt, daß DNA der Träger der genetischen Information ist - und nicht Protein, wie man zuvor fast allgemein vermutet hatte. Über erfolgreiche Transformationsexperimente wurde später auch bei vielen anderen Bakterien, ja auch bei höheren Organismen berichtet; allerdings waren die Ergebnisse hier unsicher.

Sehr bald lernte man - ebenfalls in der Bakteriengenetik -, daß es möglich ist, sich bei der Übertragung von DNA von einem Bakterienstamm auf den anderen der Hilfe von Bakteriophagen zu bedienen. Viren eignen sich als Vektoren für die Genübertragung; wahrscheinlich können sie das nicht nur im Reagenzglas, sondern auch in der Natur.

Schon damals haben manche Wissenschaftler oft und gerne über die Möglichkeiten spekuliert, die sich daraus für eine „genetische Manipulation" des Menschen evtl. einmal ergeben könnten; am hemmungslosesten bei dem Ciba-Symposium „Man and his Future", das 1962 in London stattfand (Wolstenholme 1963). Diese Spekulationen - von einer Verbesserung der menschlichen Intelligenz durch Einführung entsprechender Gene oder Manipulation der Gehirnentwicklung im Embryonalalter angefangen bis hin zur Züchtung zukünftiger Astronauten mit kurzen Beinstummeln - dieses verantwortungslose Gerede war es, das die Öffentlichkeit auf den Plan gerufen und die Angst vor den „Menschenmachern" geschürt hat. Dabei lag das alles scheinbar noch in so weiter Ferne, daß manche glaubten, sie könnten ihre Phantasie unkontrolliert schweifen lassen - an eine Verwirklichung sei ohnehin nicht zu denken.

116

Inzwischen hat sich das geändert. Entscheidend war hier Anfang der 70er Jahre die Entdeckung der Restriktionsendonukleasen – also von Enzymen, die DNA an für sie charakteristischen Stellen schneiden können (vgl. Knippers 1985; Vosberg 1977). Sie eröffneten die Möglichkeit, definierte DNA in „Vektoren" hereinzubringen und diese Vektoren als Vehikel in die Zelle zu verwenden. Allerdings war damit noch nicht das zweite Problem gelöst: Wie bewirke ich, daß die neu eingeführten Gene nun auch ihre Funktion dort ausführen können? Das erreichte man, indem man zusätzliche Kontrollregionen mit einführte, die in der neuen Umgebung in der Lage waren, das Gen anzuschalten.

Außer durch Viren gibt es auch noch andere Wege, um Gene in Zellen hereinzubringen, so auf chemischem Wege – etwa durch Kalziumphosphat vermittelt, durch Zellfusion und auch einfach physikalisch – durch Mikroinjektion. Für Zwecke der Gentherapie versucht man heute v.a. den Weg über Viren.


## Gentherapie: Ziele und Ansätze

Bevor die bisher erzielten Fortschritte geschildert werden, sollte man sich zunächst über einige Voraussetzungen klarwerden.

Vor allem sollte deutlich unterschieden werden zwischen den möglichen Zielen: Hier ist die Frage wichtig, ob man ein ganzes Individuum genetisch verändern will oder nur eine bestimmte Funktion im Bereich seines Körpers. Im ersten Falle wird man die Keimzelle – oder die Zygote kurz nach der Befruchtung – genetisch verändern wollen, im zweiten Fall nur ganz bestimmte Körperzellen. An dieser Stelle soll das Problem der Übertragung von DNA auf Keimzellen einmal ganz ausgespart bleiben; wir kommen später darauf zurück. Zunächst sollen nur die Fragen der Gentherapie an somatischen Zellen besprochen werden.

Welche Voraussetzung muß eine solche Therapie erfüllen, damit ihre Anwendung beim Menschen diskutierbar wird? (vgl. French Anderson 1984):

1) Sie muß erreichen, daß das Gen in die Zellen hineinkommt und dort so lange bleibt, daß es wirken kann.
2) Das übertragene Gen muß in dem erforderlichen Ausmaß zur Expression kommen, d.h. es muß eine biologische Wirkung entfalten.
3) Die Manipulation darf dem Individuum keinen Schaden zufügen.

Soweit wir heute sehen, ist eine somatische Gentherapie nicht direkt möglich beim ganzen Menschen. Sie könnte – zunächst – nur an Zellen durchgeführt werden, die dem Organismus entnommen, in der Zellkultur behandelt und dann reimplantiert werden. Praktisch sind das Zellen des Knochenmarks oder – allenfalls – Fibroblasten, also undifferenzierte Zellen des Bindegewebes. So kommen zunächst nur Krankheiten in Frage, bei denen die Funktion von Genen gestört ist, die normalerweise in diesen Geweben aktiv sind. Das ist der Fall bei der zu Anfang erwähnten Immundefektkrankheit, dem Adenosindeaminase-(ADA-) Mangel: Hier sind Knochenmarkzellen betroffen. Deshalb konzentrieren sich die Bemühungen auf diese Krankheit; und man hat auch schon Fortschritte erzielt, wenn das Ziel einer wirksamen Gentherapie auch noch nicht erreicht wurde.

## Erfolge bei der Maus

Am weitesten sind Untersuchungen fortgeschritten, bei denen Retroviren als Vektoren verwendet wurde. Das sind Viren, die RNA als genetisches Material tragen; im Wirtsorganismus wird diese RNA mit Hilfe des Enzyms „reverse transcriptase" in DNA überschrieben und so in das Genom eingebaut.

Der Vorteil ist, daß viele Zellen ($10^6$–$10^7$) auf einmal infiziert werden können und daß der Einbau geordnet erfolgt. Es wird immer nur eine Kopie auf einmal eingebaut; die Zelle wird nicht geschädigt.

Bei der Maus hat man mit dieser Methode beachtliche Erfolge erzielt. Ein Beispiel ist das Maloney-Murine-Leukemia-Virus, mit dessen Hilfe man das menschliche Gen für das Enzym Hypoxanthin-Guanin-Phosphoribosyltransferase (HPRT) auf Mäuse übertragen hat, die einen Defekt dieses Enzyms aufwiesen (Miller et al. 1984). Das Virus besteht aus einem Kern, der sich aus seiner RNA und Protein zusammensetzt, und aus einer Glykoproteinhülle. Abbildung 8.2 zeigt das Genom. Große Teile von ihm sind entbehrlich; sie können durch Fremdgene ersetzt werden. Die als LTR („long terminal repeat") bezeichneten Regionen dienen zum Einbau in das Wirtsgenom; sie sind also nicht entbehrlich. Im einzelnen ging man folgendermaßen vor (Abb. 8.3):

1) Die Provirus-DNA wird isoliert und in ein geeignetes Bakteriumplasmid hineingebracht.
2) Virale Gene werden dann durch die Gene ersetzt, die man übertragen will.
3) Man sorgt dafür, daß Gewebekulturzellen diese Plasmide aufnehmen; das kann z. B. durch Zusatz von Kalziumphosphat geschehen.
4) Um eine wirksame Infektion der Zellen zu erreichen, wird ein weiteres, „helper virus" genanntes Virus hinzugesetzt.

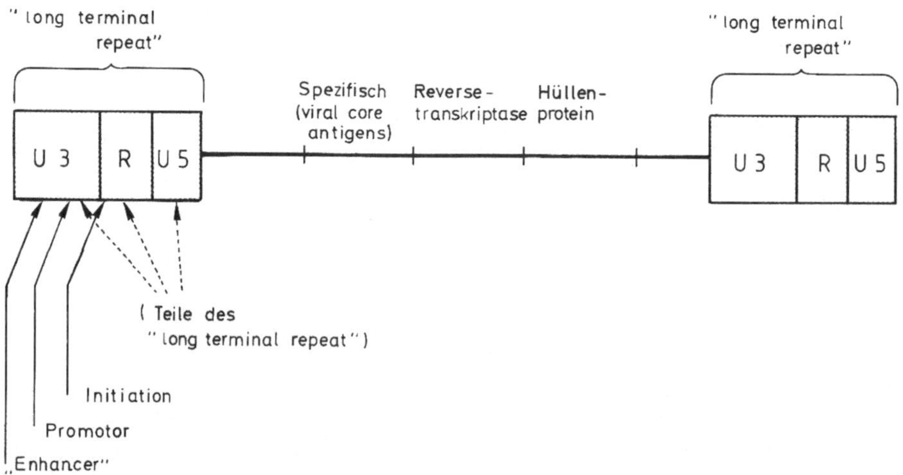


*Abb. 8.2.* Der Genotyp des „Maloney-murine-leucemia-virus", eines Retrovirus. Sein DNA-Transkript inseriert sich in das Säugergenom; deshalb kann es als Vektor für den Transport von Säugergenen in Zellen verwandelt werden. (Mod. nach French Anderson 1984)

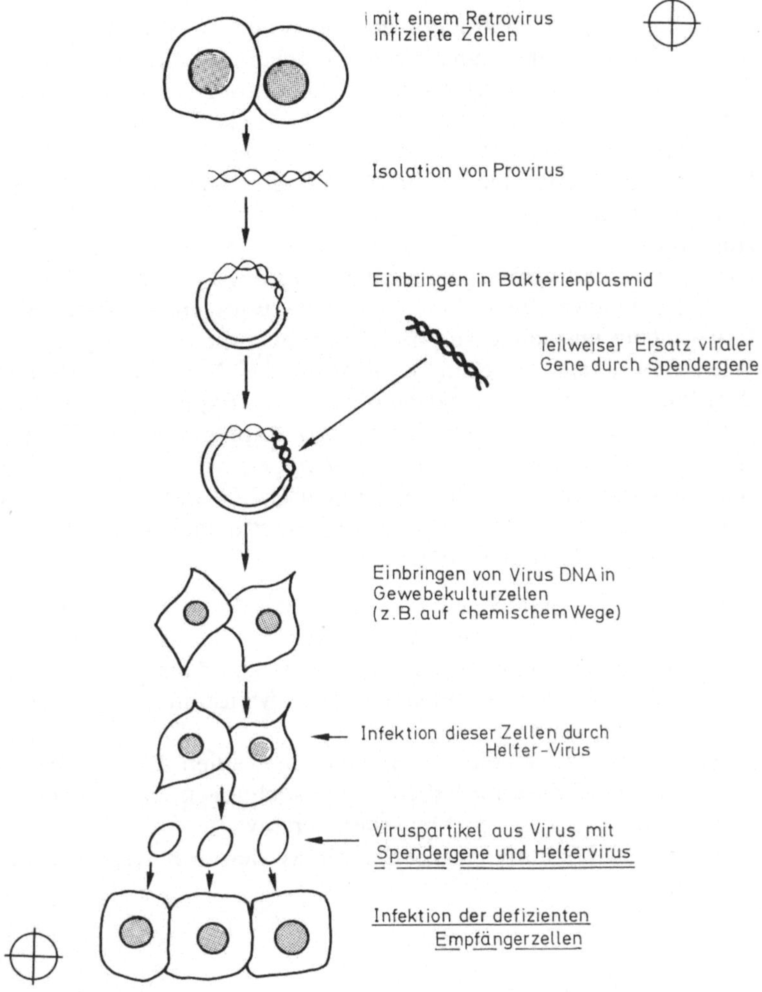


*Abb. 8.3.* Einbringen von DNA in eine Säugerzelle mit Hilfe eines Retrovirus

5) Mit den Viruspartikeln aus diesen Zellen werden Knochenmarkzellen der HPRT-defizienten Tiere infiziert; dazu kann man entweder Zellen in Kultur oder frisch entnommene Zellen verwenden.

6) Diese Zellen werden dann in die Maus reinjiziert; sie finden von allein den Weg zurück ins Knochenmark.

Das ist ein glückliches Faktum, das man auch beim Menschen kennt: Knochenmarktransplantationen, wie man sie heute z.B. bei Leukämien mit zunehmendem Erfolg durchführt, werden ja auch so ausgeführt, daß man die Zellen in die Blutbahn injiziert; sie finden sich dann bald im Knochenmark wieder und führen dort ihre normale Funktion aus. Im Knochenmark von Mäusen, die mit dieser Methode behandelt wurden, hat man dann das menschliche HPRT-Gen, dessen DNA-Sequenz ja bekannt ist, tatsächlich wiedergefunden; und in der Milz fand man auch das menschliche Enzym. Dieses Gen war also aktiv.

Ein hoffnungsvoller Anfang, aber eben nur ein Anfang. Vergleicht man ihn mit den Forderungen, die man an eine Gentherapie stellen muß, so zeigen sich ernste Probleme: So war die Methode bis dahin zwar effizient, aber doch längst nicht zuverlässig genug; die von außen eingeführte DNA wurde oft zerstört. Auch mögliche Gefahren wurden nicht mit ausreichender Sicherheit ausgeschaltet. So könnte es sein, daß eine solche DNA-Sequenz zufällig in der Nähe eines Onkogens integriert würde; das könnte zur Aktivierung dieses Onkogens und damit zum Auftreten bösartiger Tumoren führen. Die Stelle des Einbaus kann nämlich nicht kontrolliert werden. Es wäre also verfrüht gewesen, schon aufgrund derartiger Befunde etwa einen Therapieversuch zu wagen. An vielen Stellen sind jedoch Experimente im Gange, die das Ziel haben, die Schwierigkeiten zu überwinden. Wie schon gesagt, bestehen sie nicht nur bei Nebenwirkungen, sondern auch in dem Problem, wie man eingebaute Gene zur Expression bringen kann. Einzelnen Erfolgen - wie dem genannten für die Expression des HPRT-Gens - standen lange Zeit zahlreiche Mißerfolge gegenüber, Mißerfolge, die in der Regel nicht publiziert wurden. Einer der auf diesem Gebiet aktivsten Wissenschaftler, French Anderson, hat im Jahre 1984 folgende Experimente vorgeschlagen, um die Sicherheit der Methode zu überprüfen:

1) Menschliches Knochenmark sollte nach der Behandlung in vitro *auf längere Zeit* auf das Vorkommen genetisch rekombinierter Viren hin untersucht werden – v.a. um bösartig gewordene Zellklone zu erkennen.
2) Aus dem gleichen Grund sollten auch Mäuse in vivo auf rekombinierte DNA hin getestet werden.
3) Selbst wenn diese beiden Gruppen von Studien zufriedenstellend ausgehen, so ist es trotzdem erforderlich, Untersuchungen an Primaten durchzuführen, bevor man sich an den Menschen heranwagt.
4) Es sollten Institutionen geschaffen werden, die diese Vorprüfungen überwachen.


## Versuche, die Voraussetzung für eine somatische Gentherapie beim ADA-Mangel des Menschen zu schaffen

Die Voraussetzungen für ADA-Mangel als Modellfall für eine Gentherapie beim Menschen sind aus verschiedenen Gründen besonders gut (Belmont et al. 1987): Einerseits stehen klonierte Sequenzen dieses Gens zur Verfügung; andererseits gibt es keine wirksame therapeutische Alternative; selbst die „heroische" Alternative einer Knochenmarktransplantation hilft nur in einer Minderzahl von Fällen. Man wird sich ja allgemein zu einem Therapieversuch mit kaum überschaubaren Risiken desto eher entschließen, je schwerer die Krankheit ist und je weniger andere Behandlungsmöglichkeiten man hat.

So konstruierte z.B. die Arbeitsgruppe von Caskey einen Retrovirusvektor nach den vorhin beschriebenen Prinzipien; seinen Aufbau zeigt Abb. 8.4. Die Retrovirus-DNA wurde in ein Plasmid verpackt, das dann in eine bestimmte Zellinie mit Hilfe von $CaPO_4$ eingeschleust wurde. Das in dieser Zellinie produzierte Virus wurde dann zur Infektion von Helferzellen verwendet. Ob die Infektion gelungen

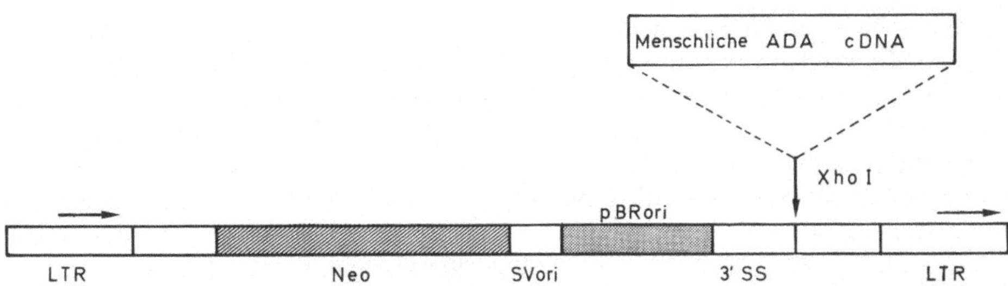


*Abb. 8.4.* Retrovirusvektor für das Eindringen des Gens für ADA (Adenosindeaminase) in menschliche Knochenmarkzellen in vitro. (Caskey 1987, in 7th International Congress of Human Genetics. Springer, Berlin Heidelberg New York Tokyo)

war, konnte an der Neomycinresistenz dieser Zellen erkannt werden; denn ein entsprechendes Gen war in das Retrovirus eingebracht worden. Die Bedingungen wurden so gewählt, daß Zellinien mit hoher ADA-Aktivität, in denen dieses Gen also besonders stark aktiv war, einen Selektionsvorteil haben sollten. Diese Zellinien wurden dann verwendet, um Knochenmarkzellen der *Maus* mit dem Virus zu infizieren; als Kriterium für die Infektion wurde wieder die Neomycinresistenz verwendet. Außerdem konnte nachgewiesen werden, daß menschliche ADA in der Tat produziert wird, d. h. daß das menschliche Gen funktionell aktiv ist. Dieser Nachweis erfolgte durch Injektion infizierten Knochenmarks in Tiere, deren eigenes Knochenmark durch Bestrahlung zerstört worden war; allerdings erfolgte die Genexpression nicht regelmäßig, sondern nur bei 3 von 24 Tieren. Die Genübertragung erwies sich also als prinzipiell machbar, aber die Methode ist noch sehr ineffizient.

Im Rahmen dieser Vorlesung ist es nicht möglich, alle experimentellen Schritte genau zu schildern oder zu diskutieren, die sich als notwendig erweisen, damit ein solches Experiment gelingen kann; denn um ein Experiment handelt es sich - darüber sollte man sich im klaren sein. Trotzdem ist anzunehmen, daß dieser Ansatz früher oder später zum Erfolg führen wird und daß die oben aufgezählten Kriterien für die Anwendung am Menschen im Prinzip erfüllbar sind; dann wird die Methode auch zur praktischen Anwendung kommen.

## Tierexperimentelle Ansätze einer Gentherapie in Keimzellen oder frisch befruchteten Zygoten

Die Versuche einer Gentherapie an somatischen Zellen werden fast allgemein begrüßt als aussichtsreicher Ansatz, mit dessen Hilfe es einmal möglich sein wird, Kranken wirksam zu helfen, deren Leiden man bisher machtlos gegenüber steht. Ethische Einwände wurden bisher höchstens von Außenseitern erhoben; man kann sich auch nicht so recht vorstellen, worauf sie sich stützen könnten. Voraussetzung bleibt natürlich immer, daß die Bedingungen für jede Therapie - v.a. vernünftige Aussicht auf Erfolg und Sicherheit gegenüber Nebenwirkungen - gegeben sind.

Ganz anders verhält es sich mit der Vorstellung, man könne auch eine Gentherapie an Keimzellen oder frisch befruchteten Zygoten durchführen. Die Spekulationen von Wissenschaftlern – etwa Teilnehmern des Ciba-Symposiums „Man and his Future" – befaßten sich v. a. mit dieser Möglichkeit, und auch die Kritiker der „Genmanipulation" beim Menschen haben v. a. sie im Auge. Sie stellen sich vor, man könne nicht nur mutierte Gene, die zu Krankheiten führen, ein für allemal durch gesunde Gene ersetzen, sondern auch neue Gene einpflanzen, die dem Individuum und seinen Nachkommen völlig unerwartete Eigenschaften verleihen könnten. Einmal – es ist lange her – stellte sich jemand vor, man werde einmal Menschen züchten, deren Rücken aus grünen, zur Photosynthese befähigten Zellen bestände. Damit sei dann das Problem des Nahrungsmangels in einer stetig wachsenden Erdbevölkerung endgültig behoben. Andere, nicht ganz so phantasievolle Beobachter dachten daran, neue Gene einzuführen, die ihre Träger zu ganz besonderen Intelligenzleistungen befähigen sollten. Dagegen wieder erhoben sich Stimmen, die die durch unsere Verfassung garantierte Würde des Menschen in Gefahr sahen, wenn dem Treiben der Genetiker nicht sofort Einhalt geboten werde.

Wie steht es nun wirklich mit der Gentherapie an Keimzellen?

Vor einigen Jahren ging ein Bild durch die wissenschaftliche Fachpresse (Abb. 8.5), auf dem zwei Mäuse zu sehen waren – eine normal große und eine stark vergrößerte. Im Jahre 1982 hatten Palmiter et al. gezeigt, daß es möglich ist, das Gen für die Bildung von Wachstumshormon in frisch befruchtete Eizellen der Maus zu injizieren und bei einem Teil der behandelten Zygoten auch zur Expression zu bringen. Im einzelnen ging man folgendermaßen vor (Abb. 8.6):

Zunächst entnahm man dem Ovar eines Weibchens reife Oozyten und befruchtete sie in vitro. Dann fusionierte man das Gen für das Wachstumshormon der Ratte mit einer Promotorregion (MT-I). Das war notwendig, um sicherzustellen,

Abb. 8.5. Riesenmaus durch Übertragung des Gens für Wachstumshormon. (Nach dem Titelblatt von *Nature,* 1984, Heft 311)

122

daß das Gen in der neuen Umgebung auch aktiv sein konnte. Dann vermehrte man diesen Komplex mit einem Bakterienplasmid. Diese DNA wurde in frisch befruchtete Mäuseoozyten mit Hilfe eines Mikroinjektionsgerätes injiziert. Schließlich wurden die Oozyten in den Uterus eines durch Hormon gerade pseudogravide gemachten Weibchens implantiert.

Das Experiment hatte Erfolg: Die Expression des Gens in Leberzellen wurde nachgewiesen; in einigen Individuen wurde der Phänotyp verändert, d.h. die Tiere wurden ungewöhnlich groß. Schließlich wurde das neu aufgenommene Gen in einzelnen Zellen auf die Nachkommen übertragen; das zeigt, daß es in das Genom des Wirts stabil integriert wurde.

Später wurde das Experiment dann mit Tieren des Mäusestammes „little" wiederholt. Tiere dieses Stammes bleiben ungewöhnlich klein, denn das Gen für Wachstumshormon ist defekt. Sie sind also das genaue Gegenstück einer Zwergwuchsform des Menschen, des autosomal rezessiv erblichen Wachstumshormonmangels. Ein Teil der „Liliputaner" gehört zu dieser Gruppe.

Das Experiment war bei einem Teil der behandelten Tiere erfolgreich; es gelang eine „Heilung". Das wäre dann das erste Beispiel einer gelungenen „Gentherapie"

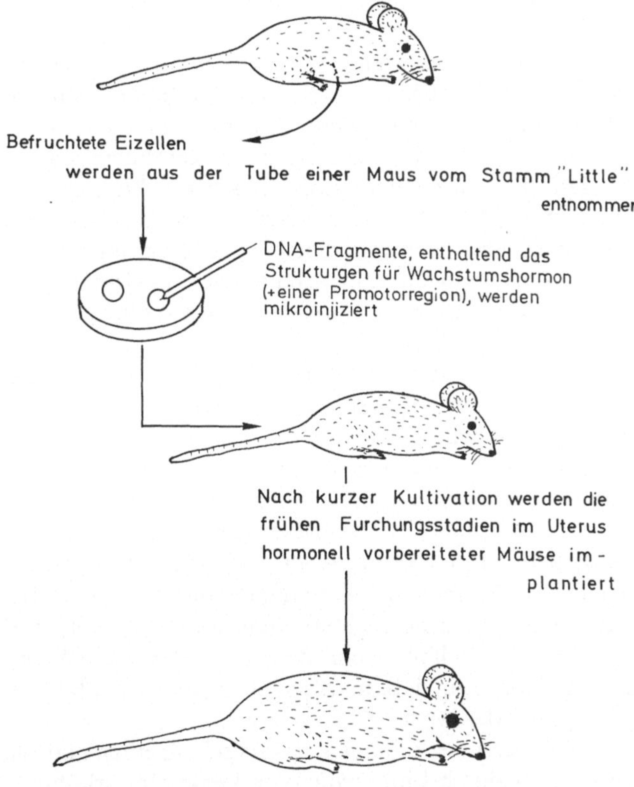


*Abb. 8.6.* Prinzip der Übertragung des Gens für Wachstumshormon auf Zwergmäuse vom Stamm „Little"

beim Säugetier. Die Tiere erreichten jedoch das Eineinhalbfache der natürlichen Größe; auf den Menschen bezogen wären das Riesen von etwa 2,50 m Länge. Das zeigt ein besonderes Problem an: Selbst wenn ein Gen wirklich integriert wird und seine normale Funktion ausführt, so bedeutet das noch längst nicht, daß es auch der normalen Regulation unterliegt; gerade in der Embryonalentwicklung kann aber auch eine unregulierte Überfunktion viel Unheil anrichten.

Inzwischen wurde die Herstellung „transgener" Mäuse - also von Mäusen, in denen Gene aktiv sind, die im frühen Embryonalstadium künstlich eingebracht wurden - zu einem wichtigen Handwerkszeug des Entwicklungsbiologen für das Studium der Entwicklung in der frühen Embryonalzeit und ihrer Störungen. Die Ergebnisse sollen einmal helfen, die Zahl der angeborenen Fehlbildungen, deren direkte Ursachen und Entstehungsmechanismen heute in der Mehrzahl der Fälle noch unbekannt sind, zu vermindern. Eine ganz andere Frage ist es, ob einmal Aussicht besteht, eine ähnliche Therapie in absehbarer Zeit beim Menschen anzuwenden.


## Gentherapie an menschlichen Keimzellen?

Es ist heute die überwiegende Meinung aller Beobachter - Wissenschaftler, Ärzte und Außenstehender -, daß eine Gentherapie an menschlichen Keimzellen - jedenfalls auf absehbare Zeit - nicht in Frage komme. Von Theologen und Philosophen wird dabei v.a. das Argument gebraucht, eine „genetische Manipulation" des ganzen Menschen verstoße gegen die Menschenwürde; es sei ein Ausdruck von Hybris, den Menschen nach einem Idealbild verändern zu wollen. Außerdem seien, um die Methoden bis zur Anwendungsreife zu entwickeln, verbrauchende Forschungen an menschlichen Embryonen erforderlich; diese aber widersprächen der ethischen Forderung, menschliches Leben nicht mutwillig zu zerstören.

Im Endeffekt stimme ich mit der Schlußfolgerung überein: Therapieversuche an menschlichen Zygoten sollten nicht durchgeführt werden. Aber die Gründe leuchten mir nicht ein: Darin, daß ein gesundes, normales Leben schweren Leiden vorzuziehen ist, stimmen alle Menschen überein; besonders die Kranken selbst und solche, denen es durch ihren Beruf aufgegeben ist, für kranke Menschen zu sorgen. Damit soll nicht bestritten werden, daß es zu einer wesentlichen Vertiefung des Lebens führen kann, wenn man gezwungen ist, sich mit Leid und Leiden - eigenem und fremdem - auseinanderzusetzen. Aber man darf nicht Leiden künstlich schaffen oder aufrechterhalten, um Menschen zu einer vertieften Lebensauffassung zu verhelfen; wenn man ihm vorbeugen kann, dann ist es ethisch geradezu zu fordern, daß man es auch tut; jedenfalls war das schon immer der Standpunkt der Ärzte.

Ganz anders sieht es aus mit Versuchen, einen „normalen" Menschen zu verbessern - etwa durch Einführung von Genen für erhöhte Intelligenz, ausgeglichenere Persönlichkeit, bessere Muskelentwicklung oder was immer. Hier besteht in der Tat die ernsthafte Gefahr, daß der Mensch sich zum Halbgott aufwirft; und hier würde auch ich eine absolute Grenze setzen.


124

Anders sieht es für mich aus mit der Beurteilung „verbrauchender" Experimente an frisch befruchteten menschlichen Zygoten. Natürlich – es ist menschliches Leben, von Anfang an. Aber es entspricht einfach den Erfahrungen der menschlichen Geschichte, daß die Schutzwürdigkeit dieser sehr frühen Entwicklungsstadien nicht so absolut gesehen wird, wie das in späteren Stadien der Schwangerschaft und erst recht nach der Geburt der Fall ist. Dieses Problem wurde schon zusammen mit den ethischen Fragen besprochen, vor die uns die vorgeburtliche Diagnostik stellt. Dort sagte ich schon, daß mir ein Vorschlag von Helga Kuhse vernünftig erscheint: Man sollte den absoluten Schutz des Embryos beginnen lassen, wenn er ein Zentralnervensystem hat, das ihm – wenn auch beginnende und dunkle – Empfindungen vermittelt, wie etwa Schmerz (Kuhse u. Singer 1987). In der gegenwärtigen Praxis der pränatalen Diagnostik mit anschließendem Schwangerschaftsabbruch verstoßen wir gegen diese Regel, was viele, die damit zu tun haben, tief bekümmert. Mit verantwortungsvoll geplanten Experimenten an frisch befruchteten Zygoten würden wir gegen sie nicht verstoßen.

So können manche der grundsätzlichen, oft gebrauchten Argumente gegen Gentherapie an frühen Zygoten mindestens in Frage gestellt werden. Dagegen gibt es 2 praktische Argumente, die für mich so überzeugend sind, daß auch ich der Auffassung bin, sie sollte nicht versucht werden:

1) Die Methode ist zu unsicher. Das haben auch die „erfolgreichen" Experimente an der Maus klar gezeigt. So erreicht man einen Einbau von Genen nur bei einer Minderzahl von Embryonen, und die Frage bleibt: Was geschieht mit dem Rest? Mindestens wird er den genetischen Defekt weiterhin zeigen, – wie die „Little"-Mäuse. Nicht selten wird er wohl auch neue, unerwartete Anomalien zeigen.

   Dagegen könnte man argumentieren, der Wissenschaft werde es vermutlich gelingen, diese Probleme mit der Zeit zu lösen. Dann bleibt aber immer noch ein anderes Problem: Anders als bei der somatischen Gentherapie, wo man die meisten Einzelstufen überwachen und kontrollieren kann, spielt sich die Entwicklung des Embryos die meiste Zeit „im Dunkeln" ab; später wird man dann mit dem Ergebnis konfrontiert. Das ist viel zu unsicher.

2) Aber selbst für den Fall, daß mit der Zeit ein hoher Stand von Sicherheit erreicht werden könnte, bleibt noch ein zweites, viel gewichtigeres Argument: Es besteht keine medizinische Indikation für eine Gentherapie an menschlichen Keimzellen. Warum ist das so?

   Erbkrankheiten des Menschen, die für eine Gentherapie in Frage kämen, folgen einem Mendelschen Erbgang. Der ADA-Mangel z.B., den wir zu Anfang als aussichtsreichen Kandidaten für eine somatische Gentherapie diskutierten, ist autosomal rezessiv erblich. Und diesen Erbgang hat er gemeinsam mit sehr vielen schweren Krankheiten, die man hier ins Auge fassen könnte. Wenn bekannt ist, daß beide Eltern heterozygot sind, dann besteht doch nur ein Risiko von 25%, daß ein homozygotes Kind herausspalten wird. Bevor man also eine Gentherapie ins Auge fassen könnte, müßte man feststellen, ob die frisch befruchtete Zygote tatsächlich homozygot für das Defektgen ist. Nehmen wir an, das sei einmal mit Hilfe der Methoden der DNA-Diagnostik möglich; schließlich kann man ja heute schon im Zweizellstadium der Maus an einer der

beiden Zellen Chromosomenaberrationen feststellen und dann die andere in
den Uterus eines Weibchens reimplantieren, so daß sich ein Tier daraus entwik-
kelt (Bacchus u. Buselmaier, 1988).

Nehmen wir also an, dieser diagnostische Schritt wäre auch bei bestimmten genetischen Erkrankungen des Menschen möglich. Wäre es dann nicht viel einfacher
und ungefährlicher, die homozygot defekte Zygote zu verwerfen und eine andere,
normale Zygote des Paares zu implantieren? Da aber diese einfachere und v.a.
sicherere Alternative praktisch in jedem Falle existiert – warum dann noch Gentherapie an menschlichen Keimzellen? Diese – heute so leidenschaftlich disku-
tierte – Methode ist schlicht überflüssig.


## Schlußbetrachtung

Genmanipulation des Menschen gehört zu den Angstvisionen unserer Zeit. Die
Erfolge der modernen Biologie lassen viele Menschen befürchten, wir gingen
einer Zukunft entgegen, in der menschenverachtende Machthaber, unterstützt von
ehrgeizigen und gewissenlosen Wissenschaftlern, versuchen werden, durch genetische Manipulation den „Menschen nach Maß" herzustellen, um dann mit seiner
Hilfe finstere Ziele zu erreichen – die Weltherrschaft einer Diktatur oder eine
Kontrolle aller Ressourcen durch das Großkapital – je nach dem weltanschauli-
chen Ausgangspunkt des jeweiligen Kritikers.

In dieser Vorlesung haben wir uns mit einigen tatsächlichen Ergebnissen der
Forschung über künstliche Genübertragung befaßt. Wie wir sahen, steht eine
somatische Gentherapie für eine einzige, sehr seltene Erbkrankheit, den ADA-
Mangel, vor der Tür. Da steht sie allerdings schon eine ganze Weile; offenbar sind
die praktischen Probleme immer noch enorm groß. Immerhin, früher oder später
werden diese Probleme überwunden sein – nicht nur für diese, sondern im Laufe
der Zeit wohl auch für eine Anzahl weiterer Krankheiten. Damit wird dann unser
heutiges – insgesamt doch noch nicht sehr eindrucksvolles – therapeutisches Arse-
nal für genetische Erkrankungen durch ein wichtiges neues Prinzip erweitert. Die
Methode muß dann in Konkurrenz treten zu anderen Therapien auf verschiedenen Ebenen; welche Alternative im Einzelfall vorzuziehen ist, das hängt dann von
den in der Medizin seit langem eingebürgerten Kriterien für Therapieerfolge ab.

Ganz anders bei der Gentherapie an Keimzellen oder frisch befruchteten Zygoten. Hier bestehen noch Schwierigkeiten, von denen man sich schwer vorstellen
kann, wie sie im Laufe der Zeit überwunden werden können. Vor allem aber: Eine
medizinische Indikation für diese Methode ist z.Z. nicht erkennbar.

Ist die „Genmanipulation" nun ganz und gar ein Schreckgespenst ohne reale
Bedeutung? Eine Welt voller genetisch manipulierter Menschen, wie sie manchen
Teilnehmern des Ciba-Symposiums „Man and his Future" vorschwebte, wird
sicher nicht kommen. Aber einzelne Versuche von Wissenschaftlern, mit Erbanlagen des Menschen auf verantwortungslose Weise zu manipulieren und zu experimentieren, sollten auch dann verhindert werden, wenn keine Gefahr besteht, daß
sie zu einer biologischen Gesamtkatastrophe führen werden. Hier ist in erster

126

Linie die „Scientific Community" selbst aufgerufen, Mitglieder, die die Grenzen des Verantwortbaren überschreiten, zur Ordnung zu rufen. Hier gibt es durchaus wirksame Methoden – angefangen von der bindenden Empfehlung der Fachgesellschaften an ihre Vertreter bis zur Verweigerung von Forschungsgeldern. Aber damit noch nicht genug: Wissenschaftler sind es gewesen, die dazu beigetragen haben, daß viele Menschen heute beunruhigt sind; sie haben ihre Phantasie ungezügelt schweifen lassen, und – was noch viel schlimmer ist – sie haben die Produkte ihrer Phantasie an die Öffentlichkeit gebracht. Wissenschaftler haben heute die Pflicht, die Öffentlichkeit aufzuklären; nur ein offener Dialog kann das Mißtrauen beenden, und nur er kann auch dazu beitragen, daß die auftretenden Probleme von allen Seiten diskutiert werden und daß alles geschieht, um schon die Ansätze von Mißbrauch zu verhindern.

## Literatur


Avery OT, MacLeod CM, McCarty M (1944) Studies on the chemical nature of the substance inducing transformation of pneumococcal types. J Exp Med 79: 137

Bacchus C, Buselmaier W (1988) Blastomere karyotyping and transfer of chromosomally selected embryos. Implications for the production of specific animal models and human prenatal diagnosis. Hum Genet 80: 333–336

Belmont JW, Henkel-Tigges J, Wagner-Smith K, Chang SMW, Caskey CT (1987) Adenosinedeaminase gene transfer. Vogel F, Sperling K (eds) (1987), pp 639–643

French Anderson W (1984) Prospects for human gene therapy. Science 226: 401–409

Hammer RE, Palmiter RD, Brinster RL (1984) Partial correction of murine hereditary growth disorder by germline incorporation of a new gene. Nature 311: 65–67

Knippers R (1985) Molekulare Genetik, 4. Aufl. Thieme, Stuttgart New York

Kuhse H, Singer P (1987) Ethical issues in reproductive alternatives for genetic indications. In: Vogel F, Sperling K (eds) (1987), pp 683–691

Miller AD, Eckner RJ, Jolly JD, Friedmann I, Verma IM (1984) Expression of a retrovirus encoding human HPRT in mice. Science 223: 630–632

Palmiter RD et al. (1982) Dramatic growth of mice that develop from eggs microinjected with metallothionein-growth hormone fusion genes. Nature 300: 611–615

Vogel F, Sperling K (eds) (1987) Human genetics. Proceedings of the 7th International Congress, Berlin 1986. Springer, Berlin Heidelberg New York Tokyo

Vosberg HP (1977) Molecular cloning of DNA. An introduction into techniques and problems. Hum Genet 40: 1–72

Wolstenholme G (ed) (1963) Man and his future. A Ciba foundation volume. Churchill, London

# 9 Humangenetische Aspekte der Evolutionsgenetik

## Die Voraussetzungen

Die Evolutionstheorie war die führende biologische Theorie des 19. Jahrhunderts. In unserem Jahrhundert ist sie durch die Genetik ergänzt worden (Vorlesung 1); beide Theorien zusammen ergeben ein in großen Zügen vollständiges Bild darüber, wie sich die Vielfalt des Lebens auf diesem Planeten entwickelt hat. Auch davon, wie das Leben einmal entstanden ist, hat man heute plausible Vorstellungen (Eigen u. Schuster 1979). Es kann nicht die Aufgabe dieser Vorlesung sein, die gesamte Evolutionstheorie darzustellen; in der Kürze der Zeit müßte das zu einem oberflächlichen und belanglosen Gerede führen. Sondern es sollen nur einige spezielle Fragen herausgegriffen werden, zu denen die Humangenetik einen Beitrag leisten kann.

Zu Anfang möchte ich einige Voraussetzungen nennen, die ich für diese Vorlesung akzeptiere, ohne sie noch einmal explizit zu prüfen:

1) Alles Lebendige auf diesem Planeten ist auf natürlichem Wege entstanden, und zwar höchstwahrscheinlich auf der Erde selbst in einer frühen Phase ihrer Geschichte.
2) Für seine Entstehung waren die allgemeinen, auch in der anorganischen Natur geltenden Naturgesetze ausreichend. Zusätzliche Naturgesetze, die nur für den Bereich des Lebendigen gelten, gibt es nicht (vgl. u. a. Küppers 1986).
3) Alle Lebenserscheinungen, die wir in der heute existierenden Welt kennen, lassen sich auf einen gemeinsamen Ursprung zurückführen. Übergangsstufen zwischen unbelebter Materie und Lebewesen sind zwar in der Frühphase der Evolution vielfach entstanden; bis auf eine verschwanden sie jedoch wieder.
4) Darwin hatte im wesentlichen recht: Die Arten – und darüber hinaus genetisch verschiedene Untergruppen von Individuen innerhalb der Arten – sind durch „natürliche Zuchtwahl" entstanden. Allerdings gilt das in erster Linie für den großen Rahmen. Innerhalb der durch die „natürliche Zuchtwahl" gesetzten Grenzen hat auch der Zufall eine beträchtliche Rolle gespielt.
5) Die auf der theoretischen Populationsgenetik beruhende „synthetische" Theorie (vgl. Mayr 1967) erklärt die Entstehung der Vielfalt alles Lebendigen im Prinzip auf befriedigende Art und Weise; allerdings sollte man sie nicht zu eng auslegen. Was etwa die biologischen Mechanismen der Artbildung im einzelnen betrifft, so könnten wir noch Überraschungen erleben.
6) Im Laufe der Evolution hat sich im Tierreich ein besonderes System herausgebildet, das der Aufnahme von Informationen aus der Außenwelt, ihrer Verar-

beitung und der Fähigkeit zu koordinierter Aktion und Reaktion dient: das Nervensystem. Natürlich ist auch dieses System – wie alle anderen biologischen Strukturen bei den Tieren, die wir in der Natur vorfinden, einschließlich der meisten Menschen – so an die Umwelt angepaßt, daß ein Überleben in dieser Umwelt möglich ist. Es ist auch sinnvoll, die Funktionsweise unseres Gehirns und Erkenntnisapparats unter dem Gesichtspunkt der biologischen Zweckmäßigkeit für diese Anpassung zu untersuchen. Das bedeutet jedoch nicht, daß sich alle „philosophischen" Probleme, die uns die menschliche Erkenntnis aufgibt, durch eine „evolutionäre Erkenntnistheorie" lösen oder auch nur unter diesem Gesichtspunkt sinnvoll betrachten ließen (vgl. Lorenz u. Wuketits 1983).

Diese Voraussetzungen wollen wir im Gedächtnis behalten, wenn wir jetzt einige Einzelprobleme diskutieren:


## Natürliche Auslese oder Zufall:
## Kimuras *Neutral theory of molecular evolution* (1983)

Finden wir Unterschiede im Phänotyp zwischen Individuen – oder Gruppen von Individuen einer Art, oder verschiedenen Arten – und hat unsere Analyse ergeben, daß diese Unterschiede genetisch bedingt sind, so schließen wir i. allg., daß sie durch natürliche Auslese in Anpassung an verschiedene Umwelten in früheren Generationen entstanden sind. Oft – wahrscheinlich in der Regel – trifft das auch zu; so sind heute die meisten Anthropologen der Meinung, die helle Haut und Haarfarbe großer Teile der Bevölkerung innerhalb des europiden Rassenkreises sei eine Anpassung an eine Klimazone, in der wenig Ultraviolettlicht die Haut erreicht und infolgedessen nicht genügend Vorstufen in Vitamin D umgewandelt werden (vgl. Vogel u. Motulsky 1986, Sect. 7). Das bringt die Gefahr mit sich, daß das Knochengewebe nicht genügend Kalzium einlagert und deshalb zu weich bleibt; es entsteht eine Rachitis. Sie führt oft dazu, daß sich das Becken verformt; bei der Geburt kann der kindliche Kopf nicht durchtreten, und es kommt zum Tod von Mutter und Kind. Wahrlich ein wirksamer Selektionsmechanismus! Und Beispiele für ähnliche Mechanismen sind zahlreich; man hat sie bisher nur in einzelnen Fällen analysiert.

Schon früh machte aber Sewall Wright darauf aufmerksam, daß es neben solchen, durch Selektion erklärbaren genetischen Unterschieden auch andere geben muß, die durch Zufall zustande gekommen sind (vgl. Li 1955). Denn natürliche Populationen sind nicht unendlich groß; so müssen sich zufällige Abweichungen bei der Mendelschen Aufspaltung auch auf der Ebene der Population bemerkbar machen. Man spricht von „genetic drift". Was damit gemeint ist, läßt sich am besten an einem Extremfall erläutern, dem Inselbeispiel:

Auf 160 einsam im Stillen Ozean gelegenen Inseln werde je ein Ehepaar ausgesetzt, dessen beide Partner die Blutgruppe MN hätten. Jedes Paar habe einen Sohn und eine Tochter, die ihrerseits zu Urahnen einer Inselbevölkerung würden. Wir nehmen außerdem an, daß die MN-Blutgruppen keinen Selektionsvor- oder

-nachteil mit sich bringen würden. Fahren wir nun einige hundert Jahre später wieder zu all diesen Inseln hin, um die Zusammensetzung ihrer Bevölkerungen im Bezug auf MN zu untersuchen. Welches ist die wahrscheinlichste Verteilung?

Wahrscheinlich werden wir auf ungefähr 10 Inseln nur Menschen der Gruppe M vorfinden; denn die Wahrscheinlichkeit dafür, daß beide Kinder des ursprünglichen Paares diese Blutgruppe haben, beträgt $\frac{1}{4} \times \frac{1}{4} = \frac{1}{16}$; also 10 von 160. Das Entsprechende gilt für die Gruppe N. Die übrigen 140 Inseln werden wahrscheinlich alle 3 Gruppen enthalten: M, N und MN, aber in einem ganz unterschiedlichen Zahlenverhältnis. Man spricht hier von einem Gründereffekt. Er findet sich in menschlichen Bevölkerungen oft; besonders deutlich macht er sich bemerkbar, wenn normalerweise seltene Mutanten auf diese Weise häufig werden, die heterozygot ohne besondere Bedeutung sind, homozygot aber zu rezessiv-erblichen Krankheiten führen. Man findet dann in Isolaten oft zahlreiche Träger von Krankheiten, die sonst unbekannt sind oder doch nur äußerst selten vorkommen.

Beispiele gibt es in Finnland (Norio et al. 1973), aber auch an vielen anderen Stellen. Abbildung 9.1 zeigt vergleichend die Herkunft von Patienten mit drei verschiedenen rezessiven Erbleiden in Finnland; (von links nach rechts) angeborene Chloriddiarrhöe, den finnischen Typ der angeborenen Nephrose und angeborene Cornea plana. Es sind die Herkunftsorte der Groß- bzw. Urgroßeltern der heute beobachteten Patienten angegeben. Die drei Gene hatten offenbar ganz verschiedene Zentren.

Zufällige Genverschiebungen haben offenbar dann besonders viel Chancen, wenn die betreffenden Mutanten keinen Selektionsnachteil mit sich bringen.

Anfang der 60er Jahre wurden die ersten Aminosäurensequenzen von Proteinen bekannt. Dabei stellte sich heraus, daß homologe Proteine verwandter Spezies –

*Abb. 9.1.* Herkunft von Patienten mit 3 rezessiven Erkrankungen in Finnland. *Links* angeborene Chloriddiarrhöe; Urgroßeltern von 11 bestätigten und 3 wahrscheinlichen Fällen. *Mitte* angeborenes nephrotisches Syndrom vom finnischen Typ; 60 Großeltern von 57 Geschwisterschaften. *Rechts* Cornea plana congenita. Großeltern von 32 Geschwisterschaften. (Norio et al. 1973, in Ann Clin Res. 5: 109–141)

130

etwa Hämoglobin oder Zytochrom c – in ihrer Gesamtsequenz und Struktur ähnlich sind, daß aber im einzelnen Unterschiede vorkommen. Diese Unterschiede sind um so zahlreicher, je weiter die Arten in der Systematik voneinander entfernt sind, je länger also die Trennung zwischen ihnen zurückliegt. Aufgrund solcher Daten wurden phylogenetische Stammbäume konstruiert und durch Vergleich mit Daten – etwa aus der Paläontologie – sogar mit einer Zeitskala versehen. Auf die Problematik solcher Stammbäume kommen wir später noch zurück.

Früh ergab sich die Frage, welche Ursachen diese Sequenzunterschiede haben. Das bisherige theoretische Denken legte die Schlußfolgerung nahe, sie seien durch selektive Anpassung an die unterschiedlichen Umweltbedingungen und physiologischen Voraussetzungen verursacht, mit denen die verschiedenen Spezies leben. In vielen Fällen ist das auch plausibel. So ist für ein Tier, das in großen Höhen lebt, eine besonders gute Fähigkeit des Hämoglobins, Sauerstoff aus der Lunge aufzunehmen und an das Gewebe wieder abzugeben, sicher von Vorteil. Aber sollen alle diese vielen tausend Unterschiede durch Selektion bedingt sein, wenn sie nach allen unseren biochemischen Kenntnissen die Funktion des Proteins überhaupt nicht nachweisbar beeinflussen? Hier regten sich bald Zweifel. War es nicht auch im Sinne einer rationellen wissenschaftlichen Theoriebildung vorzuziehen, ein anderes, wenigstens statistisch faßbares Prinzip einzuführen, anstatt alles auf unbekannte Selektionsfaktoren zu schieben? Hier setzte nun Kimuras (1983) „neutrale Hypothese" ein. Sie behauptet, die große Mehrzahl dieser Unterschiede sei durch den Zufall, eben durch „genetic drift", verursacht.

Im einzelnen formulierte er wie folgt:

> Die neutrale Theorie behauptet, daß die große Mehrzahl der in der Evolution aufgetretenen Änderungen auf molekularer Ebene, wie sie vergleichende Studien von Protein- und DNA-Sequenzen aufgedeckt haben, nicht durch Darwinsche Selektion, sondern durch „random drift" ... selektiv neutraler oder annähernd neutraler Mutationen verursacht sind.

Nur ein kleiner Anteil dieser Änderung sei durch Selektion verursacht; außerdem behaupte die Theorie, daß auch innerhalb der Art der größte Teil der Variabilität, wie sie sich etwa in Proteinpolymorphismen äußert, neutral sei, so daß „die meisten polymorphen Allele durch ein Wechselspiel von Neumutation und zufälligem Verschwinden in der Art aufrecht erhalten werden".

Andererseits räumt Kimura ein, daß etwa 90% aller auftretenden Mutationen einen so deutlichen Selektionsnachteil mit sich bringen, daß sie keine Chance haben, sich in der Bevölkerung auf Dauer zu etablieren (vgl. Vorlesung 5).

Kimura präzisierte seine Theorie mathematisch, etwa indem er Diffusionsmodelle einführte und die Frage untersuchte, wie groß die Wahrscheinlichkeit ist, daß sich eine bestimmte Mutation so weit ausbreitet, daß schließlich alle homologen Genorte von dieser Mutation besetzt sind. Ich kann an dieser Stelle nicht auf die mathematischen Einzelheiten dieser Theorie eingehen; der Wert solcher formaler Theorien für die Erklärung bestimmter Aspekte der Wirklichkeit hängt nicht nur von der Theorie selbst, sondern auch stark von den Randbedingungen ab, die man bei den auf die Theorie gestützten Berechnungen annimmt. So betrachtete Kimura in seinen Berechnungen die Mutationsrate als einen rein zeitabhängigen Prozeß, unabhängig von der Spezies, Generationszeit und anderen Parametern, während wir wissen, daß jedenfalls Mutationen, die zu einzelnen Basensubstitutionen führen, v.a. von der Teilungsrate der DNA-Doppelhelix abhängen (Vorlesung 5).[1] Und gerade solche „Punktmutationen" im engsten Sinne haben bei der Entstehung von Sequenzunterschieden in Proteinen die Hauptrolle gespielt.

Die „neutrale Theorie" erklärt am einleuchtendsten genetische Variabilität außerhalb des Bereichs transkribierter Gene. Diese Variabilität ist heute mittels Restriktionsendonukleasen nachweisbar, die DNA im Bereich spezifischer Basensequenzen schneiden (Vorlesung 2 und 7). Diese Variabilität ist in der Tat viel größer als innerhalb transkribierter Gene; das läßt sich plausibel darauf zurückführen, daß weniger Mutationen einen so starken Selektionsnachteil mit sich bringen, daß sie sehr bald wieder aus der Bevölkerung verschwinden.

Wesentlich weniger überzeugend ist die „neutrale Theorie" für die Erklärung genetischer Polymorphismen im Bereich des „Normalen", soweit sie auf der Proteinebene nachweisbar sind; so z.B. elektrophoretisch nachweisbare genetische Varianten von Enzymen oder Serumproteinen. Hier zeigen nämlich die selteneren Varianten häufig auch die geringere spezifische Aktivität.

Von den meisten dieser Varianten wurde bisher der Selektionsvor- oder -nachteil nicht nachgewiesen – das ist unmittelbar zuzugeben. Dabei muß man aber die Schwierigkeiten bedenken, die allgemein bestehen, Selektionsvor- und -nachteile beim Menschen nachzuweisen, wenn sie nicht ganz massiv sind wie bei Erbkrankheiten oder Chromosomenaberrationen: Die gesamten Lebensbedingungen haben sich v.a. im Laufe der letzten ungefähr 200 Jahre so stark geändert, daß die damals wirksamen Selektionsfaktoren, Infektionen und Mangelernährung, heute bei uns kaum noch eine Rolle spielen (Vorlesung 12). Will man trotzdem rückwirkend eine Selektionshypothese für ein bestimmtes genetisches System plausibel machen, so muß man die physiologische Bedeutung eines Systems und seine Pathologie kennen. Bei vielen Proteinen wissen wir darüber einfach nicht genug, um gezielt und mit Aussicht auf Erfolg nach Selektionsfaktoren fahnden zu können. Wo wir etwas darüber wissen, da wurden manchmal auch Selektionsfaktoren gefunden; so etwa beim HLA-System, wo offenbar Unterschiede in der Immunabwehr gegenüber verschiedenen Infektionen einen Selektionsvorteil möglichst großer genetischer Vielgestaltigkeit zwischen den einzelnen Individuen innerhalb menschlicher Populationen mit sich brachten. Auch bei den „klassischen" AB0-Blutgruppen sind der Polymorphismus und die unterschiedliche Häufigkeit in den Populationen der Welt höchstwahrscheinlich vorwiegend durch Selektion gegenüber verschiedenen Infektionskrankheiten bedingt (Vgl. Vogel u. Motulsky, 1986). Ein anderes Beispiel ist das kalziumtransportierende GC-Protein des Blutes. Dort ließen sich die Häufigkeitsunterschiede in den Bevölkerungen der Welt überzeugend auf die Unterschiede in der Einstrahlung von UV-Licht und damit auch auf verschieden starke Gefährdung durch Rachitis zurückführen (Mourant et al. 1976) – ganz ähnlich wie die Hautpigmentierung (s. oben).

Für die Erforschung der Selektionsfaktoren, die bei dem Entstehen und der Aufrechterhaltung genetischer Polymorphismen in der Bevölkerung wichtig sind oder waren, kann sich die „neutrale Theorie" eher kontraproduktiv auswirken, indem sie die oft sehr mühsame Suche nach Selektionsmechanismen entmutigt.

---

[1] Für die Diskussion der „neutralen Hypothese" im einzelnen vgl. Vogel u. Motulsky 1986, Sect. 7.

Man kann wohl so zusammenfassen: Kimura hat etwas Richtiges gesehen; er hat jedoch die allgemeine Bedeutung des von ihm neu ins Auge gefaßten Phänomens überschätzt. Das hat er mit vielen gemeinsam, die etwas Neues gefunden haben, und es ist psychologisch nur zu gut verständlich. Fachleute der verschiedenen Gebiete – auch Humangenetiker – sind aufgerufen zu prüfen, wo seine Theorie anwendbar ist und wo nicht.


## „Genetic sufficiency"

Vorstellungen, wie sie durch Kimura entwickelt wurden, haben schon jetzt andere Wissenschaftler veranlaßt, über die Art und Weise neu nachzudenken, wie die Auslese eigentlich wirkt. Zuckerkandl (1976, 1978) kam so zu dem Konzept der „genetic sufficiency".

Nehmen wir an, die Umweltbedingungen änderten sich so, daß sich die funktionelle Anpassung eines bestimmten Proteins verschlechtert. Wenn dann eine Mutante vorhanden ist, die der neuen Anforderung besser gerecht wird, so wird sie einen Selektionsvorteil haben und sich vermehren. Dazu ist nicht erforderlich, daß die Funktion des Proteins bis zu seiner denkbar optimalen Stufe verbessert wird; notwendig ist nur, daß eine deutliche Verbesserung eintritt. Für diese Verbesserung kann es verschiedene mögliche Mechanismen geben; verschiedene Mutanten könnten hier auf verschiedenen Wegen zu einem ähnlichen Effekt führen. Welcher Weg tatsächlich gegangen wird, das hängt davon ab, welche Mutanten gerade verfügbar sind, wenn der Bedarf auftritt.

Ein Beispiel: Vor einigen tausend Jahren änderte sich die Lebensweise in vielen tropischen Ländern, indem das Jäger- und Sammlerdasein durch den Ackerbau abgelöst wurde. Das führte zu günstigen Lebensbedingungen für die Malariamükken und zur Ausbreitung der tropischen Malaria (Livingstone 1967). So entwickelten sich in all diesen Bevölkerungen genetische Anpassungen an diese Infektion, die die Malariasterblichkeit in der Kindheit herabsetzten. Hier soll uns besonders die Anpassung im Hämoglobinmolekül interessieren; sie bediente sich der Mutanten, die zufällig da waren. In Afrika war es das Sichelzellgen. An vielen Stellen erreichte es eine hohe Häufigkeit, denn die Heterozygoten erkrankten leichter und starben seltener an Malaria als die normalen Homozygoten. Dieser Vorteil mußte jedoch bezahlt werden mit einem Nachteil: Die Sichelzell-Homozygoten vermehrten sich ebenfalls, und sie litten schwer und starben früh an der Sichelzellenanämie, einer schweren Krankheit des Blutes. Auch in der Mon-Khmer-sprechenden Bevölkerung Südostasiens führte der Übergang zum Ackerbau dazu, daß sich die Malaria verbreitete (vgl. Flatz 1967). Auch hier kam es im Hämoglobinsystem zu einer Anpassung. Aber in dieser Bevölkerung war eine andere Mutante zufällig vorhanden, das Hämoglobin E. Die Anpassung erfolgte also, indem das Gen für Hämoglobin E häufiger wurde. Für die *Heterozygoten* hatte das die gleiche Folge wie für die S-Heterozygoten in Afrika. Sie starben seltener an Malaria. Anders aber die *E-Homozygoten:* Sie haben eine wesentlich leichtere Blutkrankheit als die S-Homozygoten. Sie litten weniger und starben auch nicht an ihrer Krankheit. Dieses Beispiel illustriert, was mit „genetic sufficiency" gemeint ist: Eine Anpassung an die neue Umwelt – Malaria – erfolgte an 2 verschiedenen Stellen auf prinzipiell dem gleichen Wege; eine seltene Hämoglobinvariante wurde häufig. Aber die Kosten dieser Anpassung waren verschieden: In Afrika leidet ein Teil der Bevölkerung an einer sehr schweren, in Südostasien dagegen an einer wesentlich leichteren Blutkrankheit. Beide Anpassungen erfüllten ihren Zweck. Sie waren „sufficient". Aber die zweite war natürlich viel besser als die erste, und welche von beiden sich etablieren konnte, das hing vom Zufall ab. Ähnliche Situationen dürften in der Evolution vielfach vorgekommen sein.

## Die Herkunft von Mutationen, die unter dem Einfluß von besonderen Selektionsfaktoren häufig geworden sind

Das Hämoglobinsystem eignet sich auch dazu, modellhaft etwas über den Ursprung von Mutationen zu sagen, die dann, durch Selektion gefördert, häufig geworden sind. Die Mutation zum Sichelzellhämoglobin ist, wie wir gesehen haben (Vorlesung 3), eine Transversion Thymin→Adenin im 6. Kodon des $\beta$-Ketten-Gens. Solche Mutationen sind sehr selten; es ist nicht unvernünftig, eine Kodonmutationsrate in der Größenordnung von $10^{-9}$ anzunehmen. Daraus konnte man vernünftigerweise schließen, daß alle Hb-S-Allele auf der Welt höchstwahrscheinlich auf eine einzige Mutation zurückgeht. Befunde an DNA-Haplotypen, d.h. Mustern von DNA-Polymorphismen um das Hb-$\beta$-Gen herum schienen jedoch dieser Annahme zu widersprechen: Es wurden bei Afrikanern drei Muster beobachtet, die das Sichelzellgen enthielten (Nagel u. Labie 1985). Daß diese drei Muster durch „klassische" genetische Rekombination infolge von wiederholtem Crossing-over entstanden sein könnten, dafür war die Wahrscheinlichkeit so gering, daß die Autoren die unabhängige Entstehung dieser drei Mutationen in Betracht zogen – zufällig in drei benachbarten Gebieten Afrikas: eine verwirrende Schlußfolgerung. Aber – nun gut, warum sollte es solche Zufälle nicht einmal geben? Auch sehr unwahrscheinliche Ereignisse können immerhin vorkommen.

Doch etwas ganz Analoges beobachtete man auch bei HbE in Südostasien (Antonarakis et al. 1982). Diese Mutation kam in Haplotypen („frameworks"; Abb. 9.2) vor, die kaum durch Rekombination aus einer gemeinsamen Urform hervorgegangen sein konnten. Und auch hier hätten die Mutationen in benachbarten Bevölkerungen entstanden sein müssen. Also eine ganz ähnliche und wieder höchst unbefriedigende Koinzidenz. Spätestens jetzt mußte man darüber nachdenken, ob es vielleicht eine andere, plausiblere Erklärung geben könnte. Die Frage lautete: Gibt es noch einen anderen Mechanismus außer „klassischem" Crossing-over, durch den DNA-Haplotypen rekombiniert werden können? Und diesen Mechanismus gibt es tatsächlich – er wurde schon vor langer Zeit bei der Hefe entdeckt. Er heißt Genkonversion (Abb. 9.3): Durch zwei nahe beieinander liegende gleichzeitige Vorgänge kann ein Gen auf das homologe Chromosom übertragen werden. Eher aus einer gewissen Verlegenheit heraus haben verschiedene Autoren, so auch wir, diesen Mechanismus vor einigen Jahren postuliert, um das geschilderte Sichelzellparadoxon zu erklären (Vogel u. Motulsky 1986). Hundrieser et al. (1988) taten sich leichter, als sie den analogen Hb-E-Fall erklären muß-

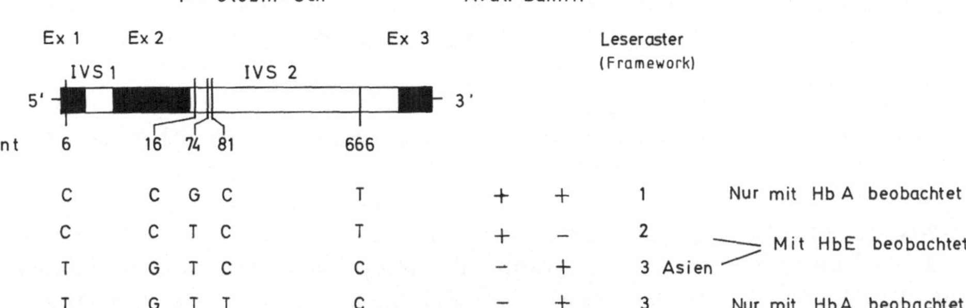


| | | | | | Ava II | Bam HI | | |
|---|---|---|---|---|---|---|---|---|
| C | C | G | C | T | + | + | 1 | Nur mit Hb A beobachtet |
| C | C | T | C | T | + | − | 2 | Mit HbE beobachtet |
| T | G | T | C | C | − | + | 3 Asien | Mit HbE beobachtet |
| T | G | T | T | C | − | + | 3 | Nur mit HbA beobachtet |

*Abb. 9.2.* DNA-„Frameworks" (Restriktionsmuster innerhalb des Hb-β-Gens), die in einer Studie über HbE in Südostasien beobachtet wurden. Die Mutante für HbE wurde nur zusammen mit Framework 2 und Framework 3 (Asien) beobachtet, und zwar Framework 3 (Asien) in Kampuchea, im Osten des Landes häufiger als im Westen. Framework 2 dagegen fand sich in West- und Nordwestthailand. Da sich beide Frameworks durch 2 Basensubstitutionen innerhalb des Hb-β-Kettengens und durch 2 andere „restriction sites" „downstream" voneinander unterscheiden (Ava II; Bam HI), wären insgesamt 4 Crossing-over-Ereignisse erforderlich, damit eines aus dem anderen entstanden sein konnte. Das veranlaßte frühere Autoren zu der Annahme einer unabhängigen Entstehung durch 2 Mutationsereignisse. Genkonversion ist jedoch eine einleuchtendere Erklärung (s. den Text). (Mod. nach Hundrieser et al. 1988)

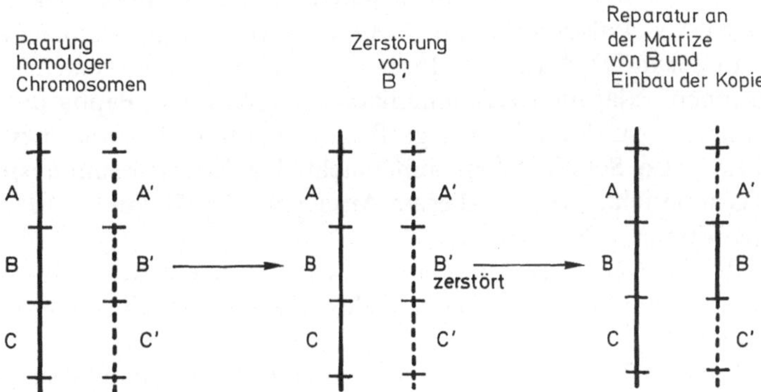


*Abb. 9.3.* Eine Modellvorstellung für Genkonversion: Das Allel B' wird zerstört; an dem Allel B als Matrize kann es neu synthetisiert werden

ten; denn inzwischen hatten Powers u. Smithies (1986) wesentlich direktere, molekularbiologische Hinweise gewonnen, daß Genkonversion in der Hämoglobingenfamilie tatsächlich vorkommt.

Dieses Beispiel zeigt sehr schön das Wechselspiel zwischen molekularer Analyse und Populationsgenetik bei der Lösung von Evolutionsproblemen: Die molekulare Feinanalyse eines Gens wirft ein populationsgenetisches Problem auf. Der Nachweis, daß ein aus der klassischen Genetik bei einem anderen Organismus bekanntes, seltenes Phänomen auch beim Menschen vorkommt, mit Hilfe molekulargenetischer Methoden bietet eine plausible Lösung.

# Genetische Variabilität in der mitochondrialen DNA und die Frage nach unserer gemeinsamen „Urmutter"

In letzter Zeit fand die zufällige Ausbreitung von Mutationen in ihrer Bedeutung für die Evolution des Menschen besondere Beachtung für die DNA der Mitochondrien.

Wie schon seit längerer Zeit bekannt ist, enthalten die Mitochondrien eigene DNA, die auch für bestimmte Gene, z.B. solche für Transfer-RNA kodieren. Im Jahr 1981 publizierte eine Arbeitsgruppe in Cambridge die vollständige Basensequenz dieser DNA (Anderson et al. 1981). Sie besteht aus 16 569 Basenpaaren, ist kreisförmig angeordnet und enthält Gene für Transfer-RNA, 12 S- und 16 S-ribosomale RNA und einige Enzyme. Es dauerte nicht lange, bis auch in dieser DNA genetische Polymorphismen (RFLP) entdeckt wurden. Ihre Untersuchung bot besondere Chancen für Populationsgenetik und Evolutionsbiologie: Mitochondrien werden nämlich, jedenfalls soweit wir bisher wissen, immer nur von der Mutter, von ihr aber auf alle Kinder übertragen. In Oozyten sind sie zahlreich vorhanden; am Spermium finden sich nur vier, die aber nicht auf die Zygote übertragen werden. So kennt man durch mitochondriale Mutationen verursachte Erkrankungen; sie werden nur von der Mutter, aber auf alle Kinder vererbt. Die Entdeckung von RFLP-Polymorphismen in mitochondrialer DNA eröffnete also die Möglichkeit, eine Populationsgenetik nur der mütterlichen Linie zu begründen. Diese Möglichkeit wurde neben anderen von dem bekannten Evolutionsbiologen A.C. Wilson und seinen Mitarbeitern wahrgenommen (Wilson et al. 1987).

In der mtDNA von 177 Individuen aus möglichst verschiedenen Bevölkerungsgruppen – darunter z.B. amerikanische Schwarze, Papua und australische Ureinwohner – wurden mit einer großen Zahl von Restriktionsenzymen 370 „restriction sites" (also Schnittstellen) untersucht. Da jede Erkennungsregion aus mehreren Basen besteht, wird mit diesem Ansatz ein Anteil von ca. 10% der gesamten mitochondrialen DNA erfaßt.

Bei den 177 Individuen fanden sich 147 verschiedene Muster. Viele Muster wurden also nur einmal entdeckt, während einige bei zwei oder mehr Individuen vorkamen.

Diese 147 Muster wurden nun zu einem Stammbaum vereinigt, den man nach dem „Sparsamkeits"prinzip konstruierte: Es sollten so wenig Mutationen wie möglich ausreichen, ihn zu erzeugen (Abb. 9.4; vgl. Ferris et al. 1981). Dieses Prinzip wird ganz allgemein angewandt, wenn Evolutionsstammbäume aus dem Vergleich von Proteinen oder DNA heute lebender Populationen konstruiert werden; sei es, daß wir es mit verschiedenen Spezies oder auch mit Individuen oder Gruppen innerhalb einer Spezies zu tun haben.

Um die Schlußfolgerungen richtig beurteilen zu können, die aus solchen Stammbäumen gezogen werden, müssen wir uns über zwei weitere Voraussetzungen solcher Konstruktionen klarwerden:

1) Es wird vorausgesetzt, daß sich alle untersuchten Individuen der Gruppe tatsächlich auf eine gemeinsame Wurzel zurückführen lassen. Die Stammbäume sind „rooted".
2) Man nimmt an, daß die Trennung immer durch einfache Verzweigung erfolgt.

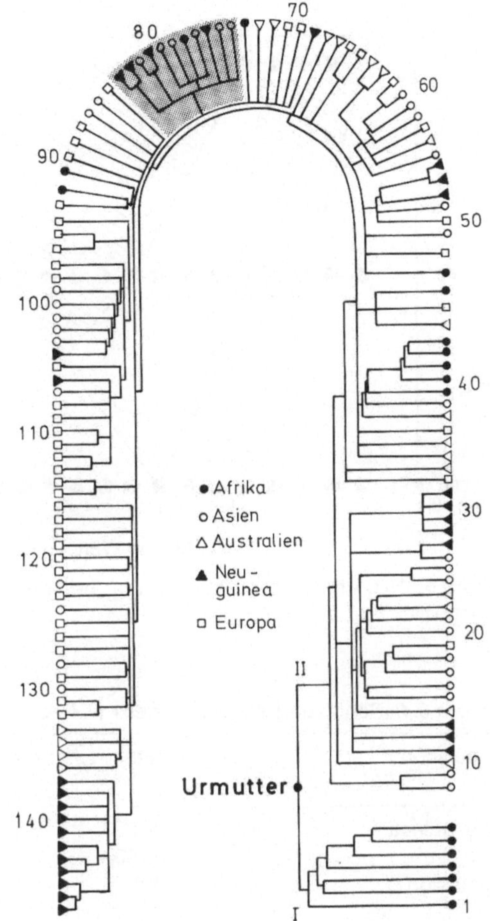


*Abb. 9.4.* Stammbaum, in dem die Abstammung von 147 Typen menschlicher mt-DNA dargestellt ist. Der Stammbaum wurde aufgrund der Bestimmung von 370 „restriction sites" bei 177 Individuen aufgestellt. Die *schattierte Region oben links* umfaßt die 11 Typen, die eine Deletion gemeinsam haben. Arm 1 besteht aus 7 verschiedenen Typen ausschließlich afrikanischen Ursprungs. (Nach Wilson et al. 1987, S. 159)

Das Ergebnis zeigt Abb. 9.5. Es ergaben sich 2 Klassen: In Klasse I finden wir nur Schwarze; in Klasse II alle übrigen, einschließlich eines Teils auch der negriden Rasse. Die Unterschiede zwischen den beiden Klassen sind am größten, daher müßte auch die Trennung am frühesten erfolgt sein. Einige Daten – etwa die von Papuas oder von australischen Ureinwohnern – lassen auch Hinweise darauf zu, wie lange es im Durchschnitt dauert, bis ein bestimmter Prozentsatz der Varianten in einer Bevölkerung ausgetauscht worden ist; denn es ist aus unabhängigen Quellen ungefähr bekannt, wann die betreffende Gruppe sich von der übrigen Menschheit getrennt hat (Tabelle 9.1).

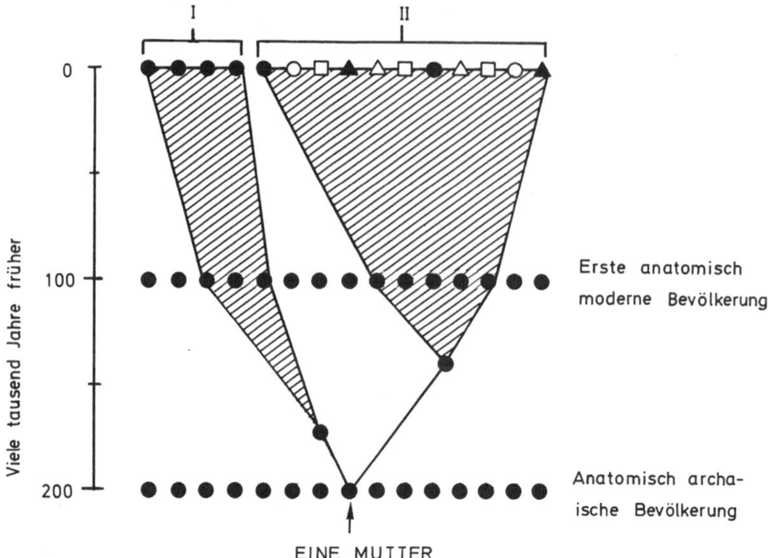


*Abb. 9.5.* Hypothetischer Stammbaum, der dem Stammbaum den Zeithorizont hinzufügt. (Nach Wilson et al. 1987)

*Tabelle 9.1.* Schätzung der Raten der mtDNA-Evolution

| Population | Alter in Jahren | Prozentuale Abweichung/ 1 Mio. Jahre |
|---|---|---|
| Neu Guinea | 40 000 | 2,2–6,2 |
| | 50 000 | 1,8–5,0 |
| Australien | 40 000 | 4,0–7,2 |
| | 50 000 | 3,2–5,8 |
| Amerikanische Indianer | 12 000 | 4,2 |
| | 20 000 | 2,5 |

Extrapoliert man diese Zahlen nach unten hin, so landet man schließlich bei einer ersten Verzweigung, die ca. 200 000 Jahre zurück liegt (Abb. 9.5). Das sei also die Urbevölkerung, aus der sich alle heute lebenden Gruppen des Homo sapiens entwickelt hätten.

Unabhängig von diesen Betrachtungen mehren sich die Hinweise darauf, daß der Ursprung des Homo sapiens in Afrika liegt: die gesamte alte Welt sei durch Wanderungen aus diesem Bereich besiedelt worden – oft unter Verdrängung oder Vernichtung anderer Urmenschenformen, beispielsweise des Neandertalers (Breuer 1985). Das ist schematisch in Abb. 9.6 gezeigt (die Nummern beziehen sich auf die Verzweigungen in Abb. 9.4).

So weit, so (vielleicht) gut – oder doch wenigstens plausibel. Nun kommt aber die Hypothese, durch die diese Arbeiten der Wilson-Gruppe vor allem populär

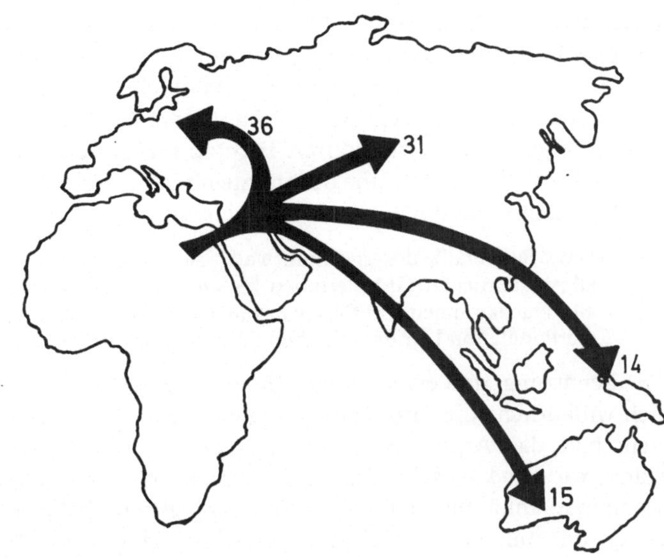



*Abb. 9.6.* Vermutete Wanderungsbewegung von Afrika nach Asien und Europa. Die *Zahlen* geben die Mindestwerte der Basen-Austausche für die Linien wieder, die für die betreffende geographische Region spezifisch sind. (Nach Wilson et al. 1987)

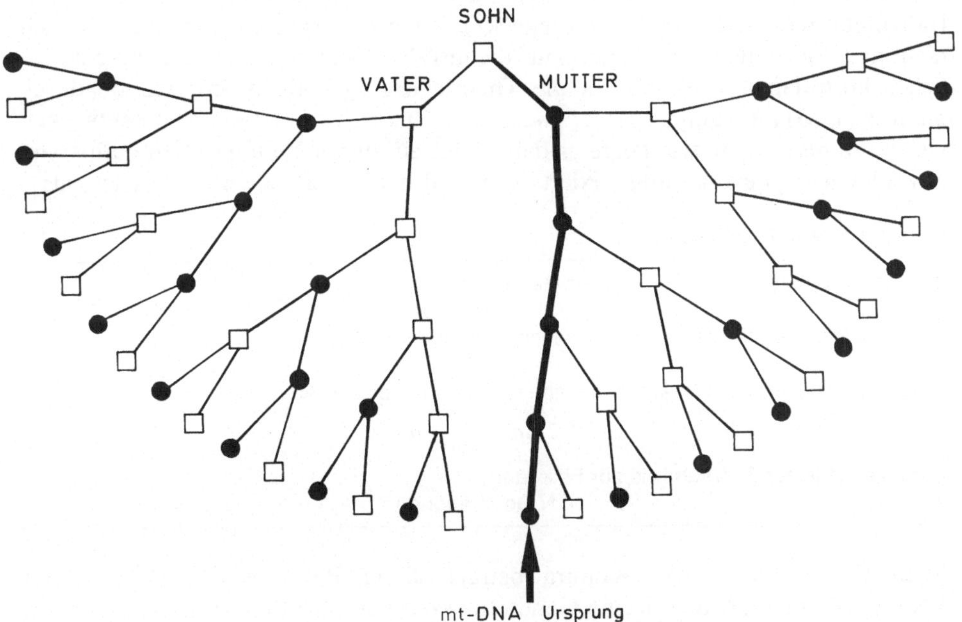



*Abb 9.7.* Von 32 Ahnen der 5. Generation bleibt nur eine mt-DNA übrig. (Nach Wilson et al. 1987)

wurden: Die mitochondriale DNA *aller* heute lebenden Individuen soll nicht nur auf eine Urpopulation, sondern auch auf ein Individuum zurückgehen. Der Kern des Arguments ist in Abb. 9.7 veranschaulicht. Die mitochondriale DNA einer Frau geht in der nächsten Generation verloren, wenn sie nur Söhne hat. Sie kann nur weitergetragen werden durch Töchter. Im Laufe der Generationen wird so die Wahrscheinlichkeit, daß eine bestimmte mtDNA verlorengeht, überwältigend hoch. Es folgt, daß schließlich nur eine einzige übrigbleibt. Die Autoren schreiben:

> Die Mathematik des „random walk" sagt uns, daß nach etwa 10000 Generationen alle mütterlichen Gründerlinien bis auf eine ausgestorben sein werden. So werden alle Nachkommen mtDNA von nur einer von zehntausend Müttern tragen, welche die Population begründet haben (Wilson et al. 1987).

Die Schätzung, daß etwa 10000 Mütter die Population begründet hätten, ist natürlich willkürlich; die Größenordnung erscheint jedoch auch mir vernünftig. Trotzdem hält das Argument einer genaueren mathematischen Nachprüfung nicht stand, wie wir kürzlich zeigen konnten (Vogel u. Krüger, im Druck 1989): Selbst wenn man annähme, daß die Bevölkerung gleich bliebe, ist die Wahrscheinlichkeit dafür, daß nur eine mtDNA übrigbleibt, keineswegs übermäßig groß; sie wird sogar sehr gering, wenn man realistische Annahmen über das Bevölkerungswachstum macht. Natürlich kann man andererseits die Randbedingungen auch so manipulieren, daß mit hoher Wahrscheinlichkeit nur eine mtRNA übrigbleibt; etwa indem man annimmt, daß die Individuenzahl in der Bevölkerungsgruppe, aus der schließlich die heutige Menschheit entstanden ist, einmal oder öfter auf wenige Individuen reduziert wurde („bottleneck"). Auch ist das Argument grundsätzlich nicht neu und reduziert sich nicht auf die mtDNA; auch bei normaler geschlechtlicher Fortpflanzung erlaubt es die Theorie der „genetic drift", wie sie durch Kimura (1983) im Rahmen seiner „neutralen Theorie" (vgl. oben) weiterentwickelt wurde, zu berechnen, wie lange es dauert, bis ein durch Mutation neu aufgetretenes Allel in der Bevölkerung „fixiert" wurde, d. h. bis es alle Genorte besetzt hat:

Mutationsrate $\mu$, Population N

---

Zahl der Neumutanten in der jetzigen Generation:
$$2\,N\mu$$
Wahrscheinlichkeit für das Auftreten einer neutralen Mutation:
$$1/2\,N$$
Wahrscheinlichkeit für das Auftreten eines Allels und seine spätere Fixierung:
$$2\,N\mu = \frac{1}{2\,N} = \mu$$
Durchschnittlicher Zeitraum bis zur Fixierung:
$$4\,N \text{ Generationen}$$

---

Nach Berechnungen von Kimura beträgt dieser Zeitraum im Durchschnitt 4 N Generationen, d. h. auf eine Generationszeit von ungefähr 25 Jahren bezogen wären das etwa $100 \cdot N$ Jahre (N = Gesamt-Population). Zu diesem Zeitpunkt gehen dann alle vorhandenen Gene letztlich auf ein Individuum, nämlich den Träger dieser Mutation, zurück.

Eine Anwendung dieser Betrachtung auf das Problem der mtDNA zeigt jedoch, daß eine Herkunft aller gegenwärtigen mtDNA von einer von 10000 Müttern, die

140

vor ungefähr 200 000 Jahren, also vor 10 000 Generationen lebte, eher unwahrscheinlich ist.

Diese Betrachtung wurde trotzdem so ausführlich gebracht, weil sie zeigt, welche Bedeutung bei der Anwendung populationsgenetischer Modelle auf konkrete Probleme die Randbedingungen haben; diese werden aber oft einfach angenommen, ohne besonders begründet zu werden. Und hier besteht die besondere Gefahr, daß sich persönliche Vorurteile einschleichen.

An dieser Stelle sollten wir uns noch einmal an die beiden Voraussetzungen für die Konstruktion solcher phylogenetischer Stammbäume erinnern: Daß alle auf eine gemeinsame Wurzel zurückgehen und daß es nur einfache, „irreversible" Verzweigungen gibt. Die erste Voraussetzung dürfte für die Evolution des Menschen wohl zutreffen, wie die meisten Anthropologen heute mit guten Gründen annehmen. Von der zweiten haben wir sogar für die Entstehung der Arten Grund zu vermuten, daß sie die Tatsachen oft unzulässig vereinfacht; für die Differenzierung innerhalb der Arten, also die Unterteilung in Rassen – oder wie man solche Subgruppen immer nennen mag – vereinfacht sie die tatsächlichen Verhältnisse ganz unzulässig. Selbst für die Artbildung haben manchmal andere Modelle mehr Wahrscheinlichkeit für sich, wie Ihnen das jetzt folgende Beispiel zeigen mag.

## Rekonstruktion der Evolution der Menschenaffen und des Menschen aufgrund eines Vergleichs der Bandmuster von Chromosomen

Vergleicht man die Chromosomen des Menschen nach Anzahl, Lage der Zentromere und Bandmuster mit denen der Menschenaffen, so zeigt sich eine Reihe von Unterschieden (Dutrillaux 1975, 1979):

Chromosomenzahl

| | |
|---|---|
| Mensch | 46 |
| Schimpanse | 48 |
| Waldschimpanse | 48 |
| Gorilla | 48 |
| Orang Utan | 48 |

So hat der Mensch nur 46 Chromosomen, die vier anderen Spezies jedoch 48. Dieser Unterschied kam zustande durch eine Telomerfusion zweier akrozentrischer Chromosomen zu einem großen metazentrischen – dem menschlichen Chromosom Nr. 2 (Abb. 9.8). Die übrigen Unterschiede sind größtenteils Inversionen, und zwar v. a. solche, die das Zentromer einbeziehen (perizentrische Inversionen). Dazu kamen noch einige wenige, komplexe Rearrangements sowie kleine Unterschiede in heterochromatischen Regionen und in Telomerregionen.

Mit Hilfe der Telomerfusion und der Inversionen läßt sich nun ein Stammbaum konstruieren nach den allgemeinen Prinzipien, wie sie vorhin am Beispiel der mitochondrialen DNA erläutert wurden (Abb. 9.4). Diese Konstruktion funktioniert auch gut, solange man die Chromosomen einzeln betrachtet. Nun haben sich aber nicht einzelne Chromosomen entwickelt, sondern ganze Spezies. Betrachtet

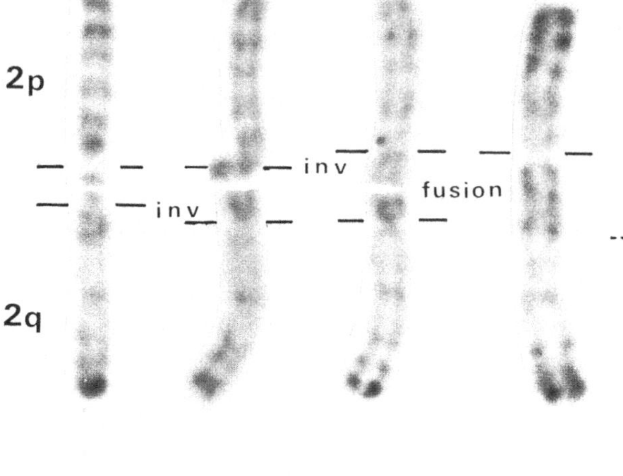


**Abb. 9.8.** Entstehung des menschlichen Chromosoms Nr. 2 aus 2 akrozentrischen Chromosomen durch Telomerfusion. Die Chromosomen von Pongo (Orang Utan), Gorilla und Pan (Schimpanse) unterscheiden sich außerdem durch Inversionen. (Nach Dutrillaux 1975; vgl. Vogel u. Motulsky, 1986)

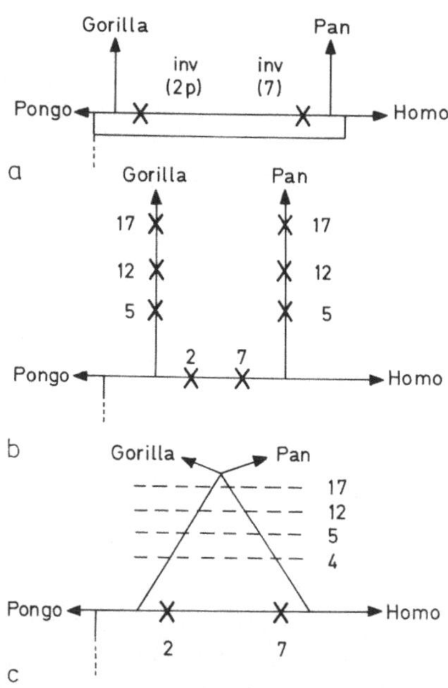


**Abb. 9.9. a–c.** Drei Hypothesen zur Erklärung der Widersprüche im Stammbaum von Mensch, Schimpanse und Gorilla. *a* Langdauernde Heterozygotie in der Population für 2 Inversionen; *b* zufällige Parallelfixierung von 3 Inversionen in den bereits getrennten Populationen Schimpanse und Gorilla; *c* Trennung von Gorilla und Schimpanse zu verschiedenen Zeiten von dem zum Menschen führenden Stamm; danach wiederholte Hybridisierung zwischen den Urbevölkerungen aus Gorilla und Schimpanse. (Nach Dutrillaux 1975)

man aber die Chromosomen gemeinsam, so stellt sich in den Verwandtschaftsbeziehungen von Mensch, Schimpanse und Gorilla ein Widerspruch heraus: Schimpanse und Gorilla haben drei Inversionen gemeinsam (5, 12 und 17), die der Mensch nicht besitzt. Umgekehrt haben Schimpanse und Mensch zwei Inversionen gemeinsam (2p, 7), die der Gorilla nicht besitzt (Abb. 9.9).

Nach Dutrillaux (1975) läßt sich dieses Dilemma auf drei verschiedenen Wegen lösen:

1) Es hat für lange Zeit eine Population gegeben, die für die Inversion (2p) einen Chromosomenpolymorphismus besessen hat; daraus haben sich Gorilla und Schimpanse aus verschiedenen Subpopulationen abgespalten.
2) Es sind nacheinander zwei Abspaltungen erfolgt, und in ihnen haben sich – unabhängig voneinander – Inversionen (5, 12, 17) etabliert.

Beide Möglichkeiten erfordern nur „klassische" Annahmen. Je mehr man sie im einzelnen durchdenkt, desto unwahrscheinlicher werden sie allerdings.

3) Ihnen stellt Dutrillaux ein drittes Modell gegenüber, das seiner Meinung nach noch am plausibelsten ist (Abb. 9c): Wie, wenn sich aus der gemeinsamen Population zunächst eine Subpopulation abgespalten hätte und in einen anderen Lebenskreis abgewandert wäre – etwa, so dürften wir wohl hinzusetzen, aus der Savanne in den tropischen Urwald? Erst danach haben sich in der Restpopulation die Inversionen 2p und 7 etabliert, und später sei eine weitere Sub-

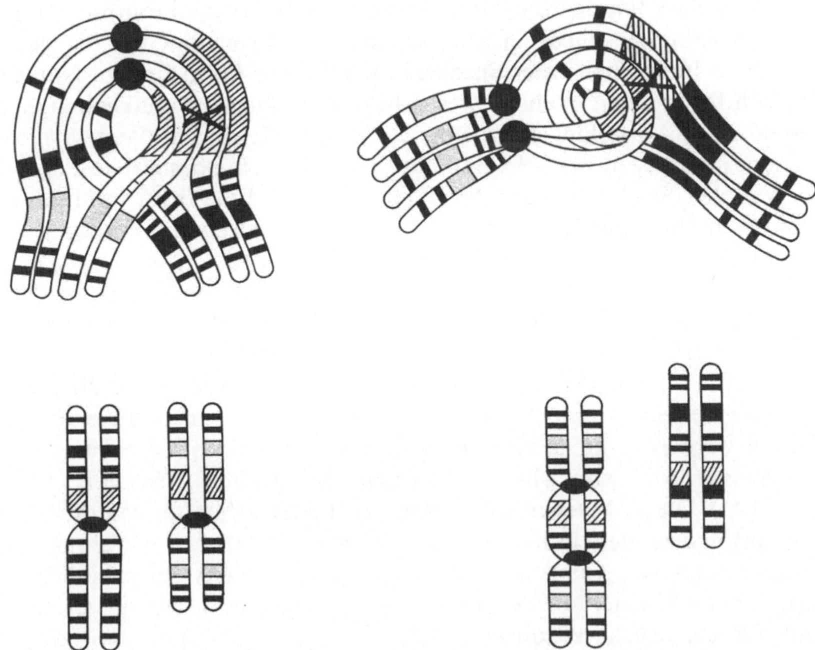

Abb. 9.10. Crossing-over in einer Paarungsschlinge und daraus entstehende aberrante Chromosomen; *links* perizentrische, *rechts* parazentrische Inversion. (Vogel u. Motulsky 1986)

gruppe in den Urwald gelangt. Hier sei es dann zu wiederholten Vermischungen mit der früher abgewanderten Gruppe gekommen. Dadurch könnten sich die neuen Inversionen 5, 12 und 17 etabliert haben, bis es später zu einer endgültigen Trennung kam.

Niemand von uns ist dabeigewesen, als diese Vorgänge vor mehreren Millionen Jahren stattfanden. Wir sollten uns deshalb darüber im klaren sein, daß die Vorstellungen, die wir uns davon bilden, die Wirklichkeit nur auf äußerst vereinfachte Art abbilden dürften. Gerade diese Betrachtung über Chromosomenevolutionen sollten uns aber zeigen, wie man ein durch den Befund selbst aufgegebenes Rätsel manchmal überzeugender lösen kann, wenn man sich von liebgewordenen, doch vielleicht zu schematischen Vorstellungen löst und das Problem neu durchdenkt. Diese allgemeine Lehre gilt auch für den Fall, daß sich das von Dutrillaux aufgezeigte Dilemma - Inversionen, die zu einem „klassischen" Stammbaum nicht recht passen wollen - einmal durch genauere, molekularbiologische Analysen dieser Inversionen anders lösen sollte.

## Stammen wir von „Adam und Eva" ab?

Die Betrachtung über die „neutrale Theorie", besonders aber über mitochondriale DNA und die „Urmutter"hypothese führten uns zu den Bedingungen, unter denen sich Gene und mitochondriale DNA-Sequenzen nach den Gesetzen des Zufalls in einer Population etablieren können. Bei den Chromosomen fanden wir dann Speziesunterschiede in Merkmalen - v.a. Inversionen -, die sich bei praktisch allen Individuen einer Spezies in identischer Form finden. Nun unterscheiden sich Inversionen in einem wesentlichen Merkmal von nuklearen Genmutationen oder DNA-Merkmalen in Mitochondrien: Sie sind großenteils nicht neutral, sondern unterliegen der Selektion, und zwar liegt eine besondere Form der Selektion vor, die „Selektion gegen die Heterozygoten". Eine Inversion führt nämlich in dem invertierten Bereich zu einer Fehlpaarung zwischen homologen Chromosomen in der Meiose. Findet im invertierten Bereich ein Crossing-over statt, so führt das zu Chromosomen, die einen Teil ihres Materials verdoppelt haben, während ein anderer ganz fehlt (Abb. 9.10). Die Zygoten, die diese aberranten Chromosomen enthalten, werden in der Regel nicht lebensfähig sein.
Wird die Inversion homozygot, so ist diese Schwierigkeit überwunden. Ein möglicher Mechanismus, durch den Homozygotie einer Inversion sehr bald erreicht werden kann, ist eine Inzucht - also im Extremfall etwa Paarung zweier Geschwister, die von einem Elternteil die gleiche Inversion geerbt haben (Abb. 9.11). Dieser Mechanismus ist in den Primatenhorden von oft wohl wenigen sich fortpflanzenden Individuen, als die wir uns unsere Vorfahren etwa in der Homo-erectus-Zeit vorstellen müssen, gar nicht so unwahrscheinlich. Fortpflanzung innerhalb einer solchen Inversionsträgergruppe sollte zu normaler Kinderzahl führen, Rückkreuzungen mit Individuen außerhalb dagegen zu einem beträchtlichen Zygotenverlust. Ein wirksamer Mechanismus für (relative) Fortpflanzungsisolierung - und damit eine gute Vorbedingung für die Bildung einer neuen Art.

144

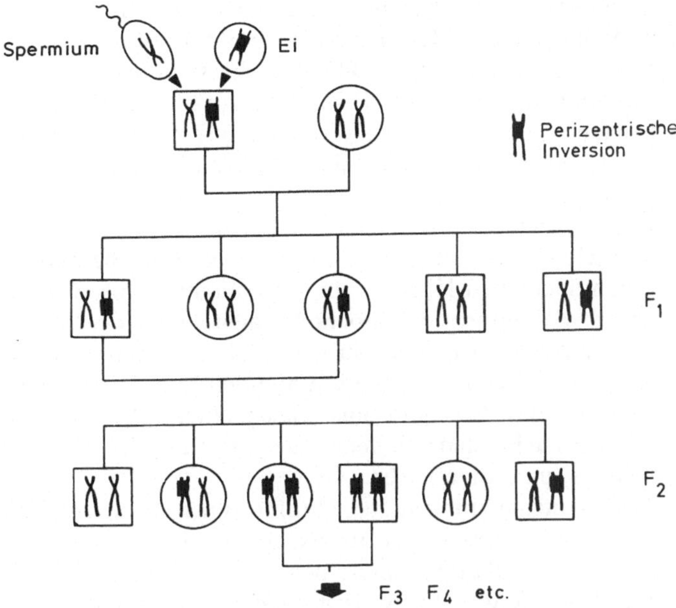


*Abb. 9.11.* Modellvorstellung für die Entstehung einer neuen Art durch enge Inzucht, wenn eine perizentrische Inversion zur Selektion gegen die Heterozygoten führt. Eine Inversion entsteht in der Keimzelle eines Individuums. Sie wird auf mehrere Nachkommen übertragen. Bilden zwei von ihnen ein Paar, so kann Nachwuchs entstehen, der für die Inversion homozygot ist; Nachkommen zweier solcher Homozygoter können eine neue Art bilden. (Aus Vogel u. Motulsky 1986)

## Schlußfolgerungen

In unserem fragmentarischen Überblick über moderne Probleme der Evolutionsgenetik und Beiträge der Humangenetik zu ihrer Lösung haben wir vier Problemkreise berührt:

1) Die „neutrale" Theorie von Kimura hat uns gelehrt, die Bedeutung der natürlichen Auslese für genetische Veränderungen in Populationen neu einzuschätzen. Auch wenn Kimura die Bedeutung „zufälliger" Veränderungen der Häufigkeit erblicher Varianten für das Verständnis genetischer Variabilität innerhalb von Bevölkerungen wie für die Unterschiede zwischen den Bevölkerungen möglicherweise überschätzt hat, so hat eine Auseinandersetzung mit seiner Theorie uns doch gelehrt, klarer zu sehen, was Selektion kann und was sie nicht kann. Ein Ergebnis dieses Denkprozesses ist das Konzept der „genetic sufficiency": Es ist nicht nötig, daß die Natur die optimale Lösung für ein Problem findet; es muß nur eine für das Überleben ausreichende Lösung sein. An dem Vergleich der Anpassung an die Malaria tropica durch das Sichelzellhämoglobin in Afrika und das Hb E in Südostasien kann das deutlich gezeigt werden: Beide Lösungen waren ausreichend, aber die Lösung durch Hb E war wesentlich besser; denn ihre Kosten durch Krankheit und Tod waren geringer.

145

2) Eine genauere Analyse der Haplotypen, innerhalb derer die Sichelzellmutation in Afrika und die Mutation zu Hb E in Südostasien vorkommt, führte in beiden Fällen zu dem gleichen Dilemma: Es sieht so aus, als ob jede dieser beiden Mutationen nicht einmal, sondern zufällig zwei- oder dreimal, aber in eng benachbarten Bevölkerungsgruppen aufgetreten wäre. Solch ein seltener Zufall ist vielleicht einmal, aber nicht zweimal in ganz ähnlicher Situation denkbar. Genkonversion (Übergang eines Gens auf das homologe Chromosom) bietet sich als Erklärung an. Es gibt unabhängige Hinweise dafür, daß sie auch beim Menschen – und innerhalb der Hämoglobingenfamilie – vorkommt.

3) Einen deutlichen Hinweis auf die Bedeutung des Zufalls in der Evolution bietet die Evolution der mitochondrialen DNA des Menschen. Hier haben wir den modernen Mythos von der mtDNA-Urmutter aller Menschen relativiert und die zu dieser Hypothese führenden Betrachtungen in einen größeren Rahmen gestellt. Das gab uns Gelegenheit, über die Voraussetzungen etwas genauer nachzudenken, denen die bekannten Konstruktionen phylogenetischer Stammbäume unterliegen.

4) Auch Untersuchungen zur Chromosomenevolution von Mensch, Schimpanse und Gorilla führten uns zum Nachdenken nicht nur über diesen Fall, sondern über die populationsgenetischen Voraussetzungen der Evolution im allgemeinen. Das einfache Verzweigungsmodell der Artbildung, wie wir es sonst meist anwenden, ohne noch besonders darüber nachzudenken, führte hier zu einem Widerspruch. Er ließ sich aufheben, wenn man annahm, daß wiederholte Trennungen und Hybridisierungen vorkommen.

Die Evolutionstheorie, die führende biologische Theorie des 19. Jahrhunderts, wurde durch die Genetik des 20. Jahrhunderts in erstaunlichem Umfang bestätigt und ausgebaut. Sie ist als solche gesichert. Das bedeutet aber nicht, daß wir auch alle ihre einzelnen Annahmen als gesichert akzeptieren sollten. Im Gegenteil, sie muß immer wieder im Licht neuer Befunde überprüft und, wo nötig, korrigiert werden. Dazu kann gerade auch die Humangenetik Wesentliches beitragen.


## Literatur


Anderson S, Bankier AT, Barrel BG et al. (1981) Science and organization of the human mitochondrial genome. Nature 290: 457–465

Antonarakis SE, Orkin SH, Kazazian HH et al. (1982) Evidence for multiple origins of the E-globin gene in Southeast Asia. Proc Natl Acad Sci USA 79: 6608–6611

Breuer G (1985) Präsapiens-Hypothese oder afro-europäische Sapiens-Hypothese? Z Morphol Anthropol 75: 1–25

Dutrillaux B (1975) Sur la nature et l'origine des chromosomes humains. L'Expansion Scientifique, Paris

Dutrillaux B (1979) Chromosomal evolution in primates. Tentative phylogeny from Microcebus Murinus (Prosimian) to man. Hum Genet 48: 251–314

Eigen N, Schuster P (1979) The hypercycle. Springer, Berlin Heidelberg New York Tokyo

Ferris SD, Wilson AC, Brown WN (1981) Evolutionary tree for apes and humans based on cleavage maps of mitochondrial DNA. Proc Natl Acad Sci USA 78: 2432–2436

Flatz G (1967) Haemoglobin E: Distribution and population dynamics. Hum Genet 3: 189–234


146

Hundrieser J, Sanguansermsri T, Papp T, Laig M, Flatz G (1988) $\beta$-Globin gene linked DNA haplotypes and frameworks in three Southeast Asian populations. Hum Genet 80: 90–94

Kimura M (1983) The neutral theory of molecular evolution. Cambridge University Press, Cambridge

Küppers B-O (1986) Der Ursprung biologischer Information. Piper, München Zürich

Li CC (1955) Population genetics. University of Chicago Press, Chicago

Livingstone FB (1967) Abnormal hemoglobins in human populations. Aldine, Chicago

Lorenz K, Wuketits FM (Hrsg) (1983) Die Evolution des Denkens. Piper, München Zürich

Mayr E (1967) Artbegriff und Evolution. Parey, Hamburg Berlin

Mourant AE, Tills D, Domaniewska-Sobczak K (1976) Sunshine and the geographical distribution of the alleles of the Gc system of plasma proteins. Hum Genet 33: 307–314

Nagel RL, Labie D (1985) The consequences and implications of the multicentric origin of the Hb gene. In: Stamatoyannopoulos G, Nienhus A (eds) Experimental approaches for the study of hemoglobin switching. Libb, New York, pp 93–103

Norio R, Nevalinna HR, Perheentupa J (1973) Hereditary diseases in Finland: Rare flora in rare soil. Ann Clin Res 5: 109–141

Powers PA, Smithies O (1986) Short gene conversions in the human fetal globin region: a by-product of chromosome pairing during meiosis? Genetics 112: 343–358

Vogel F, Krüger J (1989) Our common mother is probably a logical an statistical artifact. Hum Genet (im Druck)

Vogel F, Motulsky AG (1986) Human genetics, 2nd edn. Springer, Berlin Heidelberg New York Tokyo

Wilson AC et al. (1987) Mitochondrial clans and the age of our common mother. In: Vogel F, Sperling K (eds) Human genetics. Proceedings of the 7th International Congress, Berlin 1986. Springer, Berlin Heidelberg New York Tokyo, pp 159–164

Zuckerkandl E (1976) Evolutionary processes and evolutionary noise at the molecular level. II. A selectionist model for random fixations in proteins. J Mol Evol 7: 269–311

Zuckerkandl E (1978) Molecular evolution as a pathway to man. Z Morphol Anthropol 69: 117–142

# 10 Forschungsstrategien der Verhaltensgenetik des Menschen – dargestellt am Beispiel der Alkoholsucht*

## Die genetische Grundlage unseres Befindens und Verhaltens: Das humangenetische Thema, das uns als Menschen am meisten angeht

„Das eigentliche Studium des Menschen ist der Mensch." Alexander Pope hat diesen Satz geprägt, und Goethe läßt ihn in den *Wahlverwandtschaften* seine Lieblingsgestalt Ottilie in ihr Tagebuch schreiben. Seitdem ist er oft zitiert worden, und man hat dabei nicht die menschliche Anatomie im Sinn, in der Regel nicht einmal die Frage, wie unser Organismus funktioniert, sondern man denkt an die Psyche des Menschen. Wie denken und fühlen wir? Wie erfahren wir die Welt und uns selbst? Warum fühlen wir uns manchmal glücklich, zu anderen Zeiten tief traurig? Warum verhalten wir uns unserer Umwelt gegenüber manchmal so, dann wieder anders? – Wie kommt es, daß wir Menschen uns auch seelisch so stark voneinander unterscheiden, daß wir die Welt so verschieden erleben und daß manche dieses, andere jenes leisten, manche viel, andere wenig?

Das alles sind Probleme, die uns brennend interessieren. Und dabei stellt sich uns auch die Frage: Wieweit ist das alles, wieweit sind auch psychische Unterschiede zwischen den Menschen durch die Erbanlagen schicksalhaft festgelegt? In welchen Grenzen sind wir frei, uns zu entscheiden und unseren Lebensweg selbst zu bestimmen?

Erzählt man in einer Gesellschaft, daß man sich beruflich mit Vererbungsproblemen beim Menschen befaßt, dann wird man immer wieder gefragt: Wie steht es mit der Vererbung im geistig-seelischen Bereich? Und wir geraten dann in Verlegenheit mit unserer Antwort; denn gerade auf diesem Gebiet weiß unsere Wissenschaft viel weniger als in den meisten anderen Bereichen. Auch die Vorurteile haben deshalb einen größeren Einfluß (Vorlesung 11), und die Kontroversen zwischen wissenschaftlichen Schulen sind schärfer. Dabei hat die Humangenetik als Wissenschaft genau mit diesem Problem angefangen: Bereits 1865 publizierte Francis Galton seine Arbeit *Hereditary talent and character,* in der er nachwies, daß nahe Verwandte herausragender Persönlichkeiten ebenfalls überzufällig häufig hervorragende Leistungen vollbracht haben. Die Frage, die dieses Ergebnis aufwirft – welchen Anteil haben daran die gemeinsamen Erbanlagen? –, ist auch heute noch nicht beantwortet.

Inzwischen haben wir uns im Schlepptau unserer Methoden und v.a. auch der immer weiter entwickelten genetischen Theorie von diesen Anfängen wegbewegt;

---

* Für diese Vorlesung wurde v.a. ein in der Deutschen Medizinischen Wochenschrift publizierter Beitrag verwendet (Vogel 1981).

148

auf anderen Gebieten haben wir die genetischen Grundlagen und Mechanismen unseres Lebens viel besser verstehen gelernt als in der Verhaltensgenetik. Das wird einem klar, wenn man einmal ein fiktives Forschungsprojekt ins Auge faßt, das es so (hoffentlich) niemals geben wird.

## Ein unmögliches Forschungsprojekt

Stellen Sie sich vor, eine Organisation der Forschungsfinanzierung – etwa die Deutsche Forschungsgemeinschaft – lege Ihnen das folgende Projekt zur Begutachtung vor: Der Antragsteller möchte in einer Bevölkerung Zentralafrikas eine Zwillings- und Familienstudie über den quantitativen Hämoglobingehalt des Blutes durchführen. Er will ein- und zweieiige Zwillinge vergleichen; Eltern, Kinder, Adoptivkinder und Geschwister sollen in die Studie einbezogen werden; alles unter sorgfältiger Berücksichtigung der Variabilität in Abhängigkeit von Alter und Geschlecht. Methoden der Messung und der statistischen Auswertung sind einwandfrei; Ziel der Studie ist, den genetischen Anteil an der Gesamtvariabilität zu bestimmen.

Natürlich würden Sie das Projekt ablehnen. Wie Sie nämlich wissen, ist der Hämoglobinwert eine abgeleitete Variable; ein Endresultat, das sehr weit von der Genwirkung entfernt liegt. Er hängt in dieser Bevölkerung von vielen Faktoren ab. So einerseits von Häufigkeit und Verteilung erblicher Hämoglobinvarianten, wie z. B. des Sichelzellgens, andererseits von der Ernährung, dem Einfluß von Infektionen wie Malaria und anderen Tropenkrankheiten und der Kontamination mit Eingeweidewürmern. Sinnvoll ist es, diese Einzelfaktoren mit den jeweils adäquaten Methoden zu untersuchen; nur sie sind auch unserer Einwirkung zugänglich, wenn wir etwas bessern wollen. Daneben ist ein pauschales Gesamtergebnis vergleichsweise uninteressant. Vor allem wird es auch von einer Bevölkerung zur anderen verschieden ausfallen, je nachdem, wie die Einzelfaktoren variieren.

Und doch sind ähnliche Projekte wie das oben geschilderte in der Verhaltensgenetik gang und gäbe; sie sind wohl auch notwendig, damit dringende Fragen wenigstens vorläufig beantwortet werden können. Aber man bemüht sich, Forschungsstrategien zu entwickeln, die es möglich machen sollen, Prinzipien und Konzepte, die sich in anderen Bereichen der Humangenetik bewährt haben, nun auch in der Verhaltensgenetik nutzbar zu machen. Wie sie auf ein solches Problem angewendet wurden, soll im folgenden an einer Verhaltensweise dargestellt werden, die gegenwärtig zu sehr schweren menschlichen und sozialen Problemen führt: der Alkoholsucht.

## Alkoholsucht: Erbe und Umwelt

Nach einer Definition der Weltgesundheitsorganisation sprechen wir von suchterzeugenden Giften dann, wenn sie beim Süchtigen ein übermäßiges Verlangen nach dem Gift erzeugen, eine Tendenz zur Erhöhung der Dosis mit sich bringen und zu

einer psychischen oder körperlichen Abhängigkeit von der Giftwirkung führen,
welche die Grundlage für die Entziehungserscheinungen bildet (vgl. Weitbrecht
1963). Eine Sucht kann sich nur entwickeln, wenn die suchtverursachende Substanz zur Verfügung steht. Auch muß sie – wenigstens bei Beginn des Gebrauchs –
Wirkungen auf die Psyche haben, die als angenehm und erstrebenswert erlebt werden. Der Gebrauch derartiger Stoffe gehört offenbar seit unvordenklichen Zeiten
zur menschlichen Kultur. Er variiert in Abhängigkeit von den wirtschaftlichen
Verhältnissen, von Religion und Kultur einer Gesellschaft – kurz, von der
Umwelt, in der ein Mensch lebt.

Selbst bei überreichlichem Angebot des Suchtgifts fällt jedoch meist nur ein
kleiner Teil der Bevölkerung der Sucht anheim. Die meisten Menschen vermeiden
das Gift, oder sie bedienen sich seiner mit Maßen. Sie erleiden dann auch keinen
Schaden durch seinen Gebrauch. Auch dafür, daß einige wenige süchtig werden,
gibt es meist plausible Erklärungen: Verführung, sozialer Druck, Eintritt in eine
Subkultur, persönliche Enttäuschungen, die Unfähigkeit, mit den Problemen des
Lebens fertigzuwerden (vgl. Feuerlein 1979, 1984). Aber selbst wenn Umweltfaktoren die Suchtentstehung begünstigen – vom Menschen selbst her muß ihnen eine
gewisse Bereitschaft entgegenkommen. Schließlich sind die langfristigen Folgen
süchtigen Verhaltens allgemein bekannt. Es müssen also auch psychologische
Widerstände überwunden werden, bevor ein Mensch der Sucht verfällt. Sind wir –
außer infolge verschiedener Lebensschicksale – auch durch unsere biologische
Natur, unsere Erbanlagen, verschieden stark disponiert, süchtig zu werden? Konkrete Hinweise dafür gibt es beim Alkoholismus.

„Wen der Trunk körperlich, psychisch oder in seiner sozialen Stellung deutlich
geschädigt hat, (der) wird als Alkoholiker bezeichnet." So definiert M. Bleuler
(Bleuler 1979); und diese Definition stimmt mit den sonst gängigen Definitionen
in zwei Punkten überein: der Schädigung im persönlichen und im sozialen
Bereich. Als weitere Kriterien kommen dann noch hinzu: die Unfähigkeit, sich
beim Trinken zu kontrollieren, und das Auftreten schwerer körperlicher und psychischer Beschwerden beim Entzug des Alkohols. In der BRD wie in vielen anderen Ländern hat der Alkoholismus in den letzten Jahren erschreckend zugenommen. Man rechnet heute bei uns, je nach genauer Definition, mit 1,2–1,8 Mio.
Alkoholikern, also ungefähr 2–3% einer Bevölkerung von ungefähr 60 Mio.
Davon sind etwa 25–30% Frauen (Feuerlein 1984). Grund genug, diese Volksseuche aus verschiedenen Gesichtswinkeln zu untersuchen und insbesondere auch
nach erbbedingten Unterschieden in der Gefährdung zu fragen.

Der Humangenetiker wird zwei verschiedene Fragen stellen:

1) In welchem *Ausmaß* sind genetische Faktoren überhaupt an den beobachteten
   Unterschieden in der Anfälligkeit gegenüber der Sucht beteiligt?
2) Welche genetischen *Mechanismen* liegen diesen Unterschieden zugrunde?

Der Beantwortung der ersten Frage dienen Häufigkeitsvergleiche in Familien von
Alkoholikern und Nichtalkoholikern, bei ein- und zweieiigen Zwillingen, sowie
bei Adoptivkindern im Vergleich zu ihren biologischen Eltern einerseits und den
Adoptiveltern andererseits. Für eine Antwort auf die viel wichtigere, aber auch
viel schwierigere zweite Frage wurden zusätzliche biochemische und neurophysiologische Methoden herangezogen, und es wurden Tierexperimente durchgeführt.

150

## Familienuntersuchungen

Vor einigen Jahren wurden 27 in englischer Sprache publizierte Familienstudien zusammengestellt (Cotton 1979). Insgesamt hatte man die Familien von 6251 Alkoholikern und 4083 Nichtalkoholikern vergleichend untersucht. Obwohl diese Studien mit verschiedenen Methoden durchgeführt wurden und von unterschiedlichem Wert sind – nicht alle enthalten z.B. Kontrollgruppen –, so lassen sich doch einige allgemeine Schlußfolgerungen ziehen. So hatte ein knappes Drittel aller untersuchten Alkoholiker mindestens einen suchtkranken Elternteil; in der Mehrzahl der Fälle, nämlich in durchschnittlich 25%, war es der Vater (Variationsbreite zwischen den einzelnen Studien 2,5–50%). Auch waren die nahen Verwandten weiblicher Alkoholiker i.allg. häufiger suchtkrank als die Verwandten alkoholkranker Männer. Das kann darauf hinweisen, daß Frauen häufiger aus Gründen erkranken, die im persönlichen Bereich gelegen sind, während bei Männern jedenfalls der unmittelbare Anlaß eher in der außerfamiliären Umwelt gesucht werden muß.

Auch findet man in den Familien anderer Gruppen von psychiatrischen Patienten, beispielsweise von Schizophrenen und Patienten mit affektiven Psychosen, nur eine wesentlich geringere Häufigkeit von Alkoholismus als in Alkoholikerfamilien. Eine hohe Alkoholismushäufigkeit ist also nicht ein allgemeines Merkmal psychisch gestörter Bevölkerungsgruppen, sondern ein mehr spezifischer Befund. Andererseits fand sich beim Alkoholismus kein spezieller Persönlichkeitstyp (Ryback 1974). Man kann also aus verschiedenen inneren Gründen alkoholkrank werden (vgl. auch Åmark 1951).

Selbstverständlich kann eine Häufung von Alkoholkranken in bestimmten Familien nicht für sich allein als Hinweis auf eine genetisch bedingte Variabilität angesehen werden; Familien haben auch einen großen Teil ihrer Umwelt gemeinsam. Deshalb wurden diese Familienstudien durch den Vergleich von eineiigen (EZ), also erbgleichen, und zweieiigen Zwillingen (ZZ) ergänzt.


## Zwillingsstudien

Drei größere Studien an Zwillingen stehen zur Verfügung: Zwei aus Schweden (Jonsson u. Nilsson 1968; Kaij 1960) und eine aus Finnland (Partanen et al. 1966). Die Studie von Jonsson befaßte sich mit den Trinkgewohnheiten von 1500 über 40 Jahre alten Zwillingspaaren aus einem zentralen schwedischen Zwillingsregister, die mit Hilfe von Fragebögen untersucht wurden. Die Autoren kamen zu dem Ergebnis, daß Trinken in größeren Mengen durch genetische Faktoren mitbedingt sei, während es von sozialen Bedingungen abhänge, ob jemand überhaupt Alkohol zu sich nehme oder abstinent bleibe.

Mehr ins einzelne ging die andere schwedische Studie (Kaij 1960). Kaij untersuchte 174 Zwillingspaare, davon 48 EZ-Paare, von denen mindestens ein Partner in einem Alkoholregister vermerkt war. Die Ergebnisse erstreckten sich nicht nur auf die wenig überraschende Feststellung, daß es bei eineiigen Zwillingen häufiger vorkam als bei zweieiigen, daß auch der zweite Partner Alkoholiker war. Auch der

Grad des Alkoholmißbrauchs und seine besondere Art (mehr kontinuierliches Trinken gegenüber starkem Trinken bei besonderen Gelegenheiten) war bei eineiigen Zwillingen ähnlicher.

Die gewichtigste Zwillingsstudie stammt aus Finnland (Partanen et al. 1966). In Finnland wie in Schweden ist die getrunkene Gesamtmenge pro Kopf der Bevölkerung relativ gering; Alkohol wird meist zu besonderen Gelegenheiten konsumiert. Die Autoren unterschieden aufgrund sorgfältiger faktorenanalytischer Studien drei verschiedene Dimensionen: die Häufigkeit des Trinkens, die genossene Menge und das Versagen der Kontrolle. Langfristig durchgeführte genauere Untersuchungen an 179 männlichen EZ-Paaren im Vergleich zu 567 ZZ- und 150 Brüderpaaren führten zu der Schlußfolgerung, daß Trinkhäufigkeit und genossene Alkoholmenge eine deutliche genetische Komponente zeigen. Versagen der Kontrolle hatte eine starke genetische Komponente nur in jüngerem Alter (bis etwa 30 Jahre), nicht dagegen später im Leben. Auch bezüglich sozialer Folgen der Sucht ließ sich ein genetischer Einfluß nicht nachweisen. Relativ wenig überzeugende Ergebnisse brachte die Analyse von Unterschieden in der Lebensgeschichte bei EZ-Paaren, die diskordant für Alkoholmißbrauch waren. Man hätte erwarten sollen, daß eine derartige „Diskordanzanalyse" erbgleicher Paare besonders detaillierte Aufschlüsse über lebensgeschichtliche Gefährdungen ergeben hätte (vgl. u.a. die Diskussion von Becker 1980 für Neurosen und die Analysen von Zwillingspaaren, die für Neurosen diskordant waren, durch Schepank 1975). Alle drei Zwillingsstudien stammen aus skandinavischen Ländern. Sie können nicht ohne weiteres verallgemeinert werden, denn das Muster des Alkoholmißbrauchs zeigt in Abhängigkeit vom kulturellen Hintergrund in verschiedenen Ländern große Unterschiede. So wird in Skandinavien übermäßiger Alkoholkonsum durch die Gesellschaft schärfer abgelehnt und geahndet als in anderen Ländern, wo der Genuß alkoholischer Getränke noch mehr zum täglichen Leben gehört, wie in Frankreich oder Italien.

Übrigens bestehen auch ganz allgemein Bedenken gegen die Übertragung von Schlußfolgerungen aus Ergebnissen, die an Zwillingen erhoben wurden, auf die Allgemeinbevölkerung (für eine ausführliche Diskussion vgl. Vogel u. Motulsky 1986, Sect. 3). So können sich u.a. Besonderheiten in der Zwillingssituation auf das Verhalten auswirken, da Zwillinge oft eine Intimgruppe bilden. Gerade eineiige Zwillinge verbringen viel Zeit miteinander und orientieren auch ihr Verhalten stärker aneinander als zweieiige. Allerdings steht einer Neigung zur gegenseitigen Identifikation nicht selten eine Tendenz zur Rollendifferenzierung gegenüber; welche dieser Tendenzen stärker ins Gewicht fällt, ist offenbar von einer Kultur zur anderen verschieden.

Wenn Schlußfolgerungen über den Grad der Erbbedingtheit eines Merkmals auf Unterschiede zwischen eineiigen Zwillingen gestützt werden, kann das einerseits zur Überschätzung, andererseits aber auch zur Unterschätzung des genetischen Anteils an der vorgefundenen Variabilität führen. Theoretisch kann man diese Fehlerquelle umgehen, indem man Zwillinge untersucht, die getrennt voneinander aufgewachsen sind. Solche Zwillinge sind allerdings schwer zu finden; immerhin gibt es einzelne Fallbeobachtungen über konkordanten Alkoholmißbrauch bei getrennt aufgewachsenen eineiigen Zwillingen (Shields 1962).


152

# Adoptivstudien

Die sauberste Trennung genetischer von nichtgenetischen Einflüssen erreicht man durch den Vergleich von Adoptivkindern mit ihren Adoptiveltern einerseits und den biologischen Eltern andererseits. Allerdings – auch dieser Ansatz ist nicht ganz „lupenrein"; denn Adoptiveltern sind keine auslesefreien Stichproben aus allen Elternpaaren einer Bevölkerung, und außerdem bemühen sich Adoptionen vermittelnde Behörden oft, „passende" Eltern für ein Kind zu finden. Immerhin, Adoptionsstudien haben doch einen hohen Hinweiswert für die Bedeutung der genetischen Variabilität.

Eine umfangreiche Serie von Alkoholikerkindern wurde in Dänemark untersucht: 55 männliche Probanden im Alter zwischen 20 und 40 Jahren wurden über eine zentrale Registration aller Adoptionen des Landes gewonnen. Sie waren nur nach dem einen Kriterium ausgelesen, daß ein biologischer Elternteil wegen Alkoholismus in einem Krankenhaus gewesen war. Sie wurden mit 78 Kontrollen aus dem gleichen Register verglichen, deren biologische Eltern keine Alkoholiker waren. Die wesentlichsten Ergebnisse zeigt Tabelle 10.1 (Goodwin 1979). Zwischen den Adoptiveltern der Probanden und der Kontrollen bestehen weder im sozioökonomischen Status noch im Trinkverhalten Unterschiede. Trotzdem fanden sich unter den Probanden nicht weniger als 18, die aufgrund ihrer sozialen Probleme, des Kontrollverlusts, von Entziehungshalluzinationen und der Notwendigkeit psychiatrischer Behandlung als Alkoholiker eingestuft werden mußten; gegenüber nur 5 bei den Kontrollen. Andere Formen des Trinkens bis zum schweren Trinken hin, sofern nur die übrigen Merkmale des Alkoholismus fehlten, zeigten dagegen keine Unterschiede zwischen den Gruppen. Ein in gleicher Richtung liegender Unterschied fand sich in der Häufigkeit von Ehescheidungen. Bezüglich anderer psychischer Störungen dagegen verhielten sich beide Gruppen ähnlich. Diese Studie wurde durch eine andere ergänzt, in welcher 20 Söhne von Alkoholikern, die in andere Familien adoptiert waren, verglichen wurden mit 30 Brüdern, die nicht adoptiert wurden und in den Familien ihrer biologischen Eltern aufwuchsen (Goodwin 1976; Goodwin et al. 1974). Wie erwartet, waren die Lebensbedingungen in diesen Alkoholikerfamilien meist schlecht; trotzdem war der Anteil der Alkoholiker unter den adoptierten Brüdern nicht geringer als unter den nichtadoptierten.

*Tabelle 10.1.* Schwere der Alkoholprobleme bei 2 Gruppen von Adoptierten: Söhne, deren biologische Väter Alkoholiker bzw. Nichtalkoholiker sind/waren

|  | Söhne von | |
| --- | --- | --- |
|  | Alkoholikern (n = 55) [%] | Nichtalkoholikern (n = 78) [%] |
| Mäßige Trinker | 51 | 45 |
| Schwere Trinker | 22 | 36 |
| Problemtrinker | 9 | 14 |
| Alkoholiker | 18 | 5 |

In einer dritten Studie aus dem gleichen Arbeitskreis wurden zur Adoption weggegebene Töchter von Alkoholikern mit deren nichtadoptierten Töchtern verglichen. Die Alkoholismushäufigkeit lag bei 2–3 %. Sie war damit immer noch höher als in der weiblichen Allgemeinbevölkerung. Die in der Alkoholikerfamilie aufgewachsenen Töchter litten häufiger an Depressionen als die adoptierten (Goodwin et al. 1977).

Einige weitere Adoptionsstudien führten im Prinzip zu ähnlichen Ergebnissen. Außerdem sollen Adoptivkinder, die später zu Alkoholikern wurden, oft schon in der Kindheit durch Verhaltensstörungen aufgefallen sein. Trotz der Einwände, die im einzelnen möglich sein mögen, sprechen doch die Befunde aus Adoptionsstudien sehr für eine Bedeutung genetischer Faktoren für die Entwicklung des Alkoholismus.


## Kritische Bewertung der Familien-, Zwillings- und Adoptionsstudie

Die in Auswahl referierten Studien zeigen den biometrisch-epidemiologischen Ansatz von seiner besten Seite: Bei einem Merkmal, das unbestritten in erster Linie von einer Besonderheit unserer Umwelt abhängt – der Alkoholsucht –, wird ein deutlicher Anteil genetischer Variabilität an dem Risiko für einen sozial-devianten Phänotyp demonstriert. Darüber hinaus legen diese Befunde einige weitere Vermutungen nahe – so, daß diese genetische Komponente bei weiblichen Alkoholikern im Durchschnitt größer sein könnte als bei männlichen und daß bei Männern für das Risiko zum Auftreten einer Sucht in der vollen Bedeutung des Wortes die genetische Disposition eine größere Bedeutung hat als lediglich für schweres Trinken ohne die entsprechenden sozialen und körperlichen Folgen.

Wichtige Ergebnisse – ohne Zweifel. Aber vergleichen wir sie mit dem Beispiel, das wir dieser Darstellung vorausgeschickt haben – mit dem Forschungsprojekt über Hämoglobin in Afrika, einem Projekt, das uns wenig sinnvoll erschien. Wir kennen nämlich die Einzelfaktoren, die den Hämoglobinwert beeinflussen, und die Mechanismen, durch die sie wirken. Alles, was wir etwa an Vorbeugung und Therapie planen können, muß sich auf diese Einzelfaktoren richten – in der sicheren Erwartung, daß auch das Endresultat, der Hämoglobinwert, sich dann in der gewünschten Richtung ändern wird.

Gemessen daran lassen uns die Ergebnisse der biometrischen Studie unbefriedigt. Sie gehen von dem Merkmal „Alkoholismus" aus, betrachten aber die genetische Variabilität pauschal als Black box. Zur Ergänzung erfordern sie Untersuchungen, diese Black box zu öffnen, um die beteiligten biologischen Mechanismen freizulegen. Auf diese Forderung könnte man antworten: Beim Alkoholismus ist das weniger wichtig als bei einer durch Hämoglobinverminderung bedingten Anämie; denn bei der Anämie muß die Therapie bei den somatischen Mechanismen ansetzen, bei der Alkoholsucht dagegen primär im sozialen Umfeld, dann im psychologischen Bereich.

Aber erstens hat auch die Bekämpfung der Anämie ihre starken psychosozialen Aspekte; ich nenne als Stichworte nur: Dorf- und Haushygiene, um Infektionen mit Eingeweidewürmern zu vermeiden; oder Bekämpfung der Malaria durch

154

Trockenlegen von Mückenbrutplätzen. Übrigens vermindert das nicht nur direkt die Infektionsmöglichkeiten und verbessert damit die Gesundheit, sondern indirekt setzt es den Selektionsvorteil der Heterozygoten von Hämoglobinkrankheiten herab und führt so zur langsamen Abnahme dieser Gene.

Und zweitens sind wir noch gar nicht sicher, ob uns nicht die Kenntnis biologischer Mechanismen auch beim Alkoholismus einmal Therapiemöglichkeiten in die Hand geben wird, von denen wir heute noch nichts ahnen.

Genetische Variabilität, die vom Einfluß auf die Suchtgefährdung sein könnte, wurde v.a. auf zwei Ebenen entdeckt: auf der Ebene des Alkoholabbaus und der daran beteiligten Enzyme sowie auf der Ebene der Alkoholwirkung auf die Gehirnfunktion und – als Folge davon – auf das Befinden und Verhalten.

## Genetische Mechanismen: Enzyme des Alkoholabbaus
(vgl. dazu Goedde u. Agarwal 1987; Agarwal u. Goedde 1984).

Der Abbauweg des Alkohols ist in Abb. 10.1 gezeigt. Die zwei wesentlichsten Enzyme für die Äthanoloxidation beim Menschen sind die Alkoholdehydrogenase (ADH) und die Aldehyddehydrogenase (ALDH); beide sind in der Leber lokalisiert. Drei autosomale Genloci determinieren die Struktur der ADH (ADH 1, ADH 2, ADH 3). Die Gene ADH 1 und ADH 3 sind v.a. während des Fetallebens aktiv; beim Erwachsenen ist ADH 2 maßgebend für den größten Teil der Leberaktivität. Für ADH 2 wurde nun ein atypisches Enzym beschrieben, $(ADH_2^2)$, das bei physiologischem pH um ein Mehrfaches aktiver ist als das typi-

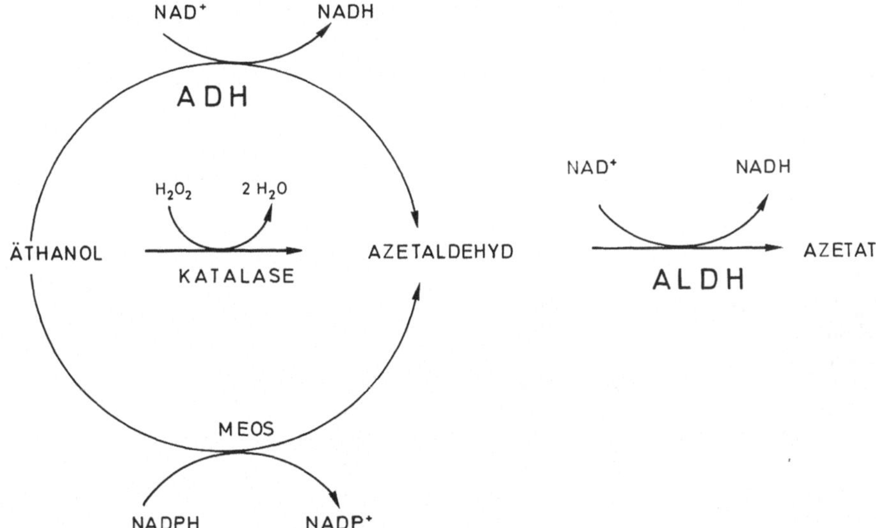


*Abb. 10.1.* Abbau von Alkohol (Äthanol) in 2 Schritten: Im ersten Schritt wird Äthanol durch Alkoholdehydrogenase (ADH) zum Azetaldehyd abgebaut. Aus diesem entsteht in einem zweiten Schritt durch Einwirkung der Azetaldehyddehydrogenase (ALDH) Azetat

sche Enzym. Dieses Allel befindet sich bei 5-20% der Europiden, aber bei 90% der Japaner.

Auch für das zweite Enzym des Alkoholabbaus, die Azetaldehyddehydrogenase (ALDH) fand sich ein genetischer Polymorphismus: Während Europide praktisch immer 2 deutlich erkennbare Isoenzyme zeigen, findet sich bei etwa der Hälfte der Japaner nur eines; die Variante ALDH 1 fehlt (Abb. 10.2). Dabei ist die ALDH-Aktivität vermindert. Die Azetaldehydkonzentration steigt stärker an, und es kommt zu Intoxikationserscheinungen wie Rötung des Kopfes, Schweißausbruch, Pulsbeschleunigung. Dieses als „flushing" bezeichnete Phänomen kann man bei Japanern etwa auf Parties beobachten, auch wenn sie nur wenig Alkohol genossen

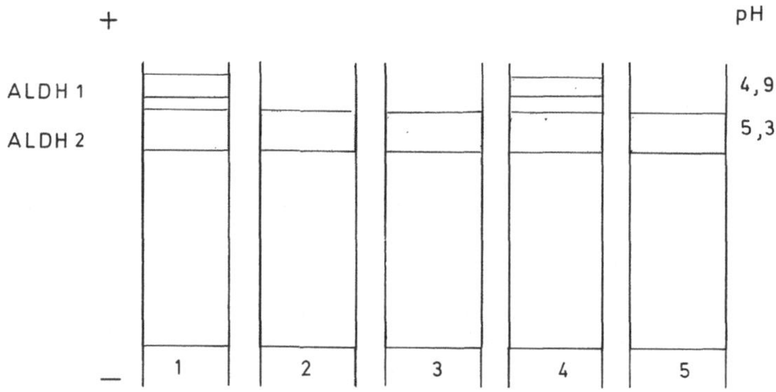


*Abb. 10.2.* Elektrophorese der ALDH bei 5 Individuen. Bei den Individuen 2, 3 und 5 fehlt die ALDH-1-Bande. (Mod. nach Agarwal u. Goedde 1984)

*Tabelle 10.2.* Häufigkeit des ALDH-Isoenzym-1-Mangels in verschiedenen Populationen

| Population | Stichprobe (n) | ALDH-1-Mangel in der Bevölkerung [%] |
| --- | --- | --- |
| Europide | 224 | 0 |
| Kenianer | 15 | 0 |
| Ägypter und Sudanesen | 160 | 0 |
| Liberianer | 169 | 0 |
| Chinesen | | |
| Han | 120 | 50 |
| Zhuhang | 106 | 45 |
| Mongolen | 198 | 30 |
| Koreaner | 209 | 25 |
| Japaner | 184 | 44 |
| Indonesier | 30 | 39 |
| Vietnamesen | 82 | 57 |
| Thailänder (Nordthailand) | 110 | 8 |
| Hochlandindianer (Ecuador) | 33 | 69 |

156

haben. Es kommt praktisch nur bei Trägern dieser Variante vor und ist möglicherweise besonders ausgeprägt bei solchen Menschen, die außerdem die japanische rasch Azetaldehyd produzierende ADH-Variante besitzen. Inzwischen wurde diese ALDH-Variante auch bei zahlreichen anderen Bevölkerungen mongolider Abstammung beobachtet (Tabelle 10.2).

Nun liegt die Vermutung nahe, Träger dieser Variante würden sich nach Alkoholgenuß so unwohl fühlen, daß der Lustgewinn, der ja – wenigstens zu Beginn – zu der Suchtentwicklung führt, aufgehoben wäre. Sie seien also vor Alkoholismus geschützt.

Diese Erwartung hat sich in bestimmtem Umfang auch bestätigt. Wie eine Untersuchung an Alkoholikern in einem psychiatrischen Hospital in Japan ergab, zeigte der größte Teil von ihnen die „normale" ALDH. Andere psychiatrische Patienten dagegen zeigten die gleiche Verteilung wie in der Normalbevölkerung (Tabelle 10.3). Die Abweichung ist also spezifisch. Höchstwahrscheinlich hat sich dieser genetische Unterschied auch auf die kulturelle Evolution ausgewirkt: In der traditionellen japanischen Kultur – und auch in anderen Kulturen von Mongoliden – spielte der Alkoholgenuß eine wesentlich geringere Rolle als bei uns im Westen. Allerdings – die neueste Entwicklung in Japan zeigt auch, was sozialer Gruppendruck anrichten kann: Viele Japaner trinken heute, auch wenn sie noch so sehr schwitzen und Herzklopfen bekommen.

Übrigens macht man sich schon heute die Erkenntnisse über Variation im Alkoholabbau und ihre Auswirkungen auch in der Therapie des Alkoholismus zunutze, indem man die ALDH hemmt und so den Azetaldehydspiegel künstlich erhöht (vgl. Zimmermann 1984). Das Mittel heißt Antabus. Natürlich kann das immer nur eine unterstützende Therapie sein; der Schwerpunkt liegt heute immer noch bei den verschiedenen psychotherapeutischen Verfahren. Bekanntlich sind allerdings die Ergebnisse oft nicht beeindruckend.

*Tabelle 10.3.* Aldehyddehydrogenase-(ALDH-)Phänotypen bei Patienten in einem japanischen psychiatrischen Hospital und normalen Kontrollen. (Aus Goedde u. Agarwal 1987)

| Personen | ALDH-Phänotypen | | | |
|---|---|---|---|---|
| | Defizient | | Normal | |
| | n | [%] | n | [%] |
| Gesunde | 43 | 41,0 | 62 | 59,0 |
| Alkoholiker | 4 | 2,3 | 171 | 97,7 |
| Drogenabhängige | 23 | 48,9 | 24 | 51,1 |
| Schizophrene | 36 | 41,9 | 50 | 58,1 |

## Gehirnfunktion und Alkoholismusrisiko

Die atypische ALDH-Variante führt offenbar zu einer *negativen* Konditionierung ihrer Träger und damit zu einem gewissen Schutz vor der Suchtentwicklung. Viel wichtiger ist jedoch die Frage: Welche *positiven* Wirkungen des Alkohols führen zur Suchtentwicklung? Und gibt es auch hier genetische Unterschiede?

Derartige Unterschiede wurden in der Tat gezeigt. Sie finden sich im Einfluß des Alkohols auf die Gehirnfunktion, wie sich sich am Elektroenzephalogramm (EEG) verfolgen läßt.

Wie schon frühere Untersuchungen gezeigt hatten (vgl. Vogel 1958), sind die Ruhe-EEG eineiiger Zwillinge, wenn nicht besondere Bedingungen vorliegen, nahezu identisch, während sich zweieiige Zwillinge, wie auch andere Menschen gleichen Alters und Geschlechts, teilweise erheblich unterscheiden. Andererseits wußte man, daß das EEG sich unter Alkoholeinfluß verändert, wenn auch von einem Menschen zum anderen verschieden stark und manchmal in verschiedene Richtungen. Eine Zwillingsstudie zeigte nun, daß die Alkoholreaktion des EEG nicht nur bei eineiigen Zwillingen völlig identisch ist, sondern daß sie auch vom Ruhe-EEG abhängt: So verändert sich ein EEG, das in Ruhe von einer relativ regelmäßigen $\alpha$-Tätigkeit beherrscht wird, nach Alkohol wenig; eine deutliche $\alpha$-Aktivierung findet sich dagegen, wenn das Ruhe-EEG nur geringe und unregelmäßige $\alpha$-Wellen-Tätigkeit aufweist (Propping 1977; Abb. 10.2). Was kann das mit dem Risiko zur Suchtentwicklung zu tun haben?

Es war schon längere Zeit bekannt, daß Alkoholiker im Durchschnitt ein weniger gut synchronisiertes und weniger von $\alpha$-Wellen beherrschtes EEG aufweisen als Nichtalkoholiker. Nur blieb unklar, ob es sich hier um eine Mitursache oder um eine Folge des Alkoholismus handelt. Auch das wäre ja durchaus denkbar. Die genannten Zwillingsuntersuchungen legten jedoch die Hypothese nahe, Menschen mit in Ruhe schlechter organisierter $\alpha$-Tätigkeit erführen unter dem Einfluß der Droge nicht nur eine stärkere Veränderung ihres EEG, sondern auch eine entsprechend verstärkte Veränderung ihrer Befindlichkeit (Propping 1977). Diese Hypothese gründet sich auf Befunde aus vier verschiedenen Bereichen:

1) Wie man v.a. aus Tierexperimenten weiß, resultiert das EEG aus dem Wechselspiel zwischen einer „Batterie" in der Hirnrinde und einem „Schrittmacher" im Thalamus; dieses Wechselspiel kann durch Impulse aus anderen Bereichen des Gehirns, z.B. vom aufsteigenden retikulären aktivierenden System (ARAS) im Hirnstamm, modifiziert und gestört werden (Andersen u. Andersson 1968).

2) Träger verschiedener erblicher Varianten des EEG scheinen Unterschiede im Befinden und Verhalten zu zeigen, die für einen Einfluß individueller Variation auf das Wechselspiel dieser Strukturen sprechen. Hier sind offenbar Unterschiede in der Informationsverarbeitung wesentlich (Vogel 1986).

3) Man kann das EEG auch vorübergehend in Richtung auf eine regelmäßigere $\alpha$-Tätigkeit hin verändern, etwa durch „Biofeedback". Manche Beobachter behaupten, daß Menschen, denen das gelang, ihren subjektiven Zustand als besonders angenehm und friedvoll erleben (vgl. Travis et al. 1975; Jones u. Holmes 1976).

4) Wie Untersuchungen an der Ratte gezeigt haben, hat der Alkohol – neben anderen zentralen Wirkungen – einen besonders deutlichen Effekt auf das ARAS; er setzt dort die tonische Erregung („tonic arousal") deutlich herab.

Diese Befunde legen die folgende Hypothese nahe: Menschen, deren $\alpha$-Tätigkeit normalerweise durch eine hohe Aktivität im ARAS relativ stark gestört wird, erleben unter Alkoholeinfluß eine besonders positive Veränderung ihrer Befindlichkeit dadurch, daß diese Störungen reduziert werden. Diese „Belohnung" führt zu einer stärkeren positiven Konditionierung als bei anderen Menschen und damit zu einer erhöhten Gefahr, süchtig zu werden.

EEG-Untersuchungen an Alkoholikern und ihren Familien haben diese Hypothese bestätigt, aber auch eingeschränkt und differenziert (Propping et al. 1981). Zunächst bestätigte sich, daß Alkoholiker im Vergleich zu den Kontrollen tatsächlich im Durchschnitt ein weniger gut synchronisiertes EEG aufweisen. Dieser Unterschied fand sich jedoch nur bei den weiblichen Alkoholikern, nicht dagegen bei den männlichen Patienten. Andererseits fand sich eine schlechte EEG-Synchronisation nicht nur bei manchen Alkoholikern, sondern auch bei ihren Verwandten ersten Grades, die nicht alkoholsüchtig waren. Die EEG-Besonderheit kann also nicht die Folge des Alkoholismus sein; sie ist eine Komponente in seinem Ursachengefüge (Abb. 10.3).

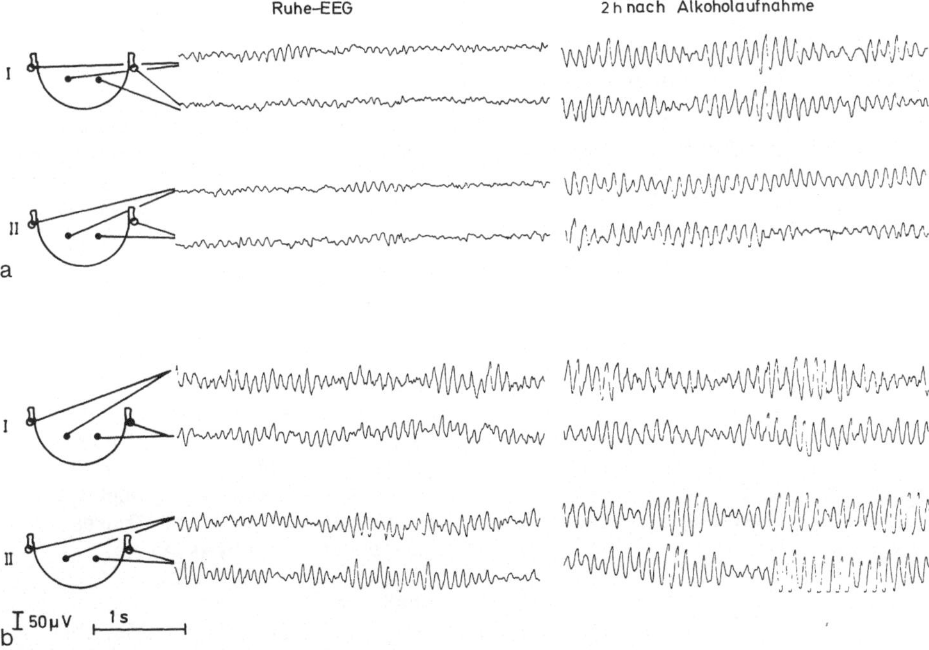


*Abb. 10.3 a, b.* Unterschiedliche Reaktion des Elektroenzephalogramms (EEG) bei 2 erwachsenen, männlichen eineiigen Zwillingspaaren. *a* okzipitale $\alpha$-Wellen-Tätigkeit über dem Hinterhaupt im Ruhe-EEG eher schwach und unregelmäßig; sie wird durch Alkoholaufnahme wesentlich verstärkt. *b* Okzipitale $\alpha$-Wellen-Tätigkeit im Ruhe-EEG relativ stark und regelmäßig; durch Alkoholaufnahme wird sie nur noch wenig verstärkt. (Aus Propping 1977)

Wie aber erklärt sich, daß der erwartete Unterschied zu Nichtalkoholikern nur bei Frauen gefunden wurde? Die Erklärung brachte eine Differenzierung des Alkoholismus nach den sog. Jellinek-Typen (Jellinek 1960), deren wesentliches Merkmal darin besteht, daß sie Alkoholiker unterscheiden in solche, bei denen der Alkoholismus aus äußeren Gründen entstand – etwa aufgrund von beruflicher Exposition und sozialem Druck –, und andere, bei denen vorwiegend innere psychologische Gründe maßgebend waren (Tabelle 10.4). Die Patienten der oben genannten Studie wurden durch einen Psychiater in diese Gruppen eingeteilt, die Männer gehörten überwiegend zu der ersten, die Frauen meist zu der zweiten Gruppe. Das erklärt den Geschlechtsunterschied auch in den EEG-Befunden auf plausible Weise: Offenbar spielt die genetische Disposition, die sich auch im EEG-Typ manifestiert, nur (oder vor allem) für die mehr endogenen Alkoholismusformen eine Rolle. Wie wir schon zu Anfang erwähnten, haben aber Frauen, die an Alkoholismus leiden, auch mehr gleichartig erkrankte nahe Verwandte als Zeichen einer höheren genetischen Disposition.

In einer anderen Studie (Pollock et al. 1983) aus Dänemark zeigten Söhne von Alkoholikern nach Alkoholgabe eine stärkere Synchronisierung der $\alpha$-Tätigkeit als Kontrollen – offenbar ein Zeichen für eine besonders gute Fähigkeit ihres Gehirns, auf Alkoholgabe in der das Befinden bessernden Weise zu reagieren. Dänemark ist kein Weingebiet wie die Pfalz, in der Proppings Studie durchgeführt wurde und wo Weingenuß deshalb viel mehr zum täglichen Leben gehört. So stel-

*Tabelle 10.4.* Alkoholikertypen nach Jellinek. (Aus Jellinek 1960)

| Art des Alkoholismus | Psychologische Anfälligkeit | Soziokulturelle Elemente | Suchtkennzeichen | Abhängigkeit | Versuch einer Typisierung (nach Feuerlein) |
|---|---|---|---|---|---|
| $\alpha$ | + + + −<br>+ + + + | + −<br>(+ + +) | 0<br>kein Kontrollverlust, aber undiszipliniertes Trinken | nur psychisch | Konflikttrinker |
| $\beta$ | + | + + +<br>(Wochenendtrinker) | 0<br>kein Kontrollverlust | keine, außer soziokulturelle | Gelegenheitstrinker |
| $\gamma$ | + + + −<br>+ + + + | + −<br>(+ + +) | + + + +<br>Kontrollverlust, jedoch Fähigkeit zur Abstinenz | zuerst psychische, später physische Abhängigkeit | süchtiger Trinker |
| $\delta$ | + | + + + −<br>+ + + + | + + − +<br>Unfähigkeit zur Abstinenz, aber kein Kontrollverlust | physische Abhängigkeit | Gewohnheitstrinker |

len dort auch die männlichen Alkoholiker eine Auswahl nach solchen dar, die
eine besondere genetische Disposition haben.


## Schlußfolgerungen

Welche Bedeutung haben diese Befunde für unser Verständnis des Alkoholismus?
Es gibt offenbar eine genetische Variabilität auf verschiedenen Ebenen, die das
Risiko, Alkoholiker zu werden, beeinflußt. Solange in einer Bevölkerung kein
übermäßiger sozialer Druck zum Alkoholismus vorhanden ist, hängt es großenteils von der „inneren", genetisch bedingten Disposition ab, ob ein Mensch zum
Alkoholiker wird. Es ist kein Zufall, daß die mit klassisch biometrischen Methoden durchgeführten Zwillings- und Adoptionsstudien gerade in den skandinavischen Ländern deutliche Hinweise auf genetische Faktoren ergeben haben; wird
doch dort ein gewisser sozialer Druck *gegen* Alkoholmißbrauch ausgeübt.

Bei uns dagegen steigt der soziale Druck *für* übermäßigen Alkoholgenuß noch
weiter an. Es ist denkbar, daß diese Welle in Zukunft alle feineren genetischen
Unterschiede in der Empfänglichkeit für die Alkoholsucht überspülen und eineb-
nen wird.

Was lehren uns die Studien zum Alkoholismus über zweckmäßige Forschungsstrategien in der Verhaltensgenetik des Menschen?

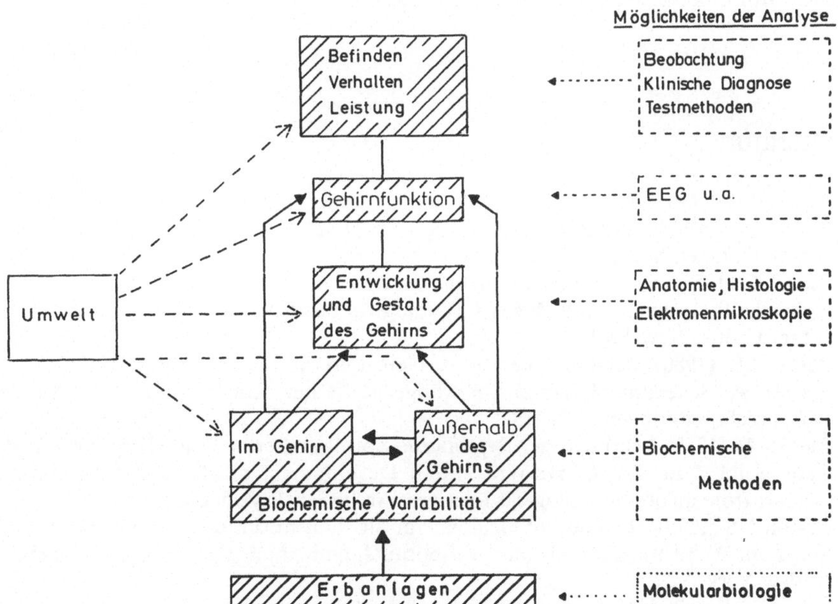


*Abb. 10.4.* Der Weg von den Erbanlagen zum Phänotyp (Befinden, Verhalten, Leistung) und
die Möglichkeiten, genetische Variabilität auf verschiedenen Ebenen zu untersuchen. (Nach
Vogel u. Propping 1981)

Biometrische Methoden, die den Genotyp als Black box behandeln, können Ergebnisse bringen, die praktisch von großer Bedeutung sind und wesentliche Hinweise für eine vertiefte Analyse enthalten. Sehr rasch stoßen sie jedoch an eine Grenze; die Ergebnisse befriedigen den Humangenetiker desto weniger, je mehr er seine Erfahrungen in analytisch besser zugänglichen Bereichen seiner Wissenschaft gewonnen hat. Das Beispiel der Hämoglobinvarianten macht diesen Punkt deutlich.

Andererseits zeigen die Untersuchungen über genetische Mechanismen, wie sehr es sich lohnen kann, analytische Prinzipien, die sich in anderen Bereichen bewährt haben, auch in der Verhaltensgenetik anzuwenden. Bisher wurde Variation gefunden auf zwei Ebenen: Abbau der suchtmachenden Substanz in der Leber und Reaktion auf sie in bestimmten Teilen des Gehirns. Der Befund erinnert also an das, was bei der Analyse der „multifaktoriellen" genetischen Grundlage für die Arteriosklerose und die koronare Herzerkrankung aufgefunden wurde: Ineinander verschachtelte Polymorphismen auf verschiedenen Funktionsebenen wirken zusammen, eine Krankheitsdisposition zu schaffen. Untersuchungen über genetische Variation der Gehirnfunktion in ihrem Einfluß auf das Befinden und Verhalten des Menschen sind auf verschiedenen Ebenen möglich (Abb. 10.4). Das Gehirn ist unser kompliziertestes Organ. Seine genetische Grundlage kann deshalb nicht einfach sein. Aber unsere Methoden verbessern sich, und wir kommen schrittweise voran. Nicht nur die Schwierigkeit der Probleme und die Kompliziertheit des Objekts, sondern auch seine einzigartige Stellung als Ort unseres Denkens und Fühlens macht, daß wir von diesen Problemen als Menschen so tief betroffen werden. Wie sagte doch Alexander Pope? „Das eigentliche Studium des Menschen ist der Mensch."


## Literatur

Agarwal DP, Goedde AW (1984) Alkoholmetabolisierende Enzyme: Alkoholunverträglichkeit und Alkoholkrankheit. In: Zang KD (Hrsg) Klinische Genetik des Alkoholismus. Kohlhammer, Stuttgart, S 65–89

Åmark C (1951) A study in alcoholism. Acta Psychiatr [Suppl] 70

Andersen P, Andersson SA (1968) Physiological basis of the alpha rhythm. Appleton-Century Crofts, New York

Becker PE (1980) Persönlichkeit und Neurosen in der Zwillingsforschung. In: Heigl-Evers A, Schepank H (Hrsg) Ursprünge seelischer Krankheiten, Bd 1. Vandenhoek & Ruprecht, Göttingen, S 9–218

Bleuler M (1979) Lehrbuch der Psychiatrie. Springer, Berlin Heidelberg New York

Cadoret RJ, Cain CA, Grove WM (1980) Development of alcoholism in adoptees raised apart from alcoholic biological relatives. Arch Gen Psychiatry 37: 561

Cotton NS (1979) The familial incidence of alcoholism. J Stud Alcohol 40: 89–116

Feuerlein W (1979) Alkoholismus - Mißbrauch und Abhängigkeit, 2. Aufl. Thieme, Stuttgart New York

Feuerlein W (1984) Definition, Entstehungsbedingungen und Epidemiologie des Alkoholismus. In: Zang KD (Hrsg) Klinische Genetik des Alkoholismus. Kohlhammer, Stuttgart, S 17–28

Galton F (1865) Hereditary talent and character. Macmillan's Magazine 12: 157

Goedde HW, Agarwal DP (1987) Genetic variation and basis of alcohol metabolism and response. In: Vogel F, Sperling K (eds) Human genetics. Proceedings of the 7th International Congress, Berlin 1986. Springer, Berlin Heidelberg New York Tokyo, pp 497-506

Goodwin D (1976) Is alcoholism hereditary? Oxford University Press New York

Goodwin D (1979) Alcoholism and heredity. Arch Gen Psychiatry 36: 57

Goodwin D et al. (1973) Alcohol problems in adoptees raised apart from alcoholic biological parents. Arch Gen Psychiatry 28: 238

Goodwin D et al. (1974) Drinking problems and adopted and non-adopted sons of alcoholics. Arch Gen Psychiatry 31: 164

Goodwin D et al. (1977) Psychopathology in adopted and non-adopted daughters of alcoholics. Arch Gen Psychiatry 34: 1005

Jellinek EM (1960) Alcoholism, an genus and some of its species. Can Med Assoc J 83: 1341

Jones FW, Holmes DS (1976) Alcoholism, alpha production and biofeedback. J Consult Clin Psychol 44: 224-228

Jonsson AE, Nilsson T (1968) Alkoholkonsumption hos monozygota och dizygota twilling par. Nord Hyg 49: 21

Kaij L (1960) Alcoholism in twins. Almquist & Wiksell, Stockholm

Partanen JJ, Bruun J, Markkanen T (1966) Inheritance of drinking behaviour. Finnish Fondation of alcohol studies, vol 14. Helsinki

Pollock VE, Volavka DV et al. (1983) The EEG after alcohol administration in men at risk for alcoholism. Arch Gen Psychiatry 40: 857-861

Propping P (1977) Genetic control of ethanol action on the central nervous system. Hum Genet 35: 309-334

Propping P, Krüger J, Mark N (1981) Genetic disposition to alcoholism. An EEG study in alcoholics and their relatives. Hum Genet 59: 51-59

Ryback RS (1974) Psychological aspects of alcohol and alcoholism. Mass J Ment Health 5: 19

Schepank H (1975) Diskordanzanalyse eineiiger Zwillingspaare. Z Psychosom Med Psychoanal 21: 215-242

Shields J (1962) Monozygotic twins brought up apart and brought up together. Oxford University Press, London

Travis TA, Kondo CY, Knott JR (1975) Subjective aspects of alpha enhancement. Br J Psychiatry 127: 122

Vogel F (1958) Über die Erblichkeit des normalen Eletroencephalogramms. Thieme, Stuttgart York

Vogel F (1981) Humangenetische Aspekte der Sucht. Dtsch Med Wochenschr 106: 711-714

Vogel F (1986) Grundlagen und Bedeutung genetisch bedingter Variabilität des normalen menschlichen EEG. Z EEG EMG 17: 173-188

Vogel F, Motulsky AG (1986) Human genetics, 2nd edn. Springer, Berlin Heidelberg New York Tokyo, Sect 3,8

Vogel F, Propping P (1981) Ist unser Schicksal mitgeboren? Severin & Siedler, Berlin

Weitbrecht HJ (1963) Psychiatrie im Grundriß. Springer, Berlin Heidelberg New York

Zang KD (Hrsg) (1984) Klinische Genetik des Alkoholismus. Kohlhammer, Stuttgart

Zimmermann P (1984) Die pharmakologische Beeinflussung alkoholmetabolisierender Enzyme - ein Prinzip der Therapie der Alkoholkrankheit. In: Zang KD (Hrsg) Klinische Genetik des Alkoholismus. Kohlhammer, Stuttgart, S 90-103

# 11 Vererbung und Intelligenz*

Meinungsverschiedenheiten über den genetischen Anteil an
Intelligenzunterschieden beim Menschen

Vor 60 Jahren schrieb der amerikanische Behaviorist J. B. Watson:

> „Geben Sie mir ein Dutzend gesunde, wohlgeformte Säuglinge und dazu meine
> eigene, von mir selbst in allen ihren Merkmalen festgelegte Welt, um sie darin zu
> erziehen, und ich garantiere Ihnen, daß ich jeden dieser Säuglinge nach rein zufälli-
> ger Auswahl zu jeder Art von Spezialisten ausbilden könnte – zum Arzt, Rechtsan-
> walt, Künstler, Kaufmann oder sogar zum Bettler oder Dieb; ohne Rücksicht auf
> seine Talente, Vorlieben, Neigungen, Fähigkeiten, Anlage oder Rasse" (vgl. Kamin
> 1974).

Andererseits lesen wir bei A. Jensen, einem anderen amerikanischen Psychologen:

> Die große Mehrzahl aller Untersuchungen über die Heritabilität der Intelligenz zeigt,
> daß genetische Faktoren als Ursache für Intelligenzunterschiede zwischen Indivi-
> duen eine größere Bedeutung haben als Umweltunterschiede. Im Durchschnitt schei-
> nen genetische Faktoren etwa zweimal so wichtig zu sein wie die Umwelt.

Intelligenzunterschiede jedoch seien v. a. bestimmend dafür, wie weit ein Mensch
in seiner Ausbildung gelange, was er im Leben leiste und welchen Erfolg er habe
(Jensen 1973).

Diese beiden Zitate charakterisieren die entgegengesetzten Meinungen, die
heute von manchen Fachleuten mit Leidenschaft vertreten werden. Die große
Mehrzahl aller mit diesem Problem befaßten Wissenschaftler nimmt einen mehr
vermittelnden Standpunkt ein; wohl nicht so sehr geleitet durch eine gut fundierte
Überzeugung als aufgrund einer gefühlsmäßigen Abneigung gegenüber extremen
Auffassungen.

Ähnliche Meinungsdifferenzen wie über den genetischen Anteil an den Intelligenzunterschieden bestehen auch für andere Eigenschaften wie Spezialbegabung,
herausragende Lebensleistung und andererseits für die Disposition zu geistig-seelischen Erkrankungen und sozial unerwünschten Verhaltensweisen wie Sucht oder
Kriminalität. Was im folgenden über die Intelligenzforschung gesagt wird, gilt mit
leichten Abänderungen auch für diese Bereiche.

---

* Erweiterte und teilweise veränderte Fassung eines im Jahr 1980 vor der Carl-Friedrich-
v.-Siemens-Stiftung in München gehaltenen Vortrag mit dem Titel „Vererbung und Psyche – Der Weg vom Vorurteil zur Wissenschaft" [erschienen in: Rössner H (Hrsg) (1981)
Reproduktion des Menschen. Ullstein, Frankfurt am Main, S 79–94].

Die extremen Meinungsunterschiede können verschiedene Gründe haben. Von vornherein ausschließen wollen wir einmal die Möglichkeit, eine oder beide „Parteien" würden böswillig die vorliegende Evidenz manipulieren mit der Absicht, die Wahrheit im Sinne einer Ideologie zu verfälschen. Eine einleuchtendere Erklärung wäre, daß nicht genügend empirische Forschungen zu diesem Thema vorlägen; diesem Mangel ließe sich durch neue Untersuchungen abhelfen. Auch das trifft jedoch nicht zu; ganz im Gegenteil – kaum ein Problem wurde schon seit über 50 Jahren so häufig untersucht wie die Frage nach dem genetischen Anteil an den Intelligenzunterschieden in menschlichen Bevölkerungen. Die Vertreter auch der extremen Standpunkte stützen ihre Schlußfolgerungen im wesentlichen – mit kleinen Verschiebungen in der Betonung – auf die gleichen empirischen Daten. Sie unterscheiden sich nur in der Interpretation dieser Daten. Man kann daran denken, die angewandten Methoden seien vielleicht nicht gut genug. Die Methoden wurden jedoch im Laufe der Jahrzehnte mit großem Scharfsinn immer mehr verfeinert. Trotzdem kommt diese Erklärung der Wirklichkeit schon näher. Sie greift jedoch, wie ich meine, nicht tief genug; sondern die Frage als solche ist falsch gestellt. Sie ist in dieser Form wissenschaftlich unfruchtbar.

Welche Antwort können wir denn erwarten? Der genetische Anteil an den gefundenen Intelligenzunterschieden ist entweder etwas größer oder etwas kleiner oder überhaupt nicht vorhanden. Die Trivialität einer solchen Antwort wird nur unvollständig – wenn auch für den Außenstehenden sehr eindrucksvoll – verdeckt, wenn man sie mit einem mathematischen Mäntelchen umkleidet. Als ein solches Mäntelchen dient z.B. der sog. Heritabilitätskoeffizient, abgekürzt $h^2$. Er gibt den Anteil der genetisch bedingten Varianz an der Gesamtvarianz eines Merkmals wider. Ein hoher Wert von $h^2$ deutet auf einen großen genetischen Anteil hin; $h^2 = 1$ bedeutet, daß Unterschiede in einem Merkmal, die in einer bestimmten Bevölkerung gefunden werden, zu 100 % genetisch determiniert sind; bei $h^2 = 0$ hat die Genetik überhaupt keinen Anteil an den gefundenen Unterschieden.

Wie man sofort sieht, hängt dieser Heritabilitätswert nicht nur von den Unterschieden in den Erbanlagen ab, die in einer Bevölkerung vorkommen, sondern auch von den Umweltunterschieden: Ist die Umwelt sehr einheitlich, so werden sich genetische Unterschiede im Vergleich dazu stärker auswirken, als wenn die Umwelt für die einzelnen Menschen sehr verschieden ist. Heritabilitätswerte sind also nicht verallgemeinerungsfähig; sie gelten, wenn überhaupt, nur für die Bevölkerung, für die sie ermittelt wurden.

Später werden wir uns fragen müssen, wie es möglich war, daß ein so unergiebiger Ansatz doch für Jahrzehnte die Forschung auf diesem Gebiet beherrschen konnte. Zuvor jedoch lassen Sie uns die Daten betrachten, auf denen die Schlußfolgerungen über Heritabilität von Intelligenz beruhen.

Die wissenschaftliche Erforschung der Intelligenz und ihrer erblichen Unterschiede begann mit der klassischen Arbeit von Francis Galton *Hereditary talent and character* (Galton 1865). Diese Arbeit wurde 1865 veröffentlicht; sie markiert den Beginn moderner humangenetischer Forschung. Aufgrund von Daten, die er aus Biographiewerken entnahm, errechnete Galton, daß Männer, die sich durch hervorragende Lebensleistung auszeichneten, wesentlich häufiger genauso herausragende Väter, Brüder, Söhne und andere nahe Verwandte besaßen, als man nach den Gesetzen des Zufalls erwartet hätte. Zur Erklärung nahm er an, diese Lebensleistungen seien auf besondere Erbanlagen zurückzuführen.

Galton und seine wissenschaftlichen Nachfolger bauten diesen statistisch-biometrischen Forschungsansatz in den folgenden Jahrzehnten weiter aus; sie schufen so das Handwerkszeug, dessen sich die Forschung auf diesem Gebiet noch heute bedient. Unter anderem führte Galton die Zwillingsmethode in die Forschung ein.

Die von Galton und seiner Schule inaugurierten biometrischen Forschungen waren schon weit entwickelt, als im Jahr 1900 die Mendelschen Vererbungsgesetze wiederentdeckt wurden.

An dieser Stelle wollen wir einen Begriff einführen, der auf den Wissenschaftstheoretiker Kuhn (Kuhn 1962) zurückgeht: den Begriff des Paradigmas. Nach Kuhn umschreibt ein Paradigma dreierlei: eine beispielhafte wissenschaftliche Arbeit, die zeigt, wie man ein Problem auf neue und erfolgversprechende Art angreifen kann, den Keim einer wissenschaftlichen Theorie, die sich aus diesem Forschungsansatz entwickeln kann, und eine Gruppe von Wissenschaftlern, die sich dieses Ansatzes bedienen und ihn weiterentwickeln. Die Arbeiten von Galton und Mendel begründeten zwei verschiedene Paradigmen; die Geschichte der Vererbungsforschung beim Menschen in den letzten hundert Jahren läßt sich verstehen als Wettbewerb zwischen diesen beiden Paradigmen. Zuerst schienen sie einander unversöhnlich gegenüberzustehen, bis gezeigt wurde, wie sich aus den Mendelschen Gesetzen die von Galton und seiner Schule empirisch erarbeiteten Korrelationen zwischen Verwandten theoretisch ableiten lassen (Fisher 1918). Seitdem hat sich die quantitative Genetik als ein Seitenzweig der allgemeinen Genetik entwickelt; ihre Begriffe und Konzepte erwiesen sich in der Tier- und Pflanzenzüchtung als sinnvoll und brauchbar. Aus der Züchtungsforschung stammt auch der Heritabilitätsbegriff, also die Bezeichnung des genetischen Anteils an der Variabilität eines Merkmals mit $h^2$.

Das von Galton gegründete biometrische Paradigma erreichte seine strahlendsten Erfolge und seine größte Publizität in der Erforschung des genetischen Anteils an Verhaltensunterschieden beim Menschen, besonders in der Intelligenzforschung.

Hatte Galton in seiner ersten Arbeit nur zwischen dem Vorhandensein und dem Fehlen herausragender Lebensleistung unterschieden, so entwickelte man in den folgenden Jahrzehnten Methoden, die die intellektuelle Leistungsfähigkeit auch im normalen und subnormalen Bereich mit Hilfe der Lösung ausgewählter Aufgaben quantitativ messen.

Es wurden die Intelligenztests entwickelt, und man führte eine Maßzahl ein, die in den letzten Jahren im Für und Wider der Diskussionen in den Vordergrund trat, den Intelligenzquotienten (IQ).

Derartige Intelligenztests zeigen für den Erfolg in Schule und Universität und – in Grenzen – auch für den Beruf eine recht gute Voraussagegenauigkeit; das rechtfertigt ihre praktische Anwendung.

Seit die amerikanische Armee im Laufe des 1. Weltkriegs zum ersten Mal IQ-Messungen in größerem Umfange benutzte, um für den Militärdienst Ungeeignete auszuschalten, entwickelte sich die Intelligenzforschung zu hoher Blüte. Inzwischen allerdings stehen viele Psychologen dieser Forschungsrichtung kritisch

166

gegenüber; vor allem wird kritisiert, daß klassische Intelligenztests im wesentlichen nur die Ergebnisse abprüfen, zu denen der Proband bei der Lösung von Testaufgaben gelangt. Die Problemlösungsstrategien, die er dazu benützt, werden nicht genügend berücksichtigt (vgl. Resnick 1976).

Dieser Nachteil macht sich besonders bemerkbar, wenn man die Versuche betrachtet, den Anteil der genetischen Variabilität an der in einer Bevölkerung gefundenen Gesamtvariabilität, also die Heritabilität, etwa von IQ-Testresultaten zu bestimmen. Immerhin, imLaufe der Zeit wurden die Forschungsansätze schrittweise verfeinert. Zu Anfang verglich man die Schulzeugnisse von Eltern und Kindern; dann führte man als objektives und besser quantifizierbares Maß den IQ ein. Bald wurde klar, daß eine Ähnlichkeit zwischen Eltern und Kindern oder zwischen Geschwistern nicht eindeutig auf Erbfaktoren hinweist, weil Familienangehörige meist auch zusammenleben und einen großen Teil ihrer Umwelt gemeinsam haben. So wurde der Forschungsplan durch den Vergleich von eineiigen und zweieiigen Zwillingen ergänzt; denn eineiige Zwillinge sind erbgleich, und Unterschiede müssen auf nichtgenetische Einflüsse zurückgehen. Zwillinge unterliegen jedoch besonderen biologischen wie psychologischen Entwicklungsbedingungen, die bei jedem Schluß von Zwillingen auf Nichtzwillinge zu großer Vorsicht mahnen (für Einzelheiten über den Gebrauch der Zwillingsmethode vgl. Vogel u. Motulsky 1986, Sect. 3.8).

Teilweise gelang es, diese Schwierigkeiten zu umgehen, indem man sich dem überaus mühsamen Verfahren unterzog, Zwillinge zu untersuchen, die getrennt und in verschiedenen Familien aufgewachsen waren. Schließlich vermied man die besonderen Probleme der Zwillingsmethode ganz, indem man Kinder, die in früher Kindheit von ihren Eltern getrennt waren, einerseits mit ihren Adoptiv- oder Pflegeeltern, andererseits mit ihren biologischen Eltern verglich. Das sind überaus mühsame Forschungsstrategien. So ist es enorm schwierig, eine ausreichend große Serie von Adoptivkindern und gar von getrennt aufgewachsenen eineiigen Zwillingen zusammenzubekommen.

Schließlich aber schien sich der Aufwand zu lohnen: Es entstand ein in sich konsistentes und mit den Modellen und Erwartungen der quantitativen Genetik übereinstimmendes Gesamtbild (vgl. Erlenmeyer-Kimling u. Jarvik 1963; Bouchard u. McGue 1981).

Alle Daten zusammengenommen – von gemeinsam und getrennt aufgewachsenen eineiigen Zwillingen, zweieiigen Zwillingen, Eltern und Kindern, Geschwistern und Adoptivkindern – schienen übereinstimmend zu zeigen, daß ca. ¾ der Variabilität im IQ in den untersuchten Bevölkerungen durch unterschiedliche Erbanlagen verursacht waren. Mit anderen Worten: könnten wir alle Umweltbedingungen – einschließlich der Umwelt innerhalb der Familie – völlig einheitlich gestalten, was natürlich unmöglich ist, so würden immer noch ca. ¾ der IQ-Unterschiede bestehen bleiben.

Diese und ähnliche Schlußfolgerungen gingen weitgehend ungeprüft in viele Lehrbücher und Schriften ein. Das änderte sich allerdings abrupt, als A. Jensen im Jahr 1969 in den USA eine Arbeit veröffentlichte mit dem Titel: *Wie stark können wir den IQ und den Schulerfolg verbessern?* (Jensen 1969). Dort kritisierte er die Bemühungen, Kinder, die in früher Kindheit durch unglückliche familiäre Verhältnisse in ihrer intellektuellen Entwicklung benachteiligt waren, durch spezielle

Schulprogramme zu fördern. Er meinte, solche Programme hätten wenig Aussicht auf Erfolg, da die IQ-Unterschiede im wesentlichen genetisch bedingt seien. Insbesondere war es eine bestimmte Schlußfolgerung von Jensen, die sich als gesellschaftlicher Sprengstoff erwies, weil sie die empfindlichste Stelle im Selbstverständnis seiner Landsleute schmerzhaft berührte: Seit dem 1.Weltkrieg ist bekannt, daß amerikanische Schwarze im Durchschnitt eine ca. 10–15 IQ-Punkte niedrigere Testintelligenz aufweisen als die weißen Amerikaner. Jensen schloß nun extrapolierend von den bei Weißen erhobenen Zwillings- und Familiendaten, daß dieser Unterschied genetisch bedingt sei. Deshalb seien alle Versuche, ihn etwa durch spezielle Schulprogramme auszugleichen, zum Scheitern verurteilt.

## Kritik an biometrischen Studien

In einer Gesellschaft, die gerade dabei war, sich in leidenschaftlichen Kontroversen mit dem Problem auseinanderzusetzen, ob und wie die Diskriminierung der 22 Mio. Schwarzen in den USA beendet werden könne, mußte diese Schlußfolgerung einen schweren Schock auslösen. So markieren Jensens Artikel und seine späteren Bemühungen, durch mehr ins einzelne gehende, subtile Analyse seinen Standpunkt zu untermauern, einen Umschlagspunkt in der Entwicklung dieses Problems: Nun traten Kritiker auf den Plan, und ihre Kritik führte dazu, das scheinbar so schön vollendete und fugenlose Gebäude unseres Wissens über den genetischen Anteil an der Variabilität des IQ stark zu erschüttern. Diese Kritik hatte primär ideologische Gründe; aber das schwächt die Argumente, auf die sie gestützt ist, nicht ab.

Diese Argumente sind wissenschaftlich, und sie sind kaum zu widerlegen (vgl. Kamin 1974; Taylor 1980).

Wir wollen sie in der umgekehrten Reihenfolge des Methodenfortschritts abhandeln, den wir gerade betrachten.

Beginnen wir mit den Adoptivstudien. Weit davon entfernt, eine auslesefreie Stichprobe aller Elternpaare in der Bevölkerung zu sein, bilden Adoptiveltern insgesamt eine recht einheitliche Gruppe. Das kann aus rein mathematischen Gründen zu dem Irrtum Anlaß geben, der IQ von Adoptiveltern habe nur einen geringen Einfluß auf die Entwicklung ihrer Adoptivkinder. – Aber auch Zwillingsstudien haben ihre Fehlerquellen. Getrennt aufgewachsene, eineiige Zwillinge zu finden, ist schwierig; bei genauerer Betrachtung der Fallbeschreibungen in der Fachliteratur stellt sich heraus, daß viele Zwillingspaare doch irgendwelche Kontakte miteinander hatten, wenn sie auch in verschiedenen Familien lebten. Manche kannten sich z.B. von der Schule her. So sind sie oft nicht so sehr viel anders zu beurteilen, als die gemeinsam aufgewachsenen Zwillingspaare; man weiß jedoch, daß die geistig-seelische Entwicklung von Zwillingen – und insbesondere von eineiigen Zwillingen – durch die Zwillingssituation als solche in besonderer Weise beeinflußt wird. Indem sie sich miteinander identifizieren, werden manche Zwillinge besonders ähnlich; bei anderen wieder bildet sich eine Art Arbeitsteilung oder Rollendifferenzierung heraus, die sie eher unähnlich macht. Welche dieser beiden Tendenzen überwiegt, ist unbekannt; es gibt gute Gründe für die Vermutung, daß das von einer Gesellschaft zur anderen verschieden ist. Jedenfalls sind quantitative Schlußfolgerungen über den Anteil der genetischen Varianz an der Gesamtvarianz in der Allgemeinbevölkerung aufgrund eines Zwillingsvergleichs zumindest mit größter Vorsicht zu betrachten. Es bleibt die Ähnlichkeit von Verwandten ersten Grades, also zwischen Eltern und Kindern und zwischen Geschwistern. Sie kann sowohl genetisch als auch durch die gemeinsame Umwelt, aber auch durch Zusammenwirken von Erbe und Umwelt in jedem beliebigen Zahlenverhältnis erklärt werden. Es ist aus vielen Gründen interessant, daß sie existiert; für das Problem das hier untersucht werden soll, die Bedeutung genetischer Faktoren für IQ-Unterschiede, sagt sie sehr wenig.

Bedeutet diese Kritik nun etwa, daß an IQ-Unterschieden, wie wir sie in unserer Bevölkerung vorfinden, genetische Faktoren überhaupt nicht beteiligt sind? Diese Folgerung zu ziehen, hieße, das Kind mit dem Bade auszuschütten. Gerade die besten der durchgeführten Studien – und dazu rechne ich einige der neueren Untersuchungen an Adoptivkindern (vgl. Loehlin 1980) – weisen sehr deutlich darauf hin, daß die Erbanlagen einen beträchtlichen Einfluß auf die Intelligenzleistung haben. Sie zeigen allerdings auch einen Einfluß der Umwelt. Eine einigermaßen zuverlässige, quantitative Abschätzung, wie stark diese beiden Einflüsse relativ zueinander sind, ist selbst aufgrund dieser besten Daten unmöglich.

Genetische wie nichtgenetische Faktoren sind also in irgendeinem Verhältnis der am IQ gemessenen Intelligenzleistung beteiligt. Dieses Verhältnis wechselt wahrscheinlich von einer Gesellschaft zur anderen. Angesichts des Forschungsaufwands, der hier im Laufe vieler Jahrzehnte investiert worden ist, kann man diese Schlußfolgerung nur niederschmetternd trivial nennen. Man hätte sich das ohne jede Untersuchung denken können, insbesondere, seit man die enorme genetische Vielgestaltigkeit des Menschen in besser durchforschten Gebieten der Vererbungsforschung kennengelernt hat.

Jensen hatte aber aus der Analyse der vorliegenden Daten, die ihn zu dem Ergebnis geführt hatten, daß gut ¾ der Variabilität im IQ genetisch bedingt seien, noch einen weiteren Schluß gezogen, der ihm v. a. die Kritik seiner Fachgenossen einbrachte. Er schloß, kompensatorische Erziehungsprogramme könnten keinen durchgreifenden Erfolg haben, da die Grenzen der geistigen Leistungsfähigkeit genetisch determiniert seien. Diese Schlußfolgerung wäre selbst dann nicht gerechtfertigt, wenn der Anteil der genetischen Variabilität in der Tat so hoch läge, wie er annahm. Hier liegt einfach eine Überschätzung der Aussagekraft der biometrischen Methode zugrunde. Lassen Sie mich das an einem anderen Beispiel erläutern: Ein Merkmal, dessen Variabilität in allen darauf untersuchten Bevölkerungen in sehr hohem Grade durch die Erbanlagen beeinflußt wird, ist die Körpergröße. Zwillingsstudien ergaben Heritabilitätsschätzungen der Größenordnung von ca. 0,85–0,9, also noch etwas höher als die höchsten Schätzungen für den IQ. Nun hat – jedenfalls in Europa und Amerika – die durchschnittliche Körpergröße in den letzten 100 Jahren um nicht weniger als 10 cm zugenommen. Jeder weiß aus täglicher Erfahrung, wie sehr unser Nachwuchs uns über den Kopf wächst. Alle denkbaren genetischen Erklärungen darüber haben versagt. Im Gegenteil, aus genetischen Gründen hätte man eine Abnahme erwartet. In der gleichen Zeit hatten nämlich die höheren Sozialschichten, die im Durchschnitt auch körperlich größer waren, besonders wenig Kinder. Andererseits weisen die besten Analysen sehr deutlich darauf hin, daß Ernährungsfaktoren die Zunahme der Körpergröße verursacht haben (vgl. u. a. Lenz 1959). Man ist sich nur noch nicht einig, ob eine bessere Eiweißernährung, eine verstärkte Zufuhr an Zucker oder eine wirksame Bekämpfung von Darminfektionen im Säuglings- und Kleinkindesalter wichtiger war.

Eine bestimmte Änderung der Umwelt für die ganze Bevölkerung hatte also einen erheblichen Einfluß auf ein Merkmal - nämlich die Körpergröße -, dessen Variabilität unter gleichbleibenden Umweltbedingungen ganz überwiegend genetisch determiniert ist.

Es besteht kein Grund, warum sich das für die geistige Leistungsfähigkeit anders verhalten soll. Der Erfolg von Erziehungsprogrammen läßt sich aufgrund genetischer Erkenntnisse gegenwärtig überhaupt nicht voraussagen. Er ist Sache des empirischen Versuchens und der Erfahrung, allerdings einer Erfahrung, die kritisch und unvoreingenommen ausgewertet werden sollte.

## Schlußfolgerungen aus biometrischen Untersuchungen

Wir halten fest: Der große Forschungsaufwand, den Generationen von Forschern in das Problem des genetischen Anteils an der Variabilität des IQ investierten, verstrickte sie in methodische Schwierigkeiten und führte letztlich zu einem in seiner Allgemeinheit trivialen Ergebnis. Er trug wenig oder nichts zur Lösung des Problems bei, welcher Art die genetischen Unterschiede sind, aufgrund derer die Menschen sich verschieden verhalten und Unterschiedliches leisten. Deshalb blieb die Forschung die Antwort schuldig auf eine Frage, die uns vor allem interessieren sollte: Was kann man tun, um dem einzelnen zu helfen, aus seinen durch die Erbanlagen vorgegebenen individuellen Möglichkeiten möglichst viel zu machen - u. a. optimale geistige Leistungsfähigkeit?

Den Zugang zu diesem Problem hat der wissenschaftliche Ansatz, wie er bisher verfolgt wurde, verbaut. Wie erklärt sich das? Die biometrische Analyse in dieser globalen Form behandelt den genetischen Anteil an der geistigen Leistungsfähigkeit als Black box (Vorlesung 1 und 3). Es wird nicht gesagt, was etwa der Inhalt dieser „schwarzen Kiste" ist - oder konkret - welche biologischen Voraussetzungen die geistige Leistungsfähigkeit im einzelnen hat und worin sich die Menschen hier unterscheiden.

Diese Frage kann aber durchaus sinnvoll und mit Aussicht auf Erfolg gestellt werden. Die Ansätze zu ihrer Beantwortung ergeben sich aus dem zweiten Paradigma, auf das sich die Vererbungsforschung am Menschen gründet: dem Genkonzept von Mendel.

Was als Aufgabe vor uns steht, ist eine Suche nach den letzten Ursachen der genetischen Unterschiede zwischen den Menschen, also eine kausale Analyse. Diese kausale Analyse ist im Prinzip möglich, weil Mendel die große Entdeckung gemacht hat, daß manche am Individuum äußerlich erkennbaren Merkmale eine 1:1-Beziehung zu den Informationsbereichen haben, die mit den Keimzellen von Generation zu Generation weitergegeben und immer wieder neu kombiniert werden. Wir nennen diese Informationsbereiche Gene. Allerdings erscheint es schon

170

von vornherein aussichtslos, ein Konstrukt wie „Intelligenz" direkt zu bestimmten Genwirkungen in Beziehung zu setzen, solange Intelligenz nur mit Hilfe „klassischer" Intelligenztests gemessen wird. Bei diesen Tests werden nämlich zahlreiche Einzelfähigkeiten auf verschiedenen Gebieten gemessen; so z. B. Allgemeinwissen, Gewandtheit im Umgang mit Worten und Begriffen, Fähigkeit zum abstrakten Denken, Fähigkeit, mit Zahlen umzugehen, räumliches Vorstellungsvermögen und Kurzzeitgedächtnis. Aus den Ergebnissen all dieser Einzeluntersuchungen wird dann das Gesamtergebnis, der IQ, kombiniert. Nun zeigen zwar alle diese Ergebnisse im Durchschnitt der Versuchspersonen mehr oder weniger hohe, positive Interkorrelationen; aus diesen Korrelationen wurde mit Hilfe der „Faktorenanalyse" ein Faktor „g" errechnet, den man interpretieren kann als allgemeine Grundfähigkeit, die alle Einzelleistungen mehr oder weniger stark beeinflußt (vgl. auch Vogel u. Propping 1981). So wundert es nicht, daß Psychologen sich bemüht haben, diesen Grundfaktor auf direkterem Weg in den Griff zu bekommen.


## Drei Versuche, den Grundfaktor „g" der Intelligenz auf direktem Weg in den Griff zu bekommen

Ich möchte drei Versuche dieser Art kurz vorstellen; zwei von ihnen sind m. E. im wesentlichen gescheitert; auf den dritten konzentrieren sich noch viele Hoffnungen:

1) Ist die Zeit, die man braucht, um auf komplexe Reize adäquat zu reagieren, ein Maß für den Hauptfaktor der Intelligenz?
2) Besteht eine enge Beziehung zwischen der Intelligenzleistung und der Genauigkeit der Informationsverarbeitung im Gehirn, wie sie an der Form von visuell oder auditorisch evozierten EEG-Potentialen erkannt werden kann?
3) Ist die Weite des Bewußtseins, die Vielfalt der Informationen, die gleichzeitig aufgenommen und verarbeitet werden können, das entscheidende Kriterium für die geistige Leistungsfähigkeit?


*Zu 1):* „Komplexe" Reaktionszeit: Sie wird gemessen, indem man an einem Meßgerät verschiedene Knöpfe drücken muß, je nachdem, welcher Stimulus einem angeboten wird. Als Stimuli verwendet man etwa farbige Lichter oder bestimmte Töne, die in unregelmäßiger Folge angeboten werden. Jensen führte solche Untersuchungen an verschiedenartigen Probandengruppen durch; er fand hohe Korrelationen mit dem IQ, die ihn zu der Schlußfolgerung veranlaßten: Diese Messungen „sagen etwa 50% oder mehr von der Varianz im IQ oder im Faktor ‚g' voraus. Das zeigt, daß unsere Standard-IQ-Tests fundamentale Prozesse erfassen, die bei individuellen Unterschieden in intellektuellen Fähigkeiten eine Rolle spielen" (Jensen 1980).
Als Intelligenztests in den meisten dieser Untersuchungen wurde der Raven-Test verwendet, bei dem man durch logische Überlegungen eine aus mehreren zur Auswahl gestellten Figuren in einem Muster mehrerer Figuren einsetzen muß, um

dieses Muster logisch richtig zu ergänzen. Dieser Test soll den Faktor „g" besonders gut messen.

Wir haben die von Jensen aufgestellte Hypothese überprüft, indem wir ihr die Alternativhypothese gegenüberstellten, etwa gefundene Korrelationen seien nicht so sehr durch einen allgemeinen Intelligenzfaktor wie durch bestimmte speziellere Fähigkeiten bedingt. Zur Prüfung dieser Hypothese wurde ein Standardintelligenztest verwendet, der gerade eine solche Prüfung gut gestattet: der Intelligenz-Struktur-Test (IST) von Amthauer (Amthauer 1970). Das Ergebnis war völlig eindeutig; die Korrelation mit dem Gesamt-IQ konnte zwar bestätigt werden: Menschen mit höherem IQ reagieren in der Tat schneller. Das ist jedoch nicht – oder nicht hauptsächlich – durch den allgemeinen Intelligenzfaktor „g" verursacht, sondern durch spezielle Fähigkeiten, wie Konzentrationsfähigkeit, Kurzzeitgedächtnis, räumliches Vorstellungsvermögen[1] (Ruchalla et al. 1985). Offenbar kann die komplexe Reaktionszeit nicht als Maß für den Hauptfaktor „g" der Intelligenz verwendet werden.


*Zu 2):* Intelligenz und evozierte EEG-(Elektroenzephalogramm-)Potentiale: Das Ruhe-EEG entsteht aus einer individuell oft verschiedenen, rhythmischen elektrischen Aktivität von Neuronengruppen im Gehirn. Gibt man einen Stimulus – etwa einen Lichtblitz oder einen kurzen Ton –, so zeigt das EEG-Muster eine kleine Veränderung. Diese Reaktion ist jedoch so gering, daß sie im Hintergrunds„rauschen" des Ruhe-EEG untergeht. Dieses „Rauschen" kann man jedoch durch einen Kunstgriff großenteils beseitigen: Man wiederholt den Versuch sehr oft – hundert oder mehrere hundert Male – und läßt die Ergebnisse durch den Computer aufaddieren. Dann mittelt sich das Hintergrunds„rauschen" weg, und nur das Signal, das „evozierte Potential" (EP), bleibt übrig. Die Form dieses Signals ist bei wiederholten Untersuchungen der gleichen Person, aber auch bei eineiigen Zwillingen, sehr ähnlich (Buchsbaum 1974); dagegen findet man erhebliche interindividuelle Unterschiede.

Evozierte Potentiale werden in der neurologischen Diagnostik verwendet; sie helfen bei der Diagnose hirnorganischer Prozesse, wie sie etwa bei multipler Sklerose auftreten (vgl. Lowitzsch et al. 1983). Man kann an ihnen charakteristische Parameter, wie etwa die Latenzzeit, nach der bestimmte charakteristische Peaks auftreten, oder auch die Amplituden dieser Peaks messen. Nun legten Ertl u. Schafer (1969) Befunde vor, wonach die durchschnittliche Latenzzeit solcher evozierten Potentiale bei intelligenteren Kindern wesentlich kürzer sein sollte als bei weniger intelligenten. Diese Ergebnisse hatten in der Laienpresse einen enormen Erfolg; Überprüfungen führten zu widersprechenden Resultaten. Da griff der berühmte Psychologe H. Eysenck die Thematik auf; zusammen mit seinen Mitarbeitern, dem Ehepaar Hendrickson, entwickelte er eine wesentlich anspruchsvollere Hypothese: Danach hängt mehr oder weniger intelligentes Verhalten ab von „einer Wahrscheinlichkeit R, daß eine gegebene Nachricht ... an ihrem Bestimmungsort ankommt in der gleichen Form, in der sie kodiert worden war".

---

[1] Es fand sich sogar eine *negative* Korrelation zwischen der Ladung der Einzeltests des Gesamt-IST mit dem Faktor „g" und der Korrelation mit der komplexen Reaktionszeit.

172

Diese Wahrscheinlichkeit soll meßbar sein an der Form des evozierten EEG-Potentials; je komplizierter dieses Potential geformt ist, desto differenzierter wird die Nachricht weitergegeben – desto höher sollte also der IQ des Betreffenden sein (Eysenck 1982). Untersuchungen an Schülern, Studenten, Schwesternschülerinnen ergaben die erwarteten Korrelationen.

Wir haben auch dieses Resultat nachgeprüft, und zwar an weit über 200 Studenten und an 24 Patienten mit geistiger Retardierung unbekannter Genese (Vogel et al. 1987). Zu unserer Enttäuschung war das Ergebnis auch hier vollständig negativ: Es wurden überhaupt keine Beziehungen zwischen IQ und evozierten Potentialen gefunden.

Worauf diese Diskrepanz letztlich beruht, ist nicht klar; immerhin wurden in unserer Studie jedoch methodische Gesichtspunkte berücksichtigt, von denen in den Arbeiten der Eysenck-Schule nicht die Rede ist; z. B. wurde dafür gesorgt, daß die Probanden während des Versuchs von allen anderen Sinnesreizen mit Ausnahme der im Versuch applizierten völlig abgeschirmt waren. Auch hat die Form des Ruhe-EEG einen erheblichen Einfluß auf das evozierte Potential (für eine detaillierte Diskussion vgl. Vogel et al. 1987).

Aufgrund dieser und anderer Befunde müssen wir jedenfalls feststellen: auch das evozierte EEG-Potential ist als „physiologisches“ Maß für den Grad der Intelligenz ungeeignet.

*Zu 3):* Intelligenz und Kurzzeitgedächtnis („digit span“) und Lesegeschwindigkeit: Es besteht ein deutlicher Unterschied zwischen Individuen bezüglich der Zahl der Ziffern, die sie auf einmal aufnehmen und sich merken können, und ihrer Lesegeschwindigkeit für Worte (praktisch gleichzeitiges Erfassen innerhalb von 1,87 s). Beide Eigenschaften sind hoch miteinander korreliert, und manche Psychologen glauben, damit eine Grundeigenschaft intelligenten Verhaltens ermittelt zu haben (u. a. Lehrl 1980). Man darf abwarten, ob dieses Maß nun eine Grundlage für die Untersuchung mit genetischen Methoden abgeben wird.

## Genetische Versuche, den genetischen Ursachen individueller Unterschiede im intelligenten Verhalten näherzukommen

Trotz des zuletzt genannten, vielleicht aussichtsreichen Ansatzes gibt es bisher offenbar keine wirklich erfolgreichen Konzepte und Forschungsergebnisse aus der Psychologie, die dem Genetiker bei seinen Versuchen, die den Unterschieden im intelligenten Verhalten zugrundeliegende genetische Variabilität zu analysieren, durch Definition einfacher Grundeigenschaften sozusagen auf halbem Wege entgegenkämen. So muß er versuchen, das Problem von seinen eigenen Methoden her anzugreifen.

Die genetische Forschung seit 1900 bis hin zur Molekularbiologie hat uns die Natur der Gene und die Art ihrer Wirkung im Prinzip kennen gelehrt. Eines der Ziele genetischer Forschung ist es, diesen einmal an besonders geeigneten Modellen vorgezeichneten Weg nun für andere Merkmalsbereiche forschend nachzuvollziehen. Folgt die genetische Analyse also dem Paradigma von Mendel, so hat sie die Aussicht, die *Mechanismen* zu ergründen, durch welche sich Unterschiede in den Erbanlagen in phänotypischen Unterschieden bemerkbar machen. Hier werden also die genetischen Unterschiede gerade nicht als Black box behandelt, sondern man bemüht sich, diese Black box zu öffnen, um ihre einzelnen Komponenten kennenzulernen. In Vorlesung 10 wurde der Unterschied in der Aussagekraft der beiden Ansätze am Beispiel des roten Blutfarbstoffs, des Hämoglobins, dargestellt.

Freilich, bei der Analyse der genetischen Unterschiede in Verhaltensmerkmalen, etwa in der geistigen Leistungsfähigkeit und dem IQ, stößt man auf Schwierigkeiten. Denn bei diesen Merkmalen ist eine 1:1-Beziehung zwischen dem veränderten Gen und dem Phänotyp gerade nicht zu erwarten. Diese Schwierigkeiten kann man aber umgehen; man muß den üblichen Weg der Forschung, nämlich den Weg vom Phänotyp zum Genotyp gewissermaßen umkehren: Man untersucht zunächst mit den allgemein üblichen Methoden der Genetik ein der Genwirkung möglichst nahestehendes Merkmal und prüft in einem zweiten Schritt, ob Menschen, die sich in diesem Merkmal genetisch unterscheiden, auch Unterschiede im Befinden und Verhalten zeigen. Dabei sollte man sich nicht – wie die sprichwörtliche blinde Henne, die gelegentlich auch einmal ein Korn findet – auf den Zufall verlassen. Sondern man wählt zweckmäßig Merkmale, von denen man vernünftigerweise annehmen kann, daß sie etwas mit geistig-seelischen Unterschieden zu tun haben könnten.
Gerade was die genetischen Unterschiede betrifft, die einen Einfluß auf die Intelligenz im normalen Bereich haben, ist diese Strategie bisher nicht besonders erfolgreich gewesen. Immerhin, es gibt Ansätze. So ist bekannt, daß eine große Anzahl von erblichen Krankheiten des Stoffwechsels, die durch verschiedenartige Enzymdefekte verursacht werden, neben ganz verschiedenen anderen Symptomen auch die Leistungsfähigkeit des Gehirns beeinträchtigen und zu Intelligenzstörungen führen (Tabelle 11.1). Diese Krankheiten sind, jede für sich, selten. Sie sind in der Regel autosomal-rezessiv erblich. Was jedoch häufig ist, das sind die Heterozygoten. In praktisch allen Fällen, in denen ein Enzymdefekt identifiziert werden konnte, ist die Aktivität des betreffenden Enzyms bei ihnen auf etwa die Hälfte reduziert. Das reicht für den normalen Betrieb aus; bei besonderen Belastungen kann es zu leichten Störungen kommen (Vogel 1984), die auch die normale Gehirnleistung etwas beeinträchtigen können. Die besten Befunde dafür gibt es bei der Phenylketonurie. Hier ist nach den besten Befunden bei den Heterozygoten der IQ um durchschnittlich wenige Punkte vermindert; diese Verminderung bezieht sich v.a. auf die verbalen Fähigkeiten, während etwa das räumliche Vorstellungsvermögen sich kaum unterscheidet (Tabelle 11.2). Ähnliche Befunde gibt

*Tabelle 11.1.* Zahl der autosomal-rezessiven Krankheiten mit geistiger Retardierung und/oder mit Anfällen

| Gesichert autosomal-rezessiv (mit ausreichender Information) | Schwere Erkrankungen des ZNS | Anomalien des ZNS häufig | Epileptische Anfälle häufig |
|---|---|---|---|
| 547 | 166 | 32 | 29 |

es für die Heterozygoten einiger rezessiver Lipidspeicherkrankheiten des Gehirns und für die Mikrozephalie. Vor einigen Jahren wurde bei klinisch gesunden Überträgerinnen des Gens für einen anderen Enzymdefekt, den Ornithintranskarbamylasemangel, eine ganz ähnliche Verminderung des Handlungs-IQ beobachtet (Batshaw et al. 1980). Dieser Defekt ist X-chromosomal erblich. Auch bei der häufigsten X-chromosomal erblichen Form der geistigen Behinderung, dem Fragile-(X-)Syndrom, bei dem alle männlichen Hemizygoten, aber nur ungefähr 30% der Heterozygoten, geistig behindert sind, haben die übrigen, „normalen" Heterozygoten in der Mehrzahl einen IQ deutlich unterhalb des Durchschnitts (Paul et al. 1984). Es liegt nahe zu fragen, wie sich das wohl bei den übrigen, selteneren X-chromosomal erblichen Formen geistiger Behinderung verhalten mag [vgl. Opitz u. Sutherland, *American Journal of Medical Genetics,* (Suppl.) 1983]. Sorgfältig geplante und mit einwandfreier epidemiologischer Methodik durchgeführte Studien an Heterozygoten sind schwierig, mühevoll und – gerade in einer Zeit spektakulärer molekulargenetischer Erfolge – nicht besonders prestigeträchtig. Es gibt deshalb viel zu wenig davon. Bedenkt man, wie viele autosomal-rezessive und auch X-chromosomal-rezessive Krankheiten mit Einfluß auf das Gehirn es gibt, und vor allem, wie häufig die Heterozygoten sind, so ist es nicht allzuweit hergeholt zu vermuten, daß ein merkbarer Teil der genetischen Variabilität im „normalen" Intelligenzbereich allein durch das von einem Menschen zum anderen verschiedenen Muster an Heterozygotien für solche Krankheiten verursacht ist.

Das ist nur ein Beispiel. Genetische Variabilität mit Einfluß auf die Leistungsfähigkeit des Gehirns ist auf vielen Ebenen möglich (s. Abb. 10.3). Eine wesentliche Arbeitsrichtung befaßt sich mit den Neurotransmittern, ihren Enzymen und Rezeptoren. Unser Zentralnervensystem ist im wesentlichen ein Netzwerk von Nervenzellen mit ihren zahlreichen Fortsätzen. Diese Nervenzellen stehen miteinander in Verbindung durch Synapsen. Die Impulsübertragung von einer Nerven-

*Tabelle 11.2.* Leichte Abweichungen im geistig-seelischen Bereich bei Heterozygoten rezessiver genetischer Krankheiten. (Für Details vgl. Vogel 1984)

| Krankheit | Einigermaßen überzeugend belegte geistig-seelische Besonderheiten bei Heterozyoten |
|---|---|
| Phenylketonurie | Reduktion des IQ, besonders des verbalen IQ, um durchschnittlich 6–8 Punkte<br>Korrelation zwischen IQ und der Fähigkeit, Phenylalanin zu metabolisieren<br>Erhöhte zerebrale Irritabilität aufgrund von EEG-Befunden und Daten eines Persönlichkeitsfragebogens |
| Mehrere Lipidspeicherkrankheiten | Reduktion des IQ, besonders des räumlichen Vorstellungsvermögens<br>Höhere „personality scores" für psychosomatische Beschwerden, Depressivität und emotionale Labilität |
| Mikrozephalie | Deutliche Verminderung der intellektuellen Fähigkeit bis zur geistigen Behinderung in manchen Fällen bei normozephalen Eltern und Geschwistern |

175

zelle zur anderen erfolgt an diesen Synapsen, und zwar auf chemischem Wege –
durch Neurotransmittermoleküle. Sie müssen synthetisiert, auf einen entsprechenden Reiz hin aus der einen Seite der Synapse heraus abgegeben und auf der anderen Seite wieder aufgenommen werden. Für all diese Vorgänge ist genetische
Variabilität möglich und großenteils auch schon nachgewiesen. Eine Anomalie in
der Konzentration von Neurotransmittern – wie immer sie verursacht sein mag –
kann zu einer krankhaften Veränderung in der Befindlichkeit führen; etwa zu
einer Depression oder zu einer Manie, vielleicht auch zur Schizophrenie. Allerdings ist bisher schwierig, diese Vorgänge zu analysieren: Die Konzentration von
Neurotransmittern hängt nicht nur von genetischen Faktoren ab; sie ist das Ergebnis komplizierter Regulationsvorgänge, in die – außer den Erbanlagen – auch
äußere, z.B. psychologische Streßfaktoren eingehen. So sind viele Ergebnisse in
ihrer Deutung noch umstritten. Immerhin – auf längere Sicht sind auch von dieser
Arbeitsrichtung interessante genetische Ergebnisse zu erwarten; nicht nur für ein
besseres Verständnis geistig-seelischer Erkrankungen, sondern auch für den genetischen Anteil an der Variabilität des normalen Befindens und Verhaltens und der
geistigen Leistung. Auch die Unterschiede in der rhythmischen Spontanaktivität
von Neuronengruppen und damit höchstwahrscheinlich in der zentralen Informationsverarbeitung, wie sie durch individuelle genetisch bedingte Unterschiede in
der Form des Ruhe-EEG sichtbar werden, haben einen Einfluß auf unsere geistige
Leistungsfähigkeit, wenn die Unterschiede hier auch weniger die Höhe der Leistung als ihre Art – man könnte sagen ihren Stil – zu betreffen scheinen (Vogel et
al. 1986).

Schließlich sind die neueren Ergebnisse der Molekularbiologie zu nennen.
Nicht nur, daß es gelungen ist, Gene für Enzyme auf Chromosomenabschnitten zu
lokalisieren, die in dem Stoffwechsel von Neurotransmittern eine wesentliche
Rolle spielen, so das Gen für Tyrosinhydroxylase (TH) auf dem kurzen Arm von
Chromosom 11 (vgl. Kidd 1987). Darüber hinaus wurden Gene lokalisiert und
teilweise identifiziert für Gehirnkrankheiten wie Chorea Huntington (Gusella et
al. 1983, 1984) und Alzheimer-Erkrankung (vgl. van Broekenhoven et al. 1987 und
weitere Beiträge der gleichen Gruppe) sowie auch für eine Form der
manisch-depressiven Erkrankung (Egeland et al. 1987). Dazu kommen Genloci für
Rezeptoren und andere an der Funktion des Zentralnervensystems beteiligte
Gene. Die Kenntnis dieser Gene wird notwendig auch dazu führen, daß man ihre
Funktion im Bereich des Gehirns, ihre Variation im Bereich des „Normalen" und
schließlich auch den Einfluß dieser Variation auf den komplexen Leistungsbe-
reich, den wir „Intelligenz" nennen, Schritt für Schritt besser kennenlernen wird.


## Wissenschaftliche Holzwege als Ergebnis des Versuchs, Fragen, welche die Gesellschaft mit Recht stellt, so zu beantworten, wie sie gestellt werden

Dieses waren einige Versuche, die genetischen Unterschiede zwischen den Menschen, die – in steter Wechselwirkung mit den Lebenserfahrungen – zu individuell
verschiedenen Persönlichkeits- und Leistungsprofilen führen, mit Hilfe von Kon-

zepten und Methoden der Genetik zu analysieren. Das Ziel ist die Ersetzung der biometrischen Black-box-Methode des von Galton inaugurierten Paradigmas durch die Methoden der genetischen Analyse aufgrund des Paradigmas von Mendel und seinen Nachfolgern. Im Gegensatz zu dem biometrischen Ansatz verspricht dieses Vorgehen keine Globallösung. Wir werden so bald keine vollständige Antwort auf die Frage bekommen, wie im einzelnen sich der genetische Anteil an unserem Befinden und Verhalten und an der geistigen Leistungsfähigkeit zusammensetzt. Auf zu vielen verschiedenen Ebenen ist hier genetische Variabilität möglch – innerhalb und außerhalb des Gehirns. So wirken Hormondrüsen auf Entwicklung und Funktion des Gehirns ein, das vegetative Nervensystem hat sicher eine Bedeutung, und die Verschaltungen zwischen den Nervenzellen bilden sich während der Embryonalentwicklung unter dem Einfluß spezifischer Gene heraus. Seine letzte gestaltliche und funktionelle Ausprägung erhält unser Gehirn erst in Kindheit und Jugend unter dem Einfluß der Funktion, und seine Leistungsfähigkeit bleibt im Laufe des Lebens nur dann erhalten, wenn sie ständig genutzt wird. Diese große Flexibilität ist eine genetische Besonderheit der Spezies Mensch, die sich im Laufe der Evolution herausgebildet hat. Sie erschwert die genetische Analyse. Aber in dieser Kompliziertheit liegt gerade die Herausforderung. Es stellen sich hier Aufgaben für Generationen von Forschern. Wir mußten nur erst lernen, die richtigen Fragen zu stellen.

Damit kehren wir zum Anfang zurück. Warum wurden diese Fragen so lange nicht gestellt? Warum folgte die Forschung – bei allen Lippenbekenntnissen zu Mendel – so ausschließlich dem von Galton inaugurierten Paradigma des biometrischen Hantierens mit der Black-box? Das hat zunächst praktische Ursachen. Unsere Möglichkeiten, genetische und biochemische Untersuchungen über die Funktion des menschlichen Gehirns anzustellen, sind aus naheliegenden ethischen Gründen beschränkt. Indes – die geschilderten Ansätze haben gezeigt, daß diese Schwierigkeiten sich bis zu einem gewissen Grad umgehen lassen. Die eigentliche Ursache liegt wohl tiefer: Sie liegt nach meiner Überzeugung, so paradox es klingen mag, in dem unmittelbaren und breiten Interesse, welches das Problem des genetischen Anteils am Befinden und Verhalten des Menschen besitzt, – für die Wahl der wirksamsten Erziehungsstrategien, für unsere Einstellung zur geistig-seelischen Erkrankung und zu sozial deviantem Verhalten – ja für das Selbstverständnis eines jeden von uns. In den vergangenen Jahrzehnten wurde dieses an sich verständliche und berechtigte Interesse noch erhöht durch die Bindung an die großen ideologischen Bewegungen des ausgehenden 19. und des frühen 20. Jahrhunderts. Viele Menschen waren beherrscht von dem Vorurteil, daß die bestehenden Ungleichheiten in Staat und Gesellschaft oder auch zwischen verschiedenen Gesellschaften erhalten bleiben oder sogar noch betont werden sollten. Diese Vertreter einer teils konservativen, teils faschistischen Ideologie machten sich eher zu Anwälten der Auffassung, menschliche Verhaltensweisen seien großenteils durch Erbanlagen vorprogrammiert. Unterschiede zwischen den Menschen seien im wesentlichen durch Unterschiede in den Erbanlagen bedingt; deshalb könne man auch nicht viel daran ändern.

Dem entgegengesetzten Vorurteil unterlagen jene, deren ideologisch fixiertes Ziel es war, unsere Welt möglichst rasch und radikal auf den Kopf zu stellen, indem man an die Stelle der rauhen Wirklichkeit mit ihren Fehlern und Mängeln die irdische Verwirklichung des goldenen Zeitalters setzte. Diese Utopisten neigten naturgemäß dazu, die Menschen als potentiell gleich und durch Erziehung und Konditionierung unbegrenzt formbar zu betrachten. Die wissenschaftlich unproduktive Kontroverse, wie groß der Anteil der genetisch bedingten und der durch Umweltfaktoren verursachten Variabilität an den Unterschieden im Befinden und Verhalten sei, geht direkt auf diese beiden entgegengesetzten Vorurteile zurück. Und diese falsch gestellte Frage führte – trotz allem im einzelnen angewandten Scharfsinn – zu oft widersprüchlichen und im besten Fall fast trivialen Ergebnissen. Und das, obwohl die meisten auf diesem Gebiet arbeitenden Wissenschaftler sich ehrlich Mühe gaben und keineswegs bereit waren, ihre Vorurteile in die Ergebnisse ihrer Forschung eingehen zu lassen. Die Vorurteile gingen in die Voraussetzungen ein, nicht so sehr in die Ergebnisse. Daraus sollten wir eine Lehre ziehen: Der Wissenschaft und auch der Gesellschaft, die ihr mit Recht praktisch verwertbare Erkenntnisse abfordert, ist nicht gedient, wenn man versucht, Fragen, die aus der Gesellschaft heraus gestellt werden, direkt und unreflektiert in Forschungsprogramme umzusetzen. Sondern diese Fragen sollten zunächst kritisch im Lichte der Entwicklung von Theorien, Konzepten und empirischen Ergebnissen innerhalb der Wissenschaft selbst reflektiert werden. Sollte diese Reflexion ergeben, daß die Frage so, wie sie gestellt wurde, entweder überhaupt nicht oder beim gegenwärtigen Stand der betreffenden Wissenschaft noch nicht beantwortet werden kann, so erfordert es die Ehrlichkeit, daß man das klar und deutlich sagt. Für das Problem des genetischen Anteils an den psychischen Unterschieden beim Menschen bedeutet das:

1) Derartige Unterschiede sind offenbar vorhanden.
2) Über ihre biologische Natur können wir z.Z. nur wenige und vorläufige Angaben machen.
3) Unser genetisches Wissen reicht nicht aus für eine Entscheidung für oder gegen bestimmte Erziehungsstrategien, Schulformen oder Weiterbildungsmodelle.
4) Es ist sicher biologisch sinnvoll, eine lebenslange, möglichst vielseitige Übung der Gehirnfunktion zu empfehlen.
5) Es sind heute schon Forschungsansätze vorhanden, die es uns hoffentlich in Zukunft einmal erlauben werden, präzise und v.a. spezifische Informationen über genetische Unterschiede zu gewinnen, die psychische Vorgänge und Leistungen beeinflussen. Hoffentlich wird unsere Gesellschaft dann vorurteilsfrei genug sein, die Spannungen, die sich aus diesen Informationen ergeben werden, sinnvoll und produktiv umzusetzen.


## Literatur


Amthauer R (1970) Intelligenz-Struktur-Test, I-S-T., 4. unveränd. Aufl. Hogrefe, Göttingen
Batshaw ML, Roan J, Jung AL, Rosenberg LA, Brusilov SW (1980) Cerebral dysfunction in asymptomatic carriers of ornithine transcarbamylase deficiency. N Engl J Med 302: 482–485
Bouchard TJ, McGue M (1981) Familial studies of intelligence: A review. Science 212: 1055–1059

Broeckenhoven C van et al. (1987) Failure of familial Alzheimer's disease to segregate with the A 4-amyloid gene in serveral European families. Nature 329: 153–155

Buchsbaum MS (1974) Average evoked response and stimulus intensity in identical and fraternal twins. Physiol Psychol 2 3A: 365–370

Egeland JA, Gerhard DS, Pauls DL, Sussex JN, Kidd KK, Allen CR, Hostetter AM, Hausmann DE (1987) Bipolar affective disorders linked to DNA markers on chromosome 11. Nature 325: 783–787

Erlenmeyer-Kimling L, Jarvik LF (1963) Genetics and intelligence. A review. Science 142: 1477

Ertl B, Schafer EWP (1969) Brain response correlates of psychometric intelligence. Nature 222, 421–422

Eysenck HJ (ed) (1982) A model for intelligence. Springer, Berlin Heidelberg New York

Fisher RA (1918) The correlation between relatives on the supposition of Mendelian inheritance. Trans R Soc (Edinburgh) 52: 399–433

Galton F (1865) Hereditary talent and character. Macmillan's Magazine 12: 157

Gusella JF, Wexler NS, Conneally PM et al. (1983) A polymorphic DNA marker genetically linked to Huntington's disease. Nature 306: 234–238

Gusella JF, Tanzi RE, Anderson MA et al. (1984) DNA markers for nervous system diseases. Science 225: 1320–1326

Jensen AR (1969) How much can we boost IQ and scholastic achievement? Harvard Educ Rev 39: 1–123

Jensen AR (1973) Educability and group differences. Methuen, London

Jensen A (1980) Chronometric analysis of intelligence. J Soc Biol Struct 3: 103–122

Kamin LJ (1974) The science and politics of IQ. Erlbaum, Potomac

Kidd KK (1987) Progress toward an accurate human linkage map. In: Vogel F, Sperling K (eds) Human genetics. Proceedings of the 7th International Congress, Berlin 1986. Springer, Berlin Heidelberg New York Tokyo, pp 99–106

Kuhn TS (1962) The structure of scientific revolutions. University of Chicago Press, Chicago

Lehrl S (1980) Subjektives Zeitquant als missing link zwischen Intelligenzpsychologie und Neurophysiologie? Grundlagen Stud Kybern Geisteswiss 21: 107–116

Lenz W (1959) Ursachen des gesteigerten Wachstums der heutigen Jugend. In: Akzeleration und Ernährung. Fettlösliche Wirkstoffe, vol 4.

Loehlin JC (1980) Recent adoption studies of IQ. Hum Genet 55: 297–302

Lowitzsch K, Maurer K, Hopf CH (1983) Evozierte Potentiale in der Klinischen Diagnostik. Thieme, Stuttgart New York

Paul J, Froster-Iskenius U, Moje W, Schwinger E (1984) Heterozygous female carriers of the marker-X-chromosome: IQ estimation and replication status of fra (X) (q). Hum Genet 66: 344–346

Resnick LB (ed) (1976) The nature of intelligence. Erlbaum, Hillsdale

Ruchalla E, Schalt E, Vogel F (1985) Relations between mental performance and reaction time: New aspects of an old problem. Intelligence 9: 189–205

Taylor HF (1980) The IQ game. A methodological inquiry into the heredity-environment controversy. The Harvester Press, Brighton

Vogel F (1984) Relevant deviations in heterozygotes of autosomal recessive diseases. Clin Genet 25: 381–415

Vogel F (1986) Grundlagen und Bedeutung genetisch bedingter Variabilität des normalen menschlichen EEG. Z EEG EMG 17: 173–188

Vogel F, Motulsky AG (1986) Human genetics. Problems and approaches, 2nd rev edn. Springer, Berlin Heidelberg New York Tokyo

Vogel F, Propping P (1981) Ist unser Schicksal mitgeboren? Severin & Siedler, Berlin

Vogel F, Krüger J, Schalt E, Schnobel R, Hassling L (1987) No consistent relationship between oscillations and latencies of visually and auditory evoked EEG potentials and measures of mental performance. Hum Neurobiol 6: 173–182

# 12 Die biologische Zukunft der Menschheit aus der Sicht der Humangenetik

## Prognose als wissenschaftliche und ethische Aufgabe

Während der ersten Jahrzehnte des 20. Jahrhunderts haben Vorstellungen eine große Rolle gespielt, wonach die moderne Zivilisation dazu führen würde, daß die Menschheit in ihrer biologischen Qualität mehr oder weniger rasch abnehme, bis sie schließlich biologisch zugrunde gehe. Die Folgen, die diese Meinungen in der Nazizeit hatten, schrecken uns noch heute (vgl. Becker 1988). Daraus schloß man, daß Maßnahmen der positiven und negativen „Eugenik" notwendig seien, diesem Trend entgegenzusteuern. Auch nach dem Kriege – und bei Wissenschaftlern, die nicht im geringsten etwa dem Verdacht ausgesetzt sein sollen, sie hätten mit dem NS-Regime sympathisiert – haben ähnliche Voraussagen eine Rolle gespielt, so während des Symposiums „Man and his Future", das im Jahre 1962 durch die Ciba-Foundation in London veranstaltet wurde und für das Image der Genetik und der Molekularbiologie in der Öffentlichkeit katastrophale Folgen hatte. Beide Fälle haben gemeinsam, daß Wissenschaftler sich als Propheten, ja als eine Art von Religionsstiftern aufspielten (Wolstenholme 1963). Ein Prophet unterscheidet sich ja von einem wissenschaftlichen Prognostiker dadurch, daß er meint, einen „Heilsweg" zu kennen, und daß er die Menschen dazu bekehren möchte, ihm auf diesem Heilsweg zu folgen. Fritz Lenz, der in Deutschland führende Rassenhygieniker der 20er Jahre, sagte einmal von sich selbst, der größte Teil seiner Arbeit gelte der Ausbreitung der rassenhygienischen Einsicht. Daher sei er auch nicht in erster Linie Forscher und Gelehrter (vgl. Becker 1988).

Das ist subjektiv ehrlich gewesen; aber diese Mischung zwischen Wissenschaft und Prophetentum erwies sich gerade als gefährlich. Sie erklärt zum Teil, daß Vertreter der Wissenschaft in die unmenschlichen Praktiken des NS-Systems, die Tötung sog. lebensunwerten Lebens und schließlich auch die versuchte Ausrottung ganzer Bevölkerungen, mit verwickelt wurden. Wissenschaft kann – und sollte – keine Handlungsanweisungen geben. Was man von ihr erwarten kann, ist, daß sie Wenn-dann-Aussagen macht: Wenn etwas Bestimmtes geschieht, dann wird das diese oder jene Folgen haben. So wollen wir heute versuchen, die Frage zu beantworten: Hatten diese Unglückspropheten recht? Geht die Menschheit ihrer biologischen Selbstzerstörung entgegen? Im Hintergrund dieser Frage steht die ethische Verantwortung, die wir Heutigen auch für zukünftige Generationen tragen. Wie Hans Jonas überzeugend dargelegt hat, ist es eine Folge der radikal erweiterten Wirkungsmöglichkeiten, die die Menschheit dem naturwissenschaftlichen Fortschritt verdankt, daß auch der Bereich unserer Verantwortung sich ausweitete (Jonas 1979). Es genügt eben nicht mehr als ethische Maxime für unser

Leben, daß der einzelne sich an die „goldene Regel" hält: „Was du nicht willst, das man dir tu', das füg auch keinem anderen zu." Sondern unsere Handlungen (oder Unterlassungen) haben neben der beabsichtigten Hauptwirkung – nehmen wir einmal an, sie sei immer eindeutig gut – auch vielfach unerwartete Nebenwirkungen. Sie können weit in die Zukunft hineinreichen. So kann uns nichts von einer Verantwortung befreien für die Entwicklungen, die wir in Gang setzten, ohne sie doch vollständig voraussagen und beurteilen zu können.

Das verpflichtet uns zu einem eigentlich unmöglichen Unternehmen: Wir müssen versuchen, Voraussagen zu machen auch in Bereichen, in denen das eigentlich unmöglich ist. Dabei können wir nur so vorgehen, daß wir in der Gegenwart sichtbare Trends in die Zukunft hineinextrapolieren im vollen Bewußtsein des Dilemmas, das wir mit allen Futurologen teilen: Unerwartet Neues, nicht zuletzt neue wissenschaftliche Entdeckungen, kann die Entwicklung in allen Richtungen verändern und so unsere Prognose falsifizieren. Notwendig bleibt sie trotzdem.

Wie immer in der Wissenschaft, so sollte unser Denken auch hier von nüchterner Rationalität gelenkt sein. Jeder Wissenschaftler wird für sich in Anspruch nehmen, daß er diesem Grundsatz folgt. Worüber er sich i. allg. nicht genügend klar wird, ist das Ausmaß, in dem er trotzdem von nicht klar reflektierten Vorentscheidungen abhängig bleibt, in die seine persönliche und wissenschaftliche Herkunft, seine emotionellen Bedürfnisse, insgesamt seine Weltanschauung mit eingehen. Gerade in der Geschichte der Humangenetik kann man die Bedeutung solcher Vorentscheidungen für das, was die Urheber für eine streng wissenschaftliche Schlußfolgerung hielten, besonders deutlich erkennen. Auch ich bin hier keine Ausnahme. Ich will mich aber bemühen, das durch Fakten einigermaßen Belegbare möglichst deutlich von dem mehr oder weniger Hypothetischen und damit notwendig auch mehr Subjektiven zu trennen.


## Die populationsgenetischen Mechanismen der Evolution

Die genetische Zusammensetzung menschlicher Bevölkerungen folgt den Gesetzmäßigkeiten, die die theoretische Populationsgenetik herausgearbeitet hat (Li 1955; Cavalli-Sforza u. Bodmer 1971). Als stark vereinfachtes Modell betrachten wir drei Töpfe, in denen die Gene dreier aufeinanderfolgender Generationen liegen sollen (Abb. 12.1). In Wirklichkeit überschneiden sich diese Generationen natürlich; die Gene liegen nicht ungeordnet in Töpfen, sondern sind geordnet in Individuen und Chromosomen. Das beeinflußt aber die nun diskutierten Schlußfolgerungen prinzipiell nicht.

Die Fortpflanzung, d. h. die Weitergabe von Genen über die Generationen hin, entspricht statistisch einer Stichprobenentnahme; dabei setzt sich der Inhalt des nächsten Topfes jeweils aus einer Stichprobe des vorhergehenden zusammen. Wäre die Zahl der Gene im ersten Topf unendlich groß und erfolgte die Stichprobenentnahme rein zufällig, so würde sich die Zusammensetzung der drei Töpfe nicht unterscheiden: Die Generationen wären genetisch gleich.

In Wirklichkeit sind sie jedoch genetisch nicht gleich. Das kann nur daran liegen, daß unsere Voraussetzungen nicht zutreffen: Zunächst einmal sind die Bevöl-

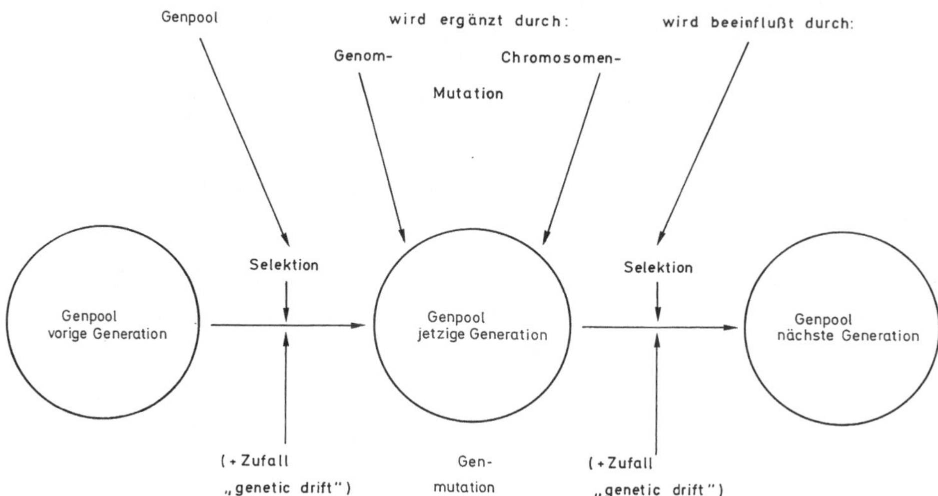


*Abb. 12.1.* Einflüsse, durch welche die genetische Zusammensetzung einer Bevölkerung verändert werden kann

kerungen nicht unendlich groß, und sie sind darüber hinaus in Fortpflanzungsgemeinschaften – Rassen, Völker, vielfältige soziale Gruppierungen – untergliedert. So kann die Zahl der sich fortpflanzenden Personen in einer Gruppe recht klein sein; je kleiner sie ist, desto mehr führt das zu Verschiebungen der Genhäufigkeiten von Generation zu Generation. Man spricht von „genetic drift". Nach der Auffassung von Kimura (1983) hat „genetic drift" in der Evolution auf der Ebene von Nukleinsäuren und Proteinen sogar die Hauptrolle gespielt.

Zwei Gruppen von Einflüssen verändern den Inhalt unserer Töpfe systematisch: Diese Einflüsse sind Selektion und Mutation.

Selektion im Darwinschen Sinne bedeutet, daß die Gene *nicht* die gleiche Wahrscheinlichkeit haben, von einer Generation bis zur nächsten zu gelangen. Diese Wahrscheinlichkeit variiert in Abhängigkeit davon, ob diese Gene die Fähigkeit von Individuen, sich fortzupflanzen, in positiver oder negativer Richtung beeinflussen. Gene mit positivem Einfluß gelangen im Durchschnitt häufiger in die nächste Generation.

Wäre aber die Selektion allein wirksam, so hätte sie zur Folge, daß die genetische Variabilität von Generation zu Generation geringer würde. Zuletzt wäre die Art genetisch einheitlich; schon bei geringer Veränderung der Umweltbedingungen stände sie in der Gefahr auszusterben, da keine Individuen mehr existierten, die an die neuen Bedingungen besser angepaßt wären. Daß das in der Regel nicht geschieht, verdanken wir der zweiten Gruppe von Einflüssen, den Mutationen, deren verschiedene Typen an mehreren Stellen an diesem Buch besprochen werden (Vorlesung 5 und 6). Die Menschheit, wie wir sie heute vorfinden – in all ihrer genetischen Vielfalt und Untergliederung –, ist das Ergebnis des Zusammenspiels der drei wesentlichen Evolutionsfaktoren Mutation, Selektion und „genetic drift"

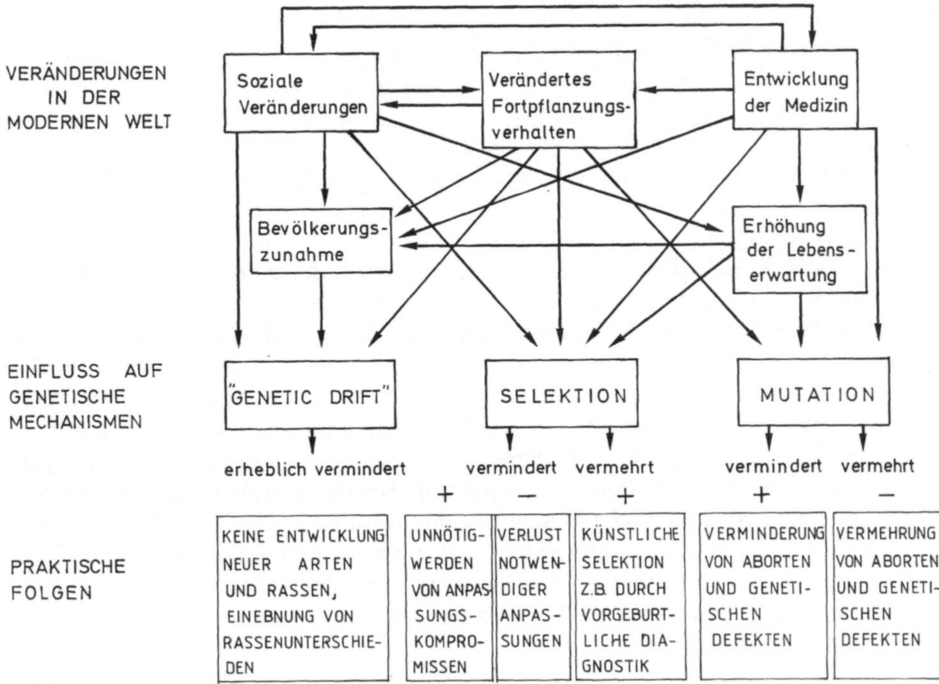


*Abb. 12.2.* Veränderungen in der Lebenswelt des modernen Menschen, die zu Veränderungen in den wesentlichen Evolutionsfaktoren geführt haben (Mutation, Selektion, „genetic drift")

in der Vergangenheit. Wollen wir also etwas über die Zukunft voraussagen, so müssen wir uns fragen: Wie wirken sich die Lebensbedingungen in der Welt von heute auf diese Evolutionsfaktoren aus?

## Einflüsse auf die Evolutionsfaktoren in der gegenwärtigen Zivilisation

Das Schema in Abb. 12.2 stellt die wichtigsten Änderungen in unserer Zivilisation dar, die die genetische Zusammensetzung zukünftiger Bevölkerungen beeinflussen werden. Daß wir in den letzten 2 Jahrhunderten erhebliche Veränderungen der Sozialstruktur durchgemacht haben, bedarf keiner Erklärung. Diese veränderte Sozialstruktur führte zunächst zu einer Erweiterung der Heiratskreise und zu einer erheblichen Bevölkerungszunahme. Damit verlieren zufällige Veränderungen der Genhäufigkeit an Bedeutung; Rassenunterschiede werden mehr oder weniger rasch eingeebnet. Es gehört zu den einigermaßen sicheren Aussagen, daß die Bedeutung von „genetic drift" in zukünftigen Bevölkerungen gering sein wird, es sei denn, die Menschheit würde von Katastrophen betroffen, bei denen der größte Teil aller Menschen zugrunde ginge und nur einige isolierte Restgruppen übrigblieben. Wie bei dieser Gelegenheit angemerkt werden soll, gelten alle folgenden

Voraussagen nur unter der (vielleicht zu optimistischen) Voraussetzung, daß unsere moderne Zivilisation sich vernünftig weiterentwickelt oder die gegenwärtigen Lebensbedingungen in den Industrieländern doch wenigstens im Prinzip erhalten bleiben und daß die Entwicklungsländer mit der Zeit aufschließen werden.

Mit der Sozialstruktur ändert sich auch das Fortpflanzungsverhalten; die menschliche Fortpflanzung wird mehr und mehr geplant. Das ist schon deshalb absolut notwendig, weil sonst die Bevölkerungszahlen ins Unermeßliche ansteigen würden. Es wirkt sich aber auch auf die Bedingungen der natürlichen Selektion in sehr komplexer Weise aus.

Der dritte primäre Faktor in dem System ist die Entwicklung der modernen Medizin. Unterstützt von den veränderten sozialen Bedingungen erhöht sie die Lebenserwartung; daraus resultiert als unerwarteter Nebeneffekt eine Veränderung der Selektion. Mit dem Rüstzeug der Medizin kann man aber auch direkt in die Selektion eingreifen, z. B. wenn weniger Kinder mit genetischen Erkrankungen geboren werden, weil die Eltern eine genetische Beratung in Anspruch genommen haben oder eine vorgeburtliche Diagnostik durchführen ließen. Die Medizin wirkt aber auch auf die Mutationshäufigkeit; z. B. wenn wir durch Strahlendiagnostik und -therapie oder auch durch mutagene Arzneimittel die Mutationsrate erhöhen.

Im folgenden wollen wir den Versuch machen, diese Tendenzen im einzelnen gegeneinander abzuwägen.

## Veränderungen der Mutationsrate
(vgl. auch Vorlesungen 5 und 6)

Die Mutationen können in zwei Hauptgruppen eingeteilt werden: numerische und strukturelle Chromosomenaberrationen und Genmutationen. Die allermeisten Chromosomenaberrationen und die große Mehrzahl der Genmutationen haben für das Individium und für die Bevölkerung ungünstige Folgen. Chromosomenaberrationen töten die Zygote in der Regel schon während der Embryonalentwicklung ab. Eine starke Minderheit überlebt bis zur Geburt oder noch länger; aber die Träger leiden unter schweren Anomalien und Fehlbildungen. Ungefähr bei 0,6 % der Neugeborenen findet man eine Chromosomenstörung, die durch Neumutation verursacht ist. Diese Individuen sind in aller Regel unfruchtbar; auch der medizinische Fortschritt führt nicht dazu, daß sie ihre Störung an zukünftige Generationen weitervererben. An der vollständigen Selektion hat sich also nichts geändert und wird sich wohl auch nichts ändern; für unsere Zukunftsperspektive brauchen wir hier nur eine mögliche Änderung der Mutationsrate zu bedenken.

Genmutationen im molekularen Bereich führen oft zu Erbkrankheiten mit einfachem Mendelschen Erbgang. Inzwischen kennt man über 3000 verschiedene Krankheiten, für ihre Häufigkeit gibt es begründete Schätzungen (s. Tabelle 3.1). Sofern ihr Erbgang dominant oder X-chromosomal-rezessiv ist, führt eine Erhöhung der Mutationsrate dazu, daß bereits in der nächsten Generation die Zahl der Neugeborenen, die diese Krankheit einmal bekommen werden, ansteigt. Bei auto-

somal-rezessiven Erbleiden ist ein Anstieg nur sehr langsam – sich über viele
Generationen hinziehend – zu erwarten.

Eine viel größere Bedeutung als diese Erbkrankheiten im engeren Sinne hat
eine große Gruppe der sog. multifaktoriellen Erkrankungen und Fehlbildungen
(vgl. Vorlesung 3 und 4). Hier hängt die Folgenabschätzung einer erhöhten Mutationsrate davon ab, welches die genetische Grundlage der betreffenden Krankheit
ist. Manche Krankheitsanfälligkeiten sind das Ergebnis von Allelen innerhalb
eines genetischen Polymorphismus, so die Assoziationen bestimmter Allele der
Transplantationsantigene im HLA-System oder der AB0-Blutgruppen mit
bestimmten Krankheiten. Hier hat die Erhöhung der Mutationsrate überhaupt keinen – oder jedenfalls keinen voraussagbaren – Effekt. Andere Anomalien gehen
jedoch wahrscheinlich teilweise auf Mutationen von Genen zurück, die zu Störungen in der Embryonalentwicklung führen können, aber nicht müssen – also ganz
allgemein die Störungsempfindlichkeit heraufsetzen (vgl. Selby in Vogel u.
Motulsky 1986). Diese Gruppe kann durch eine Erhöhung der Mutationsrate vermehrt werden. Welche relative Bedeutung diese beiden – hier nur in äußerster
Vergröberung dargestellten – Mechanismen für Anomalien und Fehlbildungen
des Menschen haben, das kann heute nicht einmal annähernd abgeschätzt werden. Zweifellos gibt es in der heutigen Zivilisation Einflüsse, die die natürliche
Mutationsrate erhöhen: eine zusätzliche Belastung mit ionisierenden Strahlen und
mit chemischen, mutagen wirkenden Verbindungen.

Eine Abschätzung der Strahlenbelastung ist jedenfalls größenordnungsmäßig
möglich; man kommt zu dem Ergebnis, daß die Erhöhung der Strahlenbelastung
durch bekannte und abschätzbare Faktoren in der modernen Zivilisation – insbesondere die moderne Medizin – die Belastung durch Neumutationen um einige
Prozente erhöhen dürfte (Vorlesung 6). Ob es 1 oder 5 % sind, läßt sich nicht recht
abschätzen. Auf jeden Fall ist die Zahl so niedrig, daß sich ein Anstieg bisher nir-
gendwo mit epidemiologischen Methoden eindeutig verifizieren ließ – nicht einmal bei den Kindern, die den Überlebenden der Atombombenabwürfe von Hiroshima und Nagasaki geboren wurden. Aufgrund tierexperimenteller Befunde, die
besonders an der Maus erhoben wurden, kann man jedoch sicher sein, daß zusätzliche Mutationen durch Strahlen ausgelöst werden.

Viel schwieriger ist es, die Folgen einer Exposition gegenüber zusätzlichen chemischen Mutagenen zu beurteilen. Wir wissen zwar, daß eine ganze Reihe stark
wirkender chemischer Verbindungen die natürliche Mutationsrate erhöhen. Die
stärksten von ihnen – zytostatisch wirkende Arzneimittel – werden aber v. a. in der
Krebstherapie verwendet, d. h. bei Patienten, die sich ganz überwiegend nicht
mehr fortpflanzen werden (Vogel u. Jäger 1969). Sie sind also populations-
genetisch ohne Bedeutung. Inwieweit darüber hinaus die Mutationsrate durch
sog. Umweltmutagene erhöht wird, ist – trotz vieler Bemühungen – noch ganz
offen.

Betrachtet man die Gefährdung unserer Erbanlagen durch ionisierende Strahlen und chemische Mutagene zusammen, so kommt man zu folgendem Ergebnis:
Eine gewisse Erhöhung der Mutationsrate muß angenommen werden; wahrscheinlich ist sie allerdings so gering, daß unsere epidemiologischen Methoden,
selbst wenn sie angewandt würden, nicht genau genug wären, als daß man sie
direkt nachweisen könnte. Zu vernachlässigen ist sie trotzdem nicht; immerhin

handelt es sich weltweit um Tausende von Menschen mit oft schweren Anomalien und Krankheiten.

Neben dieser Tendenz zur Erhöhung der Mutationsrate gibt es jedoch in Bevölkerungen der Industriestaaten auch eine Tendenz zu ihrer Reduktion. Die meisten Chromosomenaberrationen beim Menschen sind Trisomien; und ihre häufigste Ursache ist meiotisches Non-disjunction. Etwa ⅔ bis ¾ aller Non-disjunction-Ereignisse erfolgen in den Keimzellen der Frau, und die Wahrscheinlichkeit dafür steigt insbesondere nach dem 35. Lebensjahr stark und von Jahr zu Jahr mehr an; für Frauen über 45 ist das Risiko etwa 20mal so hoch wie für Frauen um 25. Da sich jedoch jedenfalls in den Industrieländern die Familienplanung immer mehr einbürgert und die Kinderzahl meist doch auf ein bis zwei, höchstens drei beschränkt wird, hat sich der Anteil der Frauen, die in dem kritischen Alter noch Kinder bekommen, deutlich vermindert. Ceteris paribus mußte das zu einer Verminderung der Trisomien unter den Neugeborenen führen. Sie wurde aufgrund der Verteilung des Gebäralters der Frauen für die BRD um die Zeit von 1950 bis 1969 auf ca. 20–25 %, für Japan für die Jahre nach dem 2. Weltkrieg gar auf 40 % geschätzt.

Das väterliche Alter spielt eine Rolle für das Risiko bestimmter Genmutationen (Abb. 5.4). Für einige von ihnen – wie die autosomal-dominant erbliche Chondrodystrophie, eine Form des disproportionierten Zwergwuchses – ist das Risiko von gesunden Männern um 45, ein Kind mit dieser Anomalie zu zeugen, etwa 5mal so hoch wie das von 25jährigen Männern. Wenn unter den Vätern ältere Männer seltener werden, so muß das auch zu einer Verminderung der Zahl der Neumutanten führen.

Berücksichtigen wir also die heute erkennbaren Trends in der Mutationsrate, so können wir Trends in beiden Richtungen ausmachen – Anstieg und Abfall, günstige und ungünstige. Welche dieser beiden Tendenzen auf lange Sicht überwiegen wird, können wir nicht voraussagen. Wirklich dramatische Veränderungen in einer der beiden Richtungen sind jedoch sehr unwahrscheinlich.


## Veränderungen in der Selektion

Der dritte – und vielleicht der interessanteste – Evolutionsfaktor, den wir zu bedenken haben, ist die Selektion. Die großen Unterschiede in der Sterblichkeit zwischen früher und jetzt wurden schon erwähnt. Abbildung 12.3 zeigt als typisches Beispiel die Chance eines Neugeborenen, ein Alter von 20 Jahren zu erreichen, in Preußen vor etwa 200 Jahren. Sie lag unter 50 %; etwa 20 % aller Neugeborenen waren nach einem Jahr schon wieder gestorben. Ähnliche Verhältnisse herrschten damals in den übrigen europäischen Ländern; heute dagegen beträgt diese Chance über 95 %. Das Buch, in dem diese Daten durch Süßmilch im Jahre 1776 mitgeteilt wurden, hatte den Titel *Die göttliche Ordnung in den Veränderungen des menschlichen Geschlechts, aus der Geburt, dem Tode und der Fortpflanzung desselben erwiesen.* Man meinte also, es entspräche der göttlichen Ordnung unseres Lebens, daß so viele Menschen so früh starben. Daß das heute ganz anders geworden ist, verdanken wir v. a. der modernen Medizin und Hygiene. Wohl nie-

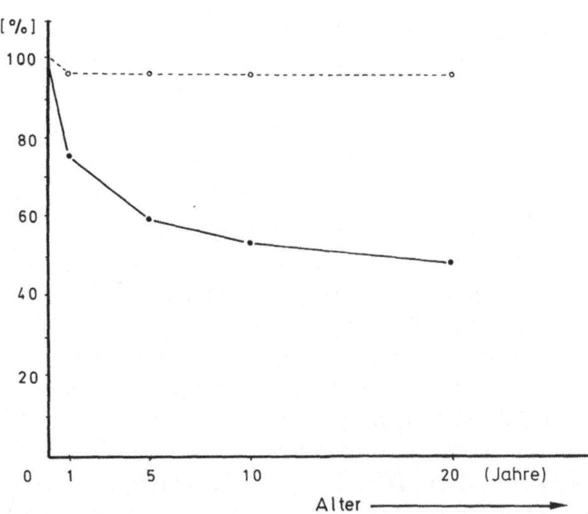


*Abb. 12.3.* Aussichten eines Neugeborenen, ein Alter von 1, 5, 10, 20 Jahren zu erreichen, in Preußen in der Mitte des 18. Jahrhunderts (nach Daten von Süssmilch, *durchgezogene Linie*) und im modernen Berlin (1955, *gestrichelte Linie*)

mand wird diese Entwicklung bedauern oder die Wissenschaftler, denen wir sie verdanken, anklagen, weil sie die „göttliche Ordnung" zerstört hätten.

Aber biologische Folgen wird diese Veränderung haben – da besteht kein Zweifel. Hier lag die Sorge der Eugeniker wie Galton, Lenz, Schallmayer und vieler anderer, die um die letzte Jahrhundertwende herum die Meinungsführer waren: Sie glaubten, das Nachlassen der Sterblichkeit führe dazu, daß sich nunmehr auch die Schwächlichen und – wie man glaubte „Minderwertigen" – fortpflanzen könnten; das müsse dazu führen, daß entsprechende Erbanlagen überhand nähmen, wenn man nichts unternehme. Viele sahen es als notwendig an, daß der Staat durch Zwangsmaßnahmen – etwa ein Gesetz zur zwangsweisen Sterilisierung von Trägern erblicher Erkrankungen – gegensteuere.

Wie steht es nun wirklich mit der Abnahme der Selektion? Welche genetischen Folgen haben wir zu erwarten? Hier wird man verschiedene Situationen sorgfältig voneinander unterscheiden müssen:

1) Chromosomenaberrationen: Wie wir schon sahen, hat die Selektion gar nicht nachgelassen. Nach wie vor sterben die meisten Träger einer Chromosomenaberration schon vor der Geburt, oder sie überleben ihre Geburt nur kurze Zeit. Der Rest ist unfruchtbar.

2) Erbkrankheiten: Es gibt Beispiele dafür, daß Erbkrankheiten, die früher oft zum frühen Tod führten, heute in der Regel geheilt werden oder doch so gut behandelt werden können, daß die Patienten ein annähernd normales Leben führen. Wenn sie sich nun fortpflanzen, obwohl sie früher an ihrer Krankheit gestorben wären, und wenn die Mutationsrate gleich bleibt, so muß das zu einer relativ raschen Zunahme dieser Krankheit in der Bevölkerung führen. Ein

187

Beispiel ist die X-chromosomal-rezessiv erbliche Hämophilie A. Hier fehlt ein Faktor der Blutgerinnung, der Faktor VIII, den man heute relativ leicht substituieren kann. Ein anderes Beispiel ist das Retinoblastom – der bösartige Augentumor der kleinen Kinder. Hier sollen die Verhältnisse etwas genauer betrachtet werden (Abb. 12.4 und 12.5).

Von den „sporadischen" Fällen mit Retinoblastom, d.h. den in einer gesunden Familie zum erstenmal auftretenden, sind etwa 40% durch Keimzellmutation verursacht, darunter alle Patienten, bei denen beide Augen befallen sind (Vogel 1979). Der Rest geht auf somatische Mutationen nur in den Zellen der Netzhaut zurück. Noch bis über die Mitte des 19. Jahrhunderts hinaus sind praktisch alle Träger dieses Tumors im Kindesalter gestorben. Heute dagegen überlebt der allergrößte Teil; die Träger der Keimzellmutation übertragen diese Mutation auf durchschnittlich die Hälfte ihrer Kinder. Nehmen wir an, daß die Rate für Mutationen in Keimzellen wie auch in somatischen Zellen gleich bleibt, so muß das Nachlassen der Selektion dazu führen, daß die Häufigkeit des Tumors in der Bevölkerung zunimmt (Abb. 12.5). Solange diese Selektion jedoch nicht ganz aufgehoben wird, ist diese Zunahme nicht geradlinig, sondern die Häufigkeit strebt einem neuen Grenzwert zu, der schon nach wenigen Generationen annähernd erreicht ist. Unter den dominanten oder X-chromosomal-rezessiven Erkrankungen gibt es bisher nicht sehr viele Beispiele für eine so erfolgreiche Therapie wie beim Retinoblastom oder der Hämophilie A. Immerhin – ihre Zahl wird zunehmen, und wenn alle anderen Faktoren gleich bleiben, so müßte das zu einer Zunahme der betreffenden Krankheiten führen.

Anders liegen die Verhältnisse bei autosomal-rezessiv erblichen Erkrankungen. Das klassische Beispiel für eine erfolgreiche Therapie des Phänotyps ist hier die Behandlung der Phenylketonurie (PKU) mit einer phenylalaninarmen Diät. Wie wir annehmen dürfen, entwickeln sich die Patienten nicht nur selbst völlig normal, sondern sie haben auch normale Kinder.[1] Wenn alle anderen Faktoren gleich bleiben, so muß das zu einer Zunahme der Krankheit führen. Diese Zunahme wird jedoch äußerst langsam sein, denn die PKU ist autosomal-rezessiv erblich. Die homozygot Kranken kommen bei uns in einer Häufigkeit von ca. 1:10000 ($q^2$) vor. Nach dem Hardy-Weinberg-Gesetz beträgt die Häufigkeit der „klinisch gesunden" Heterozygoten 2pq etwa 1:50; d.h. sie sind etwa 200mal häufiger als die Homozygoten. Da diese zwei PKU-Gene tragen, die Heterozygoten dagegen nur eins, sind etwa 100mal mehr PKU-Gene in Heterozygoten als in Homozygoten vorhanden; ihre Übertragung in die nächste Generation ist jedoch von der Behandlung der Homozygoten ganz unabhängig.[2]

Dieses Ergebnis darf verallgemeinert werden: Selbst eine vollständig wirksame Behandlung der homozygoten Träger autosomal-rezessiver Krankheiten beeinflußt die Häufigkeit der betreffenden Gene nur ganz geringfügig.

---

[1] Genetisch normale (heterozygote) Kinder von PKU-Müttern können in utero geschädigt werden, wenn man die Stoffwechsellage der Mutter nicht vorher reguliert. Davon soll hier einmal abgesehen werden.

[2] Das – noch unabgeschlossene – Problem eventueller kleiner Selektionsvor- oder -nachteile der Heterozygoten soll hier einmal vernachlässigt werden (vgl. Vogel 1984). Auch der Einfluß eines Rückgangs der Verwandtenehen bleibe hier unberücksichtigt.

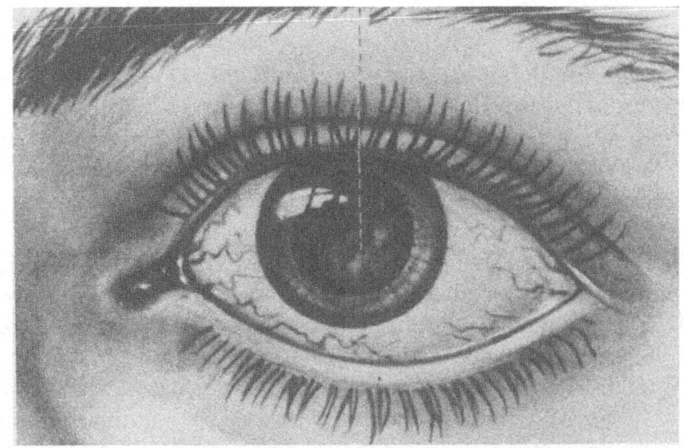

*Abb. 12.4.* Das Retinoblastom, der bösartige Augentumor der kleinen Kinder. (Nach Vogel 1961)

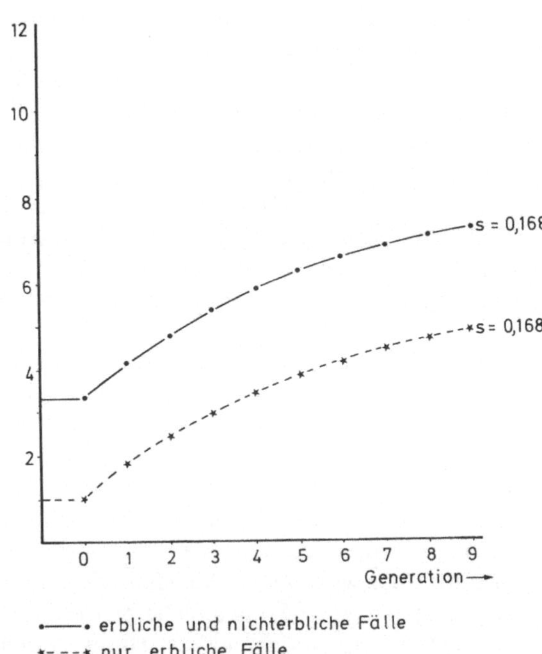


*Abb. 12.5.* Voraussehbarer Anstieg der erblichen Fälle und damit aller Fälle von Retinoblastom durch Nachlassen der Selektion, wenn die Träger des Tumors nicht mehr wie früher alle vor Erreichen des fortpflanzungsfähigen Alters sterben. Entsprechend den tatsächlichen Verhältnissen ist eine Restselektion $s = 0,168$ angenommen; d.h. die Patienten überleben im Durchschnitt zu ungefähr 83,2% und haben dann eine normale Zahl von Kindern. Außerdem wurde eine gleichbleibende Mutationsrate und eine konstante Zahl von durch somatische Mutation bedingten nichterblichen Fällen angenommen. (Nach Vogel 1979)

189

# Genetische Beratung und pränatale Diagnostik

Genetische Beratung und vorgeburtliche Diagnostik werden durchgeführt im Interesse des einzelnen Menschen und seiner Familie; sie verfolgen nicht etwa das Ziel, die genetische Zusammensetzung ganzer Bevölkerungen zu verbessern. Schon bevor es eine genetische Beratung gab, haben viele Menschen, die offenbar an genetischen Erkrankungen litten, auf Kinder verzichtet. Bis vor ca. 20 Jahren jedoch war das – auf die Bevölkerung als Ganzes bezogen – nur eine Minderheit. In den letzten Jahrzehnten hat sich das geändert: Die Zahl der Ratsuchenden wird immer größer, und die Ärzte verweisen ihre Patienten immer häufiger auf diesen Weg. Das hängt sicher damit zusammen, daß – verstärkt durch die Einführung der Ovulationshemmer – der Gedanke, die Kinderzahl könne und solle nicht dem Zufall überlassen bleiben, sondern geplant werden, rasch Boden gewonnen hat.

Dieser Änderung in unserer Einstellung kommt nur ein Fortschritt unserer Methoden entgegen: In einer zunehmenden Zahl von Fällen sind wir in der Lage, eine genetische Störung schon in einem relativ frühen Stadium der Schwangerschaft zu diagnostizieren. Wenn eine schwerere Anomalie gefunden wird, lassen die Eltern dann vielfach die Schwangerschaft abbrechen. Es spricht alles dafür, daß diese Tendenz zur geplanten und auf das Vorkommen von Anomalien hin überwachten Schwangerschaft sich in Zukunft noch verstärken wird; nur am Rande sei hier erwähnt, daß das unsere Gesellschaft im allgemeinen und speziell die beteiligten Ärzte auch vor erhebliche ethische Probleme stellt (Vorlesung 7).

An dieser Stelle wollen wir uns fragen, ob, in welcher Richtung und in welchem Grad sich diese Tendenz auf die genetische Zusammensetzung zukünftiger Bevölkerungen auswirken wird.

Auf den ersten Blick sieht es so aus, als ob die Zahl der aus genetischen Gründen schwerer Behinderten auf jeden Fall abnehmen müßte. Bei genauerem Hinsehen stellt sich jedoch heraus, daß das zwar zum großen Teil, aber nicht vollständig zutrifft. Welche Faktoren führen zu einer Abnahme?

1) Die Zahl der Patienten mit Chromosomenaberrationen geht zurück. So stellt man die Indikation zu einer vorgeburtlichen Chromosomenuntersuchung mit dem vollendeten 35. Lebensjahr bei der Geburt. Wenn 50 % aller Frauen über 35 die Schwangerschaft abbrechen würden, wenn sie wissen, daß sie ein Kind etwa mit Down-Syndrom erwarten, so würde das zu einem Rückgang der Träger des Down-Syndroms von ca. 20 % führen. Man kann sich vorstellen, daß in nicht zu ferner Zukunft jeder Embryo mit einer Chromosomenanomalie diagnostizierbar wird, wenn die Methoden der pränatalen Chromosomenuntersuchung einfacher und noch sicherer werden. Das Ausmaß der Abnahme unter den Überlebenden liegt auf der Hand (Abb. 12.6).

2) Bei erblichen Krankheiten mit autosomal-dominantem Erbgang wird es mehr und mehr möglich, mit Hilfe der Koppelung mit DNA-Polymorphismen (vgl. Vorlesung 7) eine vorgeburtliche Diagnose zu stellen. Würden alle Träger eines solchen Erbleidens diese Möglichkeit wahrnehmen und die Geburt erkrankter Kinder verhindern, so würde die Häufigkeit der Krankheit bis auf die Neumutationsrate zurückgehen. Die Verminderung wäre also desto geringer, je höher der Anteil der Fälle ist, die auch heute schon durch Mutationen verursacht

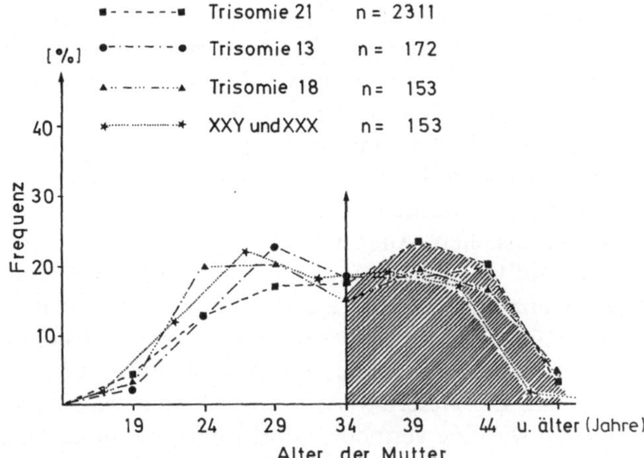


*Abb. 12.6.* Absolute Anzahl der Fälle mit verschiedenen Trisomien, die von über 34 Jahre alten Müttern geboren wurden und deren Geburt verhindert würde, wenn alle diese Frauen eine vorgeburtliche Diagnose durchführen ließen und sich zum Schwangerschaftsabbruch entschließen würden, wenn der Embryo eine der genannten Trisomien hätte (aufgrund verschiedener, meist älterer Statistiken)

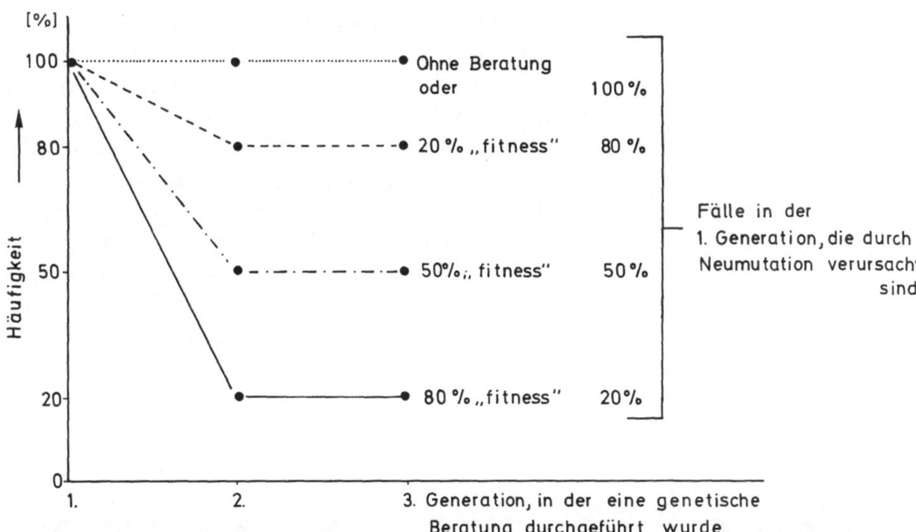


*Abb. 12.7.* Prozentuale Verminderung der Träger dominant erblicher Krankheiten, wenn alle Träger dieser Krankheiten auf Fortpflanzung verzichten würden. Diese Verminderung ist desto geringer, ein je höherer Anteil der Kranken einer Generation durch Neumutanten verursacht wurde

werden; und nach dem Haldane-Prinzip (Vorlesung 5) hängt das von der Fortpflanzungsfähigkeit der Kranken und damit meistens von der Schwere der Erkrankung ab: Je schwerer die Krankheit, desto weniger können sich die Kranken fortpflanzen, desto größer ist also der Anteil der Neumutanten und desto geringer der Einfluß von genetischer Beratung und pränataler Diagnostik in Familien, in denen diese Krankheit schon vorkommt (Abb. 12.7).

Eine ganz ähnliche Betrachtung läßt sich für X-chromosomal-rezessive Erbleiden anstellen. Allerdings kann sich hier die vorgeburtliche Diagnostik u. U. auch auf lange Sicht ungünstig auswirken; wir kommen darauf zurück.

3) Ein ganz anderes Bild ergibt sich für autosomal-rezessive Erbleiden. Hier ist die mögliche Wirkung sehr viel geringer. Der Grund dafür ist wieder das Hardy-Weinberg-Gesetz: Bei dem schon erwähnten Beispiel, der PKU, sahen wir, daß die Heterozygoten etwa 200mal häufiger sind als die Homozygoten. Genau wie eine vermehrte Fortpflanzung dieser Homozygoten nur einen geringen Einfluß auf die Genhäufigkeit hat, so trifft das auch für eine verminderte Fortpflanzung infolge bewußter Geburtenbeschränkung zu. Dazu kommt noch, daß ein Elternpaar in der Regel nur dann als heterozygot erkannt wird, wenn es bereits ein Kind mit der Krankheit gehabt hat. Nehmen wir an, alle Paare hätten zwei Kinder und würden auf das zweite verzichten, wenn das erste ein rezessives Erbleiden hätte. Bei einer Aufspaltungswahrscheinlichkeit von 1:3 zwischen Kranken und Gesunden würde das dazu führen, daß nur eines von 8 homozygoten kranken Kindern nicht geboren würde (Abb. 12.8).

4) Zu den multifaktoriellen Erkrankungen gehören – wie schon früher gezeigt – die meisten angeborenen Fehlbildungen und „Konstitutionskrankheiten", bei deren Entstehung die genetische Variabilität eine Rolle spielt (Vorlesung 3 und 4). Man findet weder eine mikroskopisch sichtbare Chromosomenanomalie, noch einen Mendelschen Erbgang, aber eine Häufung von Patienten mit gleichen oder ähnlichen Krankheitszeichen in den Familien. Wissen wir aufgrund von „empirischen Belastungsziffern", daß das Risiko von Kindern, die gleiche Anomalie zu bekommen, bei einer Gruppe von Patienten 10% beträgt, so würde ein Verzicht auf Kinder oder eine vorgeburtliche Diagnostik in der nächsten Generation zu einer Verminderung um diese 10% führen. Für weitere Generationen ist eine Voraussage kaum möglich.

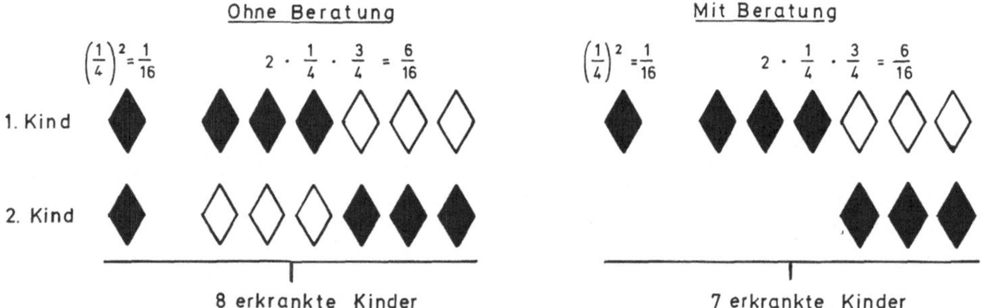



Abb. 12.8. Wenn in einer Bevölkerung, die nur aus Zwei-Kinder-Familien besteht, alle Paare, deren erstes Kind eine autosomal-rezessiv erbliche Krankheit hat, auf ein zweites Kind verzichten, so wird damit die Zahl der homozygot kranken Kinder um ⅛ vermindert

Neben einer Verminderung von erblichen Erkrankungen kann die genetische Beratung und pränatale Diagnostik jedoch auch dazu führen, daß Gene für erbliche Erkrankungen in der Bevölkerung häufiger werden. So sind in verschiedenen Bevölkerungen Screeningprogramme zur Erkennung von Heterozygoten im Gange – etwa für das Gen für die Tay-Sachs-Erkrankung in der aschkenazisch-jüdischen Bevölkerung der USA (Kaback 1977) und v.a. für Thalassämiegene in der Bevölkerung verschiedener Mittelmeerländer (Loukopoulos et al. 1987). Wenn beide Eltern als heterozygot erkannt wurden, dann ist es schon bei der ersten Schwangerschaft möglich, eine pränatale Diagnostik anzubieten. In einzelnen Mittelmeerländern konnte man schon heute die Zahl der Neugeborenen mit Thalassaemia major, einer sehr schweren Anämieform, um 60–70 % senken. Das ist nicht nur für die betroffene Familie, sondern auch für das Gesundheitswesen der betreffenden Länder ein sehr wichtiges Ergebnis; denn die Fürsorge für diese Patienten ist schwierig und teuer. Auf längere Sicht kann aber andererseits die Genhäufigkeit dadurch *erhöht* werden. Damit sind wir bei den für die Bevölkerungen *ungünstigen* Tendenzen. Familien werden nämlich mehr und mehr auf eine bestimmte Größe hin geplant. Schwangerschaften, die durch Homozygotie des Embryos verlorengehen, werden ersetzt, und zwar teilweise durch Heterozygote, wodurch die Genhäufigkeit zunimmt. Prinzipiell das gleiche gilt für X-chromosomal-rezessive Erbleiden, wenn Schwangerschaften heterozygoter Frauen abgebrochen werden wegen Erkrankung einer männlichen Frucht (Abb. 12.9).

Fassen wir diesen Teil zusammen: Ein gezielter Eingriff in die Fortpflanzung durch genetische Beratung und pränatale Diagnostik führt zu einer Verminderung

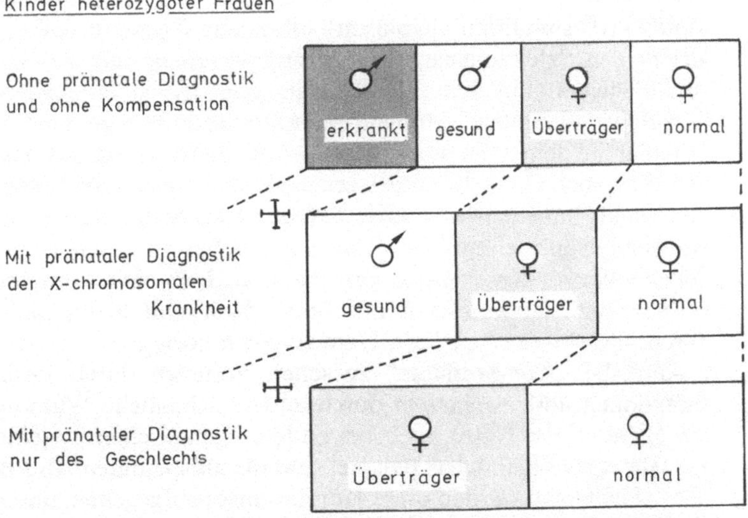


Abb. 12.9. Wird die Geburt von (männlichen) Trägern einer X-chromosomal-rezessiv erblichen Krankheit durch pränatale Diagnose entweder der Krankheit oder des Geschlechts verhindert und wird die Zahl der lebenden Kinder durch Geburtenplanung auf eine vorgegebene „Wunschzahl" hin kompensiert, so wird das zu einer Zunahme der weiblichen Überträger und damit des krankhaften Gens führen

pathologischer Phänotypen und im großen und ganzen auch zu einer Verminderung entsprechender Gene. In manchen Fällen kann es jedoch auch dazu kommen, daß die Häufigkeit derartiger Gene ansteigt. Insgesamt wird der vorher genannte Anstieg durch Nachlassen der Selektion gegen dominante und X-chromosomal-rezessive Erbkrankheiten – jedenfalls unter den allgemeinen Bedingungen, wie sie gegenwärtig in den Industrieländern vorherrschen – vermutlich mindestens ausgeglichen; die Tendenz zur Abnahme könnte aber auch überwiegen.

## Nachlassen der Selektion vor allem durch Infektionskrankheiten

Kehren wir zurück zu der Sterblichkeit in Kindheit und Jugend in früheren Jahrhunderten (Abb. 12.3). Sie war ja nur zu einem geringen Teil durch genetische Erkrankungen verursacht, wie wir sie bisher betrachtet haben. Die meisten Kinder starben entweder an Infektionskrankheiten wie Pocken, Tuberkulose und vielen anderen oder an „Ernährungsstörungen", die meistens letztlich ebenfalls auf Infektionen zurückzuführen waren. Hier vor allem haben sich die Dinge grundlegend verändert. Welche Folgen wird das Nachlassen der Selektion durch Infektionskrankheiten auf die genetische Zusammensetzung künftiger Bevölkerungen haben? Auch hier lassen sich günstige und ungünstige Trends erkennen.

1) *Günstige Trends:* Das klassische Beispiel ist die Sichelzellenanämie. Bekanntlich ist sie in den meisten Teilen von Schwarzafrika sehr häufig (Abb. 12.10); diese Häufigkeit ist dadurch verursacht, daß die Heterozygoten einen Selektionsvorteil haben, weil sie seltener und v. a. weniger schwer an der tropischen Malaria (Plasmodium falciparum) erkranken. Dieser Vorteil der Heterozygoten gleicht den Selektionsnachteil der Homozygoten aus, die an einer schweren Anämie leiden und sich deshalb unter „natürlichen" Lebensbedingungen nicht fortpflanzen konnten. Ähnliche Selektionsvorteile gegenüber Malaria bestehen offenbar in dem gesamten Tropen- und Subtropengürtel der alten Welt; sie betreffen auch Gene für einige andere Hämoglobinkrankheiten – einschließlich der Thalassämien. Wenn diese Selektion nachläßt, weil es der Medizin und Umwelthygiene gelingt, die Malaria aussterben zu lassen, so muß das zu einem Seltenerwerden dieser Gene und damit auch zu einer Abnahme der durch sie verursachten Blutkrankheiten führen, denn nun bleibt allein die Selektion durch die schwer erkrankten Homozygoten übrig.

Ähnliche „Kompromisse" zwischen Vorteilen durch Resistenz gegenüber Infektionen und Nachteilen durch andere schädliche Wirkungen der beteiligten Gene ist die Natur auch bei anderen genetischen Systemen eingegangen; ein sehr wahrscheinliches Beispiel sind die allbekannten AB0-Blutgruppen. Mit dem Nachlassen werden diese Kompromisse aufgegeben, und die betreffenden Krankheiten vermindern sich.

2) *Nachteilige Wirkungen:* Gefahren für unser Immunsystem? – Genetische Variabilität besteht in der menschlichen Population auch innerhalb von komplexeren Systemen, die sich im Laufe der Evolution nur unter intensivem Selektionsdruck herausbilden konnten. Sie müssen sich langsam, Schritt für Schritt

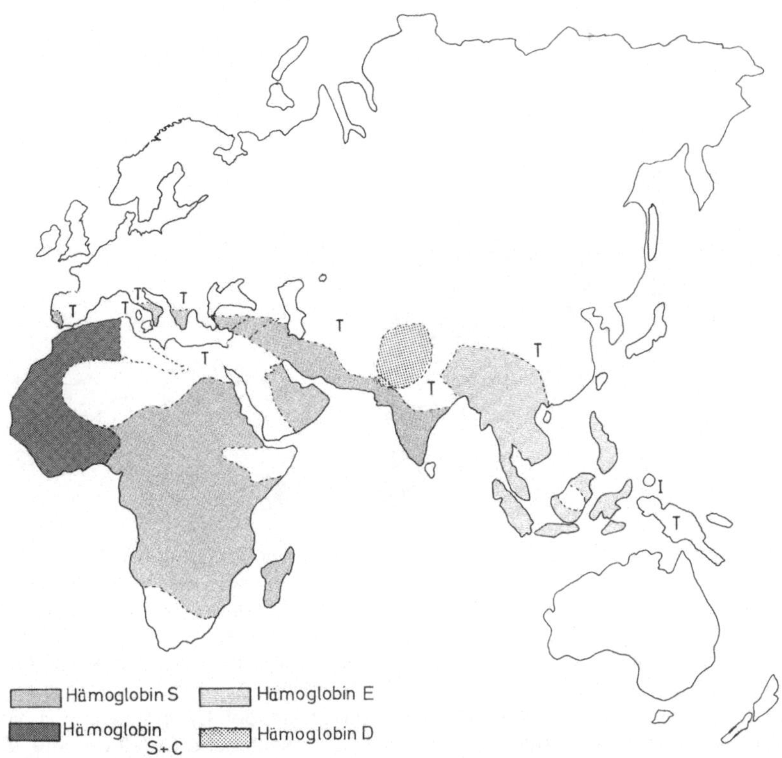


*Abb. 12.10.* Verteilung von Hämoglobinvarianten und Thalassämiemutationen in den Bevölkerungen der Welt (*T* Thalassämie). (Aus Vogel u. Motulsky 1986)

zurückbilden, sobald dieser Selektionsdruck ausbleibt, weil dann Mutationen, die die Effizienz dieses Systems beeinträchtigen, nicht mehr eliminiert würden. Die bekanntesten Beispiele dafür sind die augenlosen Varianten vieler Spezies, die sich während des generationenlangen Lebens in der absoluten Dunkelheit von Höhlen herausgebildet haben, z.B. der Grottenolm in den Karsthöhlen Jugoslawiens.

Beim Menschen hat sich für dieses Problem der Vergleich rezenter Jäger- und Sammlerbevölkerungen, die noch unter starkem Selektionsdruck stehen, mit solchen Bevölkerungen, die seit 10 Jahrtausenden Landwirtschaft betrieben haben, als aufschlußreich erwiesen (Post 1971): Die durchschnittliche Sehschärfe hat in dieser Zeit erheblich abgenommen; auch gibt es bei uns viel mehr Farbsehgestörte und Menschen, deren Sehvermögen durch Refraktionsanomalien beeinträchtigt ist (Literatur bei Vogel u. Motulsky 1986). Nun – das ist nicht so tragisch: Einem Kurzsichtigen kann man mit einer Brille helfen.

Bei anderen Systemen jedoch läßt sich ein allmählicher Abbau der Anpassung ebenfalls voraussagen, und hier können die Folgen wesentlich bedenklicher werden. Ein Beispiel ist das Immunsystem. Auch dieses System hat sich im Laufe der Evolution zu einem sehr zweckmäßigen, sehr komplizierten Gefüge herausgebildet

195

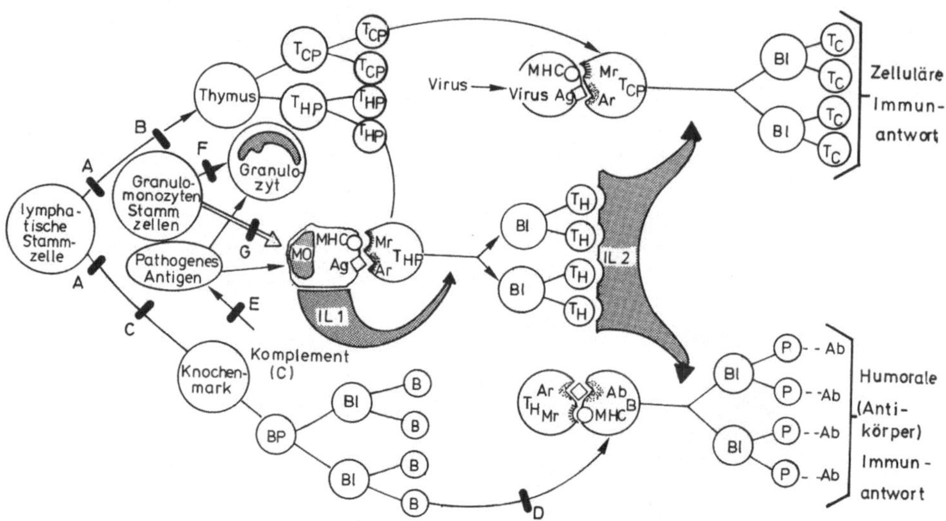


Abb. 12.11. Vereinfachtes Schema der menschlichen Immunantwort. Das Schema zeigt ein äußerst komplexes Funktionssystem der Körperabwehr und seine zahlreichen, genetisch bedingten Störungsmöglichkeiten. $T_{CP}$ „cytotoxic T-cell precursor"; $T_c$ zytotoxische T-Zelle; $T_{HP}$ Helfer-T-Zell-Vorläufer; $T_H$ Helfer-T-Zelle; MØ Makrophage; Bp B-Zell-Vorläufer; B B-Zelle; P Plasmazelle; Bl Blast; Ag Antigen; Ar Antigenrezeptor; Ab Antikörper; MHC „major histocompatibility molecules"; Mr Major-histocompatibility-Rezeptor; IL 1 Interleukin 1; IL 2 Interleukin 2; A Entwicklungsanomalien der Lymphozyten; B lymphopenische Immundefizienzen und Thymushypoplasie; C verschiedene B-Zell-Defekte: D Defekte verschiedener Immunglobuline; E Defekte von Komplementkomponenten; F Agranulozytose; G progressive Granulomatose der Kinder. (Nach Vogel u. Motulsky 1986)

(Abb. 12.11). Bereits heute ist eine größere Anzahl von genetischen Defekten bekannt, die an verschiedenen Stellen in dieses Gefüge eingreifen und damit meist schwere Störungen in der Abwehr von Infektionserregern hervorrufen können. Auf Abb. 12.11 sind einige dieser genetischen Defekte eingetragen. Neben Mutationen, die zu massiven Immundefekten führen, muß man aufgrund allgemeiner genetischer Erfahrung auch mit solchen rechnen, die die Leistungsfähigkeit des Systems nur geringfügig herabsetzen. Wie wir aus dem täglichen Leben wissen, gibt es Menschen, die eigentlich niemals einen Schnupfen bekommen, während andere immer wieder mit irgendeiner Infektion zu tun haben. Gerade gegen diese Gruppe richtete sich früher die Selektion. Hygiene und Antibiotika haben diesen Selektionsvorteil sehr herabgesetzt - ja z.T. fast vollständig verschwinden lassen. So können sich Mutanten mit der Zeit ansammeln, und am Ende könnte der Mensch ein so kümmerliches Immunsystem haben, wie der Grottenolm kümmerliche Augen hat; nur mit dem Unterschied, daß der Grottenolm auch keine Augen braucht, während das Immunsystem für uns dringend nötig ist und wohl auch bleiben wird.

196

# Schlußfolgerungen

In dieser Vorlesung haben wird das Problem untersucht, welche Voraussagen möglich sind in bezug auf die genetischen Veränderungen innerhalb der Menschheit, die durch die veränderte Lebensweise in der modernen Welt und durch Einflüsse der modernen Zivilisation verursacht sind. Die wesentlichsten Tendenzen sind in Tabelle 12.1 noch einmal zusammengefaßt. Unsere Betrachtungen erlauben die folgenden Schlußfolgerungen:

1) Es gibt „negative" Tendenzen, d.h. solche in Richtung auf eine Zunahme genetisch bedingter oder beeinflußter Anomalien und Krankheiten.
2) Diesen negativen stehen auch positive Tendenzen gegenüber – etwa durch Veränderungen im Alter bei der Fortpflanzung – durch genetische Beratung und pränatale Diagnostik, aber auch durch das Wegfallen überflüssig gewordener Anpassungen.
3) Welche dieser Tendenzen über längere Zeit hin überwiegen wird, läßt sich nicht voraussagen; es hängt von zu vielen Faktoren ab. Daß wir jedoch einer genetischen Katastrophe entgegengingen – diese Befürchtung ist sicher nicht gerechtfertigt.
4) Wie das Beispiel des Immunsystems zeigt, bestehen jedoch in der Tat langfristige Probleme, für die sich heute noch keine überzeugenden Lösungen abzeichnen.

Pessimisten könnten daraus schließen: Die Probleme, die vor uns liegen, sind so schwer, daß wir sie kaum bewältigen werden, zumal wir Menschen immer dazu

*Tabelle 12.1.* Günstige und ungünstige Trends für die genetische Zukunft der Menschheit

| Trend | Wahrscheinliche Bedeutung |
| --- | --- |
| *Ungünstige Trends:* | |
| Anstieg der Mutationsrate durch ionisierende Strahlen | wohl nicht sehr bedeutend |
| Anstieg der Mutationsrate durch chemische Mutagene | unbekannt |
| Höhere Fortpflanzung von Patienten mit erblichen Erkrankungen infolge besserer Behandlung | wahrscheinlich – jedenfalls in absehbarer Zeit – nicht sehr bedeutend |
| Planung auf eine bestimmte Familiengröße hin bei pränataler Diagnostik und Elimination erkrankter Embryonen | meist unbedeutend |
| Langsamer Abbau komplexer Systeme infolge Nachlassens der Selektion gegen Defektmutanten | auf lange Sicht wahrscheinlich wichtig |
| *Günstige Trends:* | |
| Abfall der Mutationsraten für Trisomien und dominante Erbleiden durch Abnahme des elterlichen Alters | in manchen Bevölkerungen kurzfristig bedeutend |
| Freiwillige Herabsetzung der Fortpflanzung und speziell der Geburt geschädigter Kinder nach genetischer Beratung und pränataler Diagnostik | wahrscheinlich bedeutend |
| Verschwinden genetischer „Kompromisse" durch Anpassung an Infektionen, die jetzt fast keinen Selektionsnachteil mehr zur Folge haben | unbekannt; möglicherweise bedeutend |

neigen, die Aufgaben des unmittelbaren Alltags zu lösen, die Zukunft aber sich selbst zu überlassen.

Optimisten werden meinen, diese Probleme seien beherrschbar; bisher sei der Fortschritt der biologischen Erkenntnis unerwartet rasch gewesen, und das werde sicher noch eine Weile so weitergehen. „Genetic engineering" sei die Therapie der Zukunft; auch und gerade für Immundefekte.

Zyniker werden glauben, das alles seien überflüssige Sorgen; vorher sei die Menschheit längst im Atombombenholocaust zugrunde gegangen.

Ich möchte mich gern – wenn auch mit Vorbehalten – zu den Optimisten zählen.


## Literatur


Becker PE (1988) Zur Geschichte der Rassenhygiene. Wege ins Dritte Reich. Thieme, Stuttgart New York

Cavalli-Sforza LL, Bodmer WF (1971) The genetics of human populations. Freeman, San Francisco

Jonas H (1979) Das Prinzip Verantwortung. Piper, München

Kaback MM (ed) (1977) Tay-Sachs disease: Screening and prevention. Liss New York

Kimura M (1983) The neutral theory of molecular evolution. Cambridge University Press, Cambridge

Lenz F (1931) Menschliche Auslese und Rassenhygiene. Lehmann, München

Li CC (1955) Population genetics. University of Chicago Press, Chicago

Loukopoulos D, Cao A, Zeng Yitao, Akinyanju OO (1987) Workshop on the prevention of inherited hemoglobinopathies. In: Vogel F, Sperling K (eds) Human genetics. Proceedings of the 7th International Congress, Berlin 1986. Springer, Berlin Heidelberg New York Tokyo, pp 628–630

Neel JV (1987) The ecumenical future of human genetics. In: Vogel F, Sperling K (eds) Human genetics. Proceedings of the 7th International Congress, Berlin 1986. Springer, Berlin Heidelberg New York Tokyo, pp 34–43

Post RH (1971) Possible cases of relaxed selection in civilized populations. Hum Genet 13: 253–284

Selby PB, Selby PR (1978) Gamma-ray-induced dominant mutations that cause skeletal abnormalities in mice. II. Description of proved mutations. Mutat Res 51: 199–236

Vogel F (1961) Lehrbuch der allgemeinen Humangenetik. Springer, Berlin Göttingen Heidelberg

Vogel F (1973) Der Fortschritt als Gefahr und Chance für die genetische Beschaffenheit des Menschen. Klin Wochenschr 51: 575–585

Vogel F (1979) Genetics of retinoblastoma. Hum Genet 52: 1–54

Vogel F (1982) Populationsgenetische Folgen der genetischen Familienberatung und der vorgeburtlichen Diagnostik. Biol Zentralbl 101: 73–79

Vogel F (1984) Relevant deciations in heterozygotes of autosomal-recessive diseases. Clin Genet 25: 381–415

Vogel F, Jäger P (1969) The genetic load of a human population due to cytostatic agents. Humangenetik 7: 287–304

Vogel F, Motulsky AG (1986) Human genetics, 2nd edn. Springer, Berlin Heidelberg New York Tokyo

Weingart P, Kroll J, Bayertz K (1988) Rasse, Blut und Gene. Suhrkamp, Frankfurt am Main

Wolstenholme G (ed) (1963) Man and his future. A Ciba foundation volume. Churchill, London